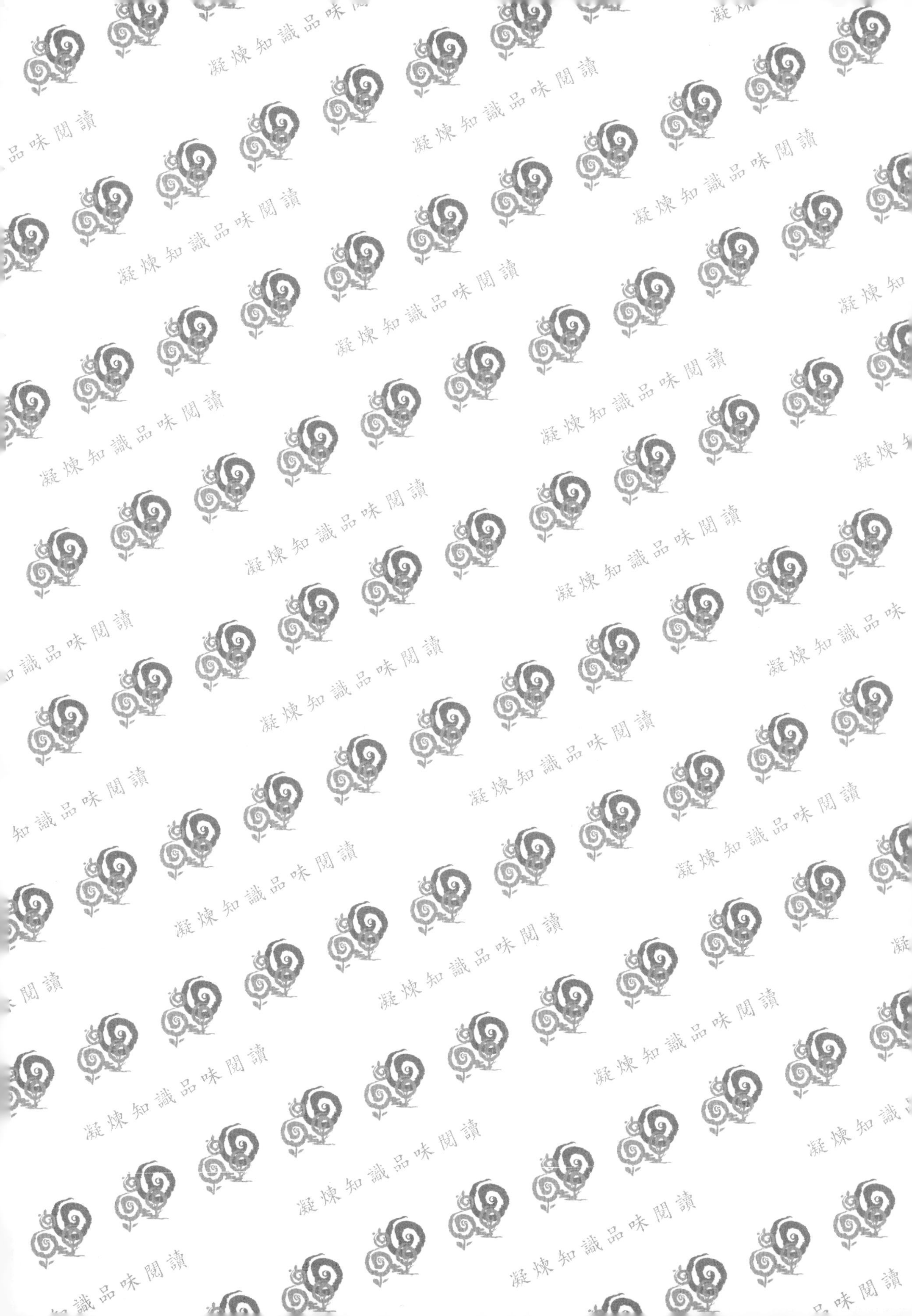

凝煉知識品味閱讀

休閒農業規劃與體驗設計

段兆麟 編著

Recreational Agriculture Planning and Experience Design

五南圖書出版公司 印行

序

休閒農場（休閒農業區）申請設立（劃定）及營運，須先規劃，擬訂經營計畫書；營運中招徠遊客，須設計體驗活動。所以規劃與體驗設計是休閒農業非常重要的整備工作。在休閒農業的知識體系中，一般在休閒農業概論之後，將規劃、體驗設計、經營管理列為進階的專業。我在 2006 年撰述《休閒農業—體驗的觀點》，2013 年撰述《休閒農場經營管理—農企業觀點》，2020 年撰述《休閒農業概論》，茲為教學培訓及農場營運之需，賡續撰著《休閒農業規劃與體驗設計》，以建構休閒農業的專業體系。

拙著內容涵蓋規劃與體驗設計二大部分。規劃部分，因休閒農業制度分地區發展與個體經營二種型態，所以書中分休閒農業區規劃（第二、三章）與休閒農場規劃（第四、五、六章）撰述；先闡明規劃的原理，而後舉述個案。體驗設計部分，在闡述原理之後，以主題方式呈現體驗活動設計的樣態。農產體驗樣態，以九個主題演示；特殊體驗樣態，陳述四個主題。全書連同緒論與結論，合計十章、46 節。

本書特色有下列四點：

一、原理與實務並重。不論休閒農業（休閒農業區、休閒農場）規劃或體驗設計，皆先闡明原理，然後舉述實例。規劃個案並有思路評析，以增強理解。

二、規劃個案跨越海峽兩岸，遠至印尼。拙著規劃個案，臺灣舉 2 個休閒農業區，5 個休閒農場；中國大陸個案有 11 個，分布於 7 個省市；印尼有 1 個案。個案規劃後綜結思路解析，對中國大陸鄉村振興戰略發展鄉村旅遊及休閒農業規劃將有裨益，對臺商或中國大陸規劃專家有參考價值。

三、體驗設計以農業六級化為基礎，發揮體驗經濟的效益。本書農產體驗活動設計主題，涵括農林漁牧四種農產業。體驗設計融合農業一二三產，以拓展產品種類的縱深；既增加遊客體驗的機會，又能促進消費，增加農場收益。本文體驗設計的模式足資經營者參採。

四、規劃與體驗設計的個案皆屬作者團隊工作經驗的結晶或是教學成果。臺灣個案正式的規劃書經政府審查通過（豐禧、阿卡審查中），中國大陸部分都受業者認可。體驗設計方案經作者發表於期刊，或是與研究生專題討論的成果。因此本書規劃與設計的思路成熟，方案具有可行性。

本書內容計 17 萬 2 千餘字，圖片 301 張。本書適用於下列對象：

一、大專校院休閒觀光旅遊及農業系所的教師與學生

二、休閒農場、休閒農業區，及鄉村旅遊的經營管理人員

三、休閒農業、農村發展、地方創生、鄉村振興事業的規劃設計人員

四、農村、農業、旅遊部門的公務行政人員，與農民組織的輔導人員

本書完稿，首先感謝五南圖書出版股份有限公司楊榮川董事長（我臺中師專學長），為促進農企業發展，惠賜出版機會。再者，感謝學校開設休閒農業相關課程，提供休閒農場規劃與體驗設計專業講授，師生腦力激盪，創新思維的機會；並藉由產學合作的機制，服務廠商，積累多元的規劃成果。其次，感謝我的工作團隊（老師、研究生、助理）二十年來遠赴海內外各地，不辭辛勞，開發數十個案的規劃與設計成果。最後，感謝研究助理蕭志宇，在撰寫博士論文之餘，能全力投入本書的編撰工作。

本書編著雖盡全力，惟謬誤在所難免，敬祈海內外先進不吝指正。

段兆麟 謹識

2021 年 6 月

CONTENTS · 目錄

第 1 章

緒　論

第一節　休閒農業規劃與體驗設計的關係

第二節　休閒農業規劃的意義與重要性

第三節　休閒農業體驗設計的意義與重要性

第一節　休閒農業規劃與體驗設計的關係

休閒農業規劃與體驗設計皆是休閒農業營運的重要機制。規劃確定營運的架構，是休閒農業區申請劃定所提規劃書（圖 1-1），及休閒農場申請登記所提經營計畫書，事前應經周密規劃的程序。規劃書或計畫書是規劃的成果。此規劃的最終報告，即是休閒農業區或休閒農場營運的張本。

臺中市東勢區

梨之鄉休閒農業區規劃書

委託單位：臺中市東勢區農會
規劃單位：國立屏東科技大學

中華民國 103 年 10 月

圖 1-1　申請休閒農業區劃定須提規劃書

體驗設計是運用休閒農業區或休閒農場資源，設計活動，提供遊客體驗，以博取遊客滿意的機制。遊客滿意才會留區或留場消費，所以體驗設計是實踐體驗經濟的核心機能。

休閒農業規劃與體驗設計存在密切的關係。根據「休閒農業輔導管理辦法」及相關法規，休閒農業規劃與體驗設計的關係有以下情形：

(一) 休閒農業區

休閒農業區規劃書須將體驗設計後活動所需的設施列入總體規劃。

「休閒農業輔導管理辦法」第 8 條規定休閒農業區得設的休閒農業設施，有 7 項屬體驗性設施：涼亭（棚）設施、眺望設施、標示解說設施、休閒步道、景觀設施、農業體驗設施、生態體驗設施等。

(二) 休閒農場

「休閒農業輔導管理辦法」第 20 條規定申請籌設經營計畫書內容項目，發展規劃應包括休閒農業體驗遊程規劃。第 21 條規定休閒農場得設置休閒農業設施項目，包括住宿設施、餐飲設施、農產品加工（釀造）場、農產品與農村文物展示（售）及教育解說中心、涼亭（棚）設施、眺望設施、農業體驗設施、生態體驗設施、標示解說設施、露營設施、休閒步道、農路、景觀設施等 13 項體驗性設施。

上述可知，休閒農業區或休閒農場規劃賦予營運的架構，而體驗設計充實營運的內涵。由於休閒農場是體驗經濟經營的實體，所以營運規劃與體驗設計的關係特別強烈。

第二節 休閒農業規劃的意義與重要性

一、規劃的意義與功能

規劃（planning）是指一個組織體爲處理其與環境之關係，蒐集資料，制定決策，擬定管理目標，選定行動方案的過程；計畫（plan）則是靜態之定案文件。換言之，規劃是由規劃者對某特定問題，尋找解決方法的一種思考及安排的過程與活動；而計畫則是規劃活動的具體結果（唐富藏，1989）。

(一) 規劃的本質

休閒農業是農企業。企業整體規劃可從四個觀點闡述其本質（唐富藏，1989）：

1. 性質（nature）的觀點：規劃具有一般性、普遍性及共同性的性質。所有的規劃都是在考慮「未來（future）」，也就是說規劃是處理現在決策的未來性問題。

2. 程序（process）的觀點：規劃是一種程序。此程序的第一步驟是設定目標（objectives）；第二步驟是決定策略（strategies）、政策（policies）及細部計畫（detailed plan）；第三步驟是設置組織來執行決策；第四步驟是考核績效並將資料回饋（feedback）到新的規劃循環。

3. 哲學（philosophy）的觀點：規劃是一種哲學、一種態度、一種生活方式。規劃是一種理解，了解規劃必須致力於思考未來的行動，決定去做系統性的計畫，這是管理者必要的工作。這種規劃程序不僅是預定的程序、結構或技術，而且是一種思維程序，更是一種心智的演練。

4. 結構（structure）的觀點：規劃的結果反映於一組多種計畫的結構系統上。包括下列涵義：1. 它涵括一組相當完整而一致的計畫；2. 它是一個完整的架構，涵蓋互相緊密銜接的業務部門計畫；3. 規劃如各計畫之相互關係所構成的一個網絡（network），規劃是由若干組件（blocks of plans）所構成。

(二) 規劃的功能

企業整體規劃具有以下的功能（唐富藏，1994）：

1. 實踐高階主管責任的重要工具：企業高階主管關切企業對外界環境的反應，以完成組織目標。整體規劃就是這份關切與責任的具體表達。

2. 協助企業預測未來的機會與威脅：整體規劃幫助管理者發掘新的機會，並運用創新的技巧去掌握機會；同時預測威脅，並事先設法去消除威脅。

3. 引進系統方法及其他相關技巧於管理實務：整體規劃是以系統方法應用於管理上，它幫助管理者以整體的眼光來看各個組成分子的事件。

4. 提供企業明確的努力方向以達成目標要求：規劃必須基於企業的基本使命（mission）、長期目標及短期目標。規劃的結果是在建構企業的目標網，提供企業努力的方向。

5. 提高企業營運績效，增進員工滿足感：規劃是在提供企業系統化的決策，避免企業經營流於隨興賭注式的決策，以協助企業提高績效，增加員工的信賴與滿足感。

6. 建立有效的決策架構：整體規劃提供企業決策的全盤架構，以防止零碎的決策，並提供各級人員價值判斷的基礎。

7. 作爲其他管理機能的基礎：規劃對於組織變動（organizational

change）、部門協調（coordinating）、用人（staffing）、領導（leading）、創新（innovation）、有效控制（effective control），及其他管理活動的實施都具有引導的效果。

8. 促進組織內部之意見溝通：完整的規劃方案是一個非常有用的意見溝通網，避免成員意見的分歧或誤解。

二、休閒農業區規劃的意義與重要性

(一) 休閒農業區規劃的意義

「農業發展條例」第63條，規定「直轄市、縣（市）主管機關應依據各地區農業特色（圖 1-2）、景觀資源、生態及文化資產，規劃休閒農業區，報請中央主管機關劃定。」雖然「農業發展條例」或「休閒農業輔導管理辦法」，未直接定義休閒農業區，但由文義可知，休閒農業區係經中央主管機關劃定發展休閒農業的地區。

圖 1-2　地區農業特色是休閒農業區規劃的基本資源

休閒農業區規劃，係指蒐集一個地區與休閒農業相關的資料，盤點休閒農業資源，分析環境與資源的特性，擬訂休閒農業發展的方向與構想，設計營運模式及推動組織，提出興建公共設施的芻案並評估規劃案的預期效益，以作為地區發展休閒農業藍圖。

(二) 休閒農業區規劃的重要性

休閒農業區規劃的重要性，可從申請劃定及運作發展二方面說明。

休閒農業區劃定申請的程序，「休閒農業輔導管理辦法」第 4 條規定，由直轄市或縣（市）主管機關擬具規劃書，報請中央主管申請劃定。符合規定之地區，當

地居民、休閒農場業者、農民團體或鄉（鎮、市、區）公所得擬具規劃建議書，報送主管機關規劃。不論規劃書或規劃建議書均須依照規定的內容格式（第 5 條）撰擬。規劃者熟悉地區特色資源，明瞭法規，激發鄉民共識，釐訂發展方向，則能有效完成規劃報告，提送劃定審查。

其次，就營運與發展而言。休閒農業區規劃報告的整體發展計畫（發展願景、創意開發、交通及導覽計畫等）、建立營運模式與推動組織，財務自主的機制、休閒農業管理維護制度等，都是營運的張本。所以休閒農業區事前周密的規劃，即是事後順利營運及發展的基礎。

三、休閒農場規劃的意義與重要性

(一) 休閒農場規劃的意義

休閒農場規劃，指分析農場內部資源與外部環境的特性，建立主題，研訂土地的使用構想（圖 1-3），設計體驗活動，訂定經營目標與營運計畫，以作為休閒農場申請登記及經營藍圖的過程。

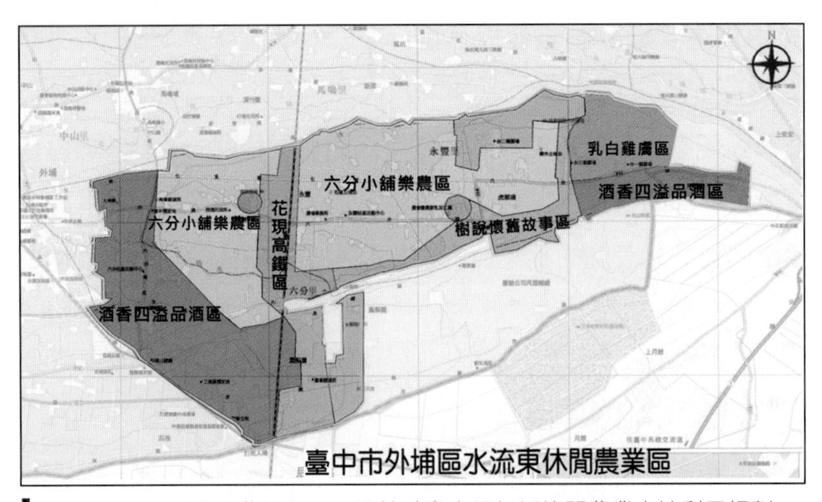

圖 1-3　申請休閒農場登記，經營計畫書須包括休閒農業土地利用規劃

(二) 休閒農場規劃的重要性

休閒農場規劃的重要性可從兩個面向來講。

首先，臺灣休閒農業經營採取許可登記制，「農業發展條例」第 63 條規定：「設置休閒農場應經許可，其設置之最小面積、申請許可條件、辦理程序、許可證之核發、土地使用、營運行為，以及其他應遵行事項之管理辦法，由中央主管機關定之」。第 70、71 條同時對未經許可擅自設置休閒農場經營休閒農業者，施以罰鍰的處分。農場申請許可登記，經營計畫書是必要的文件，而經營計畫書也是規劃後的營運藍皮書。

其次，規劃是經營管理的先驅步驟，有規劃計畫書，經營管理才能遵循。所以休閒農場為求有效利用資源以順利營運，避免失序，想到什麼做什麼，必須先有周全的規劃。特別是休閒農場經營主要是運用自然資源，試行錯誤難以回復，所以休閒農場必須先有規劃，謀定而後動。

第三節 休閒農業體驗設計的意義與重要性

一、體驗與體驗經濟

體驗是消費者內在的心理感受（圖 1-4），存在個人心中，是個人在形體、情緒、知識上參與的所得。因為體驗來自個人的心境與事件的互動，所以沒有人的體驗會跟別人完全一樣。

圖 1-4　休閒農業體驗設計應激發遊客愉悅的心理感受

Pine 與 Gilmore 根據不同的體驗型態與附加價值差異，將經濟價值演進的過程分為下列四個階段，代表的涵義如下：

1. 農業經濟時代：以農業耕作生產

生鮮產品提供消費，附加價值有限。

2. 工業經濟時代：以經過加工的產品提供消費，產品漸漸有差別性，漸漸可影響價格，附加價值升高。

3. 服務經濟時代：最終產品加上銷售服務，服務差別性大，附加價值更高。

4. 體驗經濟時代：布置一個舒坦安適、氣氛高雅的環境，體驗的差別感覺最大，消費者享受貼心的產品與服務，附加價值最高。

初級產品是從自然界中發掘和提煉出來可供替換的材料，附加價值最低。商品是由公司標準化生產與銷售的有形產品，價值比初級產品稍高，但與初級產品一樣缺乏特色。服務是人員以商品爲基礎，爲特定的客戶服務，或者爲客戶指定的財產或物品服務，商品僅是媒介，因此服務比商品更有價值。體驗則是讓消費者以個性化的方式參與活動項目。體驗也帶來了趣味、知識、轉變和美感，所以沒有任何人擁有完全相同的體驗。可知體驗經濟是以消費者體驗爲核心內容的經濟型態（圖1-5）。

圖 1-5　體驗經濟以消費者體驗為核心內容

在體驗經濟時代裡，若僅提供產品或服務已不能滿足消費者的需求，消費者要求的是產品與服務外的個人化體驗。每個人的經驗與背景不同，感受也不同。唯有以服務爲舞臺、以商品爲道具，設計出的體驗活動才具有市場區隔性、差別性，並給予消費者貼心的產品與服務，創造出難忘、愉悅的體驗（Pine & Gilmore, 2011）。

二、體驗設計的意義

(一) 體驗設計的概念

休閒農業是利用田園景觀、自然生態及環境資源，結合農林漁牧生產、農業經營活動、農村文化及農家生活，提供國民休閒，增進國民對農業及農村之體驗為目的之農業經營型態。

在體驗經濟時代裡，體驗是休閒農業經營成敗的關鍵。設計體驗活動必須運用特色資源，所以「資源－體驗」是分不開的。一個讓遊客青睞的休閒農場，必然是努力尋求資源與體驗之間的巧妙結合。

人類嚮往自然，農業擁有最多的自然資源，所以農業是提供體驗最適當的產業。這也就是休閒農業興起的原因。農業資源同時亦為自然生態教育體驗最適當的來源。農場孕育多樣化的動植物，是生態系統最完整的戶外自然教室，是實施自然教育、生態旅遊最理想的場地，所以體驗經濟在農業的實踐就是休閒農業。

(二) 體驗設計的步驟

Pine 與 Gilmore（2011）提出設計體驗的五項步驟如下：

1. 訂定主題：體驗如果沒有主題，遊客就抓不到主軸，就很難整合體驗感受，也就無法留下長久的記憶。主題要非常簡單、吸引人。主題不是掛在牆上的使命、宣言，而是能夠帶動所有設計與活動的概念（圖 1-6）。

圖 1-6　飛牛牧場體驗設計有強烈的主題感

2. 塑造印象：主題只是基礎，農場還要塑造印象，才能創造體驗。塑造印象要靠正面的線索。每個線索都須經過調和，而與主題一致。遊客不同的印象形成不同的體驗。

3. 去除負面線索：所有的線索都應該設計得與主題一致，所以其他與主題相牴觸或是造成干擾的資訊，都要去除，以免減損遊客的體驗。

4. 配合加入紀念品：紀念品的價格與它具有回憶體驗的價值相關，其價格超過實物的價值。紀念品讓回憶跟著遊客走，以喚醒遊客的體驗。

5. 動員五種感官刺激：感官刺激（視覺、聽覺、嗅覺、味覺、觸覺）應該支持並增強主題，所涉及的感官刺激愈多，設計的體驗就愈容易成功。

三、休閒農業體驗設計的重要性

體驗設計是休閒農業成功的關鍵，一個休閒農場即使景觀再美麗、生態再活潑、產品再多樣、文化再豐富，如果沒有體驗活動作牽引，遊客如何深入堂奧。遊客無法參與，就無法獲得知性與感性的收穫，結果只能做膚淺的觀賞，無法停留太多的時間，匆匆走人，商機就這樣流失了。

休閒農場要設計好的體驗活動，必須能善於利用資源，而農業產業資源是最能表現經營特色的資源。農產品作爲生產用途非常平淡無奇且價值不高，但是聰明的場主將它用來設計成體驗活動吸引遊客，農產品的價值就提高了。

體驗要能動員遊客的五種感官，形成美好的感覺與難忘的回憶。休閒農場最先要感動遊客的眼睛，這要靠自然美麗的山林田園景觀，觀花、觀果、觀葉的植物（圖 1-7），體態生動靈巧的動物，都能打動遊客的視覺。園區的蟲鳴鳥叫、竹海松濤、雞鳴狗叫、風雨聲、流水聲（圖 1-8）、海浪聲，無一不是可感動遊客聽覺的天籟。園區花香、果香、草香、泥土香（圖 1-9），甚至動物的體味，都帶給遊客難忘的嗅覺。遊客到農場品嘗風味餐（圖 1-10）、飲香草茶或喝咖啡，都會創造絕佳的味覺。農場若能讓遊客參加採摘、捕撈、拓印、編織等 DIY 活動（圖 1-11），遊客不但可發揮創意一展身手，製作過程更是一種觸覺的享受。

農業擁有最多的自然資源，鄉村是人類孕育文化的搖籃，所以人類因嚮往自

圖 1-7　休閒農場設計植物花果葉景觀以激發遊客美好的視覺

圖 1-8　休閒農場設計流水聲體驗以感動遊客聽覺

圖 1-9 休閒農場設計花草果香體驗以誘發遊客嗅覺

圖 1-10 休閒農場設計風味餐飲以滿足遊客味覺

然而回歸原鄉。農業是提供體驗最適當的產業，鄉村是體驗最深沉的地方，這是觀光休閒農業發展的利基。因此休閒農場經營者要扮演體驗大戲的導演，以農場為舞臺，以山林田園景觀為布景，以遊客為主角，以農產品為道具，設計體驗活動的劇本，讓遊客演出一場心滿意足的好戲，而獲得美好的回憶。

圖 1-11 休閒農場設計 DIY 活動提供遊客觸覺體驗

第 2 章

休閒農業區規劃的原理

第一節 規劃的理論基礎

休閒農業區規劃須依據適切的理念與思路，方能建立正確的方向，達到預期的發展目標。休閒農業區規劃的理論基礎，主要爲區域發展理論（Regional Development Theory）與集聚經濟理論（Agglomeration Economy Theory）。

一、區域發展理論

休閒農業是農村新興的產業，休閒農業透過產業活動將影響其上、下游產業及周邊相關的產業而帶動地方的發展，產生波及效果及產業關聯效果，這些產業關聯效果將比傳統農業所產生的影響作用要大。

簡要而言，休閒農業對區域發展所生的影響有二：

1. 成長極（growth pole）作用： 成長極（圖 2-1）是指具有發展的基礎機能及高度成長潛力的產業。休閒農業的發展潛力大，在地方上將發揮較大的波及效果及產業關聯效果，所以休閒農業規劃應考慮其對農村產業及地方繁榮的影響力。

圖 2-1 休閒農業是農村地區發展的成長極

2. 成長中心（growth center）作用： 成長中心是指能促進或擴散地區經濟發展效果的區位。休閒農業透過中地（central place）服務顧客的效果，將對該地區的產業發生帶動效果，所以休閒農業區規劃應考慮其所在的區位。

二、集聚經濟理論

集聚經濟理論涉及區域內不同規模、不同性質企業的組合及其在地理上集中與分散的經濟合理性，在 Alfred Weber（1929）的區位理論（Theory of Location）中，曾提出集聚因素對產業配置的影響問題。從宏觀面來看，任何區域都要求其產業布局的規模適當、結構合理、聯繫密切，以便充分發揮地區優勢，合理利用區域資源，而獲得最大的集聚經濟效益。從微觀面來看，一個區域的主要產業，特別是第二、三產業，總是根據其在生產上或分配上的密切聯繫，或其在產業布局上的相同指向而成群集聚在區域內具有特定優勢的地點，形成區域性的生產體系（姜華，2003）。鄉村地區休閒農業要增強發展的潛力，在水平的結構上要結合較多具有特色的休閒農場（圖 2-2），如休閒農場、休閒林場、休閒牧場、休閒漁場、觀光農園、教育農園，甚至森林遊樂、農庄民宿等，以豐富休閒遊憩體驗的內容。在垂直的結構上，要與大眾運輸業、旅行遊覽業、餐飲業、旅館業、旅遊資訊業、宣傳媒體業、金融業、醫護業等產業形成策略聯盟，以完善旅遊服務系統。休閒農業區的功能就在於產生集聚經濟力，以提高地區的競爭力。

圖 2-2　休閒農業區是農村地區發展集聚經濟的載體

第二節　規劃的目標、原則與方法

一、規劃的目標

1. 發掘及盤點可供發展休閒農業的資源。
2. 運用現有或潛在的資源建立特色，並規劃吸引遊客的體驗遊程。
3. 結合生產、生活、生態的目標於一體，以提升農業經營績效。
4. 合理規劃分區發展，有效配置遊憩資源。
5. 規劃設計遊客體驗所需要的公共設施。

6. 創造農民的就業機會（圖 2-3），增加收入，改善生活水準。

7. 依據國民自然、健康且富有知性的優質遊憩場地。

8. 創造商機，帶動農村社區的發展。

圖 2-3 規劃休閒農業區的主要目的在增加村民就業機會

二、規劃的原則

1. 規劃發展休閒農業的地區，應該具有豐富的農業、景觀、生態、文化等資源條件。

2. 規劃體驗遊程應以農業經營爲主，配合農業產銷，並導入遊憩及服務設施。

3. 規劃工作要融合由上而下及由下而上的模式。在區域發展的構想下，讓地方民眾及場主有參與規劃的機會。

4. 保存地方特色與人文風俗，凸顯鄉土優美景觀，避免庸俗與雜亂。

5. 充分利用當地農村資源，且適度開發潛在資源。

6. 兼顧環境生態維護，規劃內容重視水土保持、自然生態保育、公害防治及廢棄物處理等項目。

7. 預估遊客的需求規劃體驗遊程，提供多樣化的遊憩機會，而滿足不同類型遊客的需求。

8. 與其他觀光旅遊景點搭配結合，形成帶狀的套裝遊程。

三、規劃資料蒐集的方法

1. 實地踏勘：規劃小組成員前往實地探訪，蒐集第一手資料，製成照片及書面檔案，這是整體規劃的基點。

2. 文獻探討：蒐集與地區規劃相關的上位計畫或平行計畫及法規、地方誌（圖 2-4），以及自然環境、人文環境、土地使用、農業經營等基本資料。

3. 問卷調查：設計問卷，徵詢地方相關人士的意見。問卷內容包括規劃地區的農業生產特性、農村文化資源特性、田園及自然景觀特性、特殊資源、發展潛力、地方意願及其他建議事項等。

4. 深度訪談：訪問地方耆老、意見領袖及其他相關人士，以獲取深層資料及民間意見，補充文獻探討及實地觀察的不足。

5. 會議討論：藉著休閒農業區的規劃構想報告、期中報告及期末報告會議的場合，聽取相關人士對規劃報告草案的意見，以使規劃報告更切合實際。其次，在選定規劃休閒農業區的村里舉行座談會，聽取居民對發展休閒農業的意見，以求集思廣益。

圖 2-4　地方誌是規劃休閒農業區的重要文獻

第三節　規劃的法規與劃定流程

一、規劃與劃定的法規

休閒農業區規劃與劃定的法規依據主要爲：1.「休閒農業輔導管理辦法」（2020 年 7 月 10 日修訂）；2.「休閒農業區劃定審查作業要點」（2007 年 4 月 26 日修訂）；3.「申請休閒農業區內農業用地作休閒農業設施容許使用審查作業要點」（2011 年 11 月 15 日修訂）。以上三部法規要述如下。

(一) 休閒農業輔導管理辦法

「休閒農業輔導管理辦法」第二章第 3～14 條，第四章第 41 條，係對休閒農業區規劃及劃定的規定。條列要旨如下：

1. 規劃休閒農業區的條件：具有下列條件，經直轄市、縣（市）主管機關評估具輔導休閒農業產業聚落化發展之地區，得規劃爲休閒農業區，向中央主管機關申請劃定：

(1) 地區農業特色。

(2) 豐富景觀資源。

(3) 豐富生態（圖 2-5）及保存價值之文化資產（圖 2-6）。（第 3 條第 1 項）

圖 2-5　豐富的生態資源是規劃休閒農業區的條件

圖 2-6　具有保存價值的文化資產是規劃休閒農業區的條件

2. 劃定休閒農業區的面積

(1) 申請劃定為休閒農業區之面積規定如下：

① 土地全部屬非都市土地者，面積應在 50 公頃以上，600 公頃以下。

② 土地全部屬都市土地者，面積應在 10 公頃以上，200 公頃以下。

③ 部分屬都市土地，部分屬非都市土地者，面積應在 25 公頃以上，300 公頃以下。

(2) 基於自然形勢或地方產業發展需要，前項各款土地面積上限得酌予放寬。（第 3 條第 2、3 項）

3. 休閒農業區的劃定申請程序：休閒農業區由直轄市或縣（市）主管機關擬具規劃書（圖 2-7），報請中央主管機關申請劃定。符合規定之地區，當地居民、休閒農場業者、農民團體或鄉（鎮、市、區）公所得擬具規劃建議書，報送主管機關規劃。（第 4 條第 1、2 項）

4. 休閒農業區規劃書內容要項：休閒農業區規劃書或規劃建議書之內容如下：

(1) 名稱及規劃目的。

(2) 範圍說明。

(3) 限制開發利用事項。

(4) 休閒農業核心資源。

(5) 區內休閒農業相關產業發展現況。

(6) 整體發展規劃，應含發展願景及短、中、長程計畫。

(7) 輔導機關（單位）。

(8) 營運模式及推動組織。

(9) 財務自主規劃及組織運作回饋機制。

(10) 既有設施之改善、環境與設施規劃及管理維護情形。

(11) 預期效益。

(12) 其他有關休閒農業區事項。（第 5 條第 1、2 項）

圖 2-7　直轄市政府主管機關擬具休閒農業區規劃書報請農委會劃定

5. 休閒農業區推動管理組織與規劃書格式

(1) 休閒農業區推廣管理組織應負責區內公共事務之推動。

(2) 休閒農業區規劃書與規劃建議書格式，及休閒農業區劃定審查作業規定，由中央主管機關公告之。（第 5 條第 3 項）

6. 休閒農業區內民宿得零售農特產品及餐飲：休閒農業區內依法經營民宿者，得提供農特產品零售及餐飲服務。（第 7 條）

7. 休閒農業區得設置之休閒農業設施、農業用地範圍及設置基準：休閒農業區得依規劃設置下列供公共使用之休閒農業設施：

(1) 安全防護設施；

(2) 平面停車場；

(3) 涼亭（棚）設施（圖 2-8）；

(4) 眺望設施；

(5) 標示解說設施（圖 2-9）；

(6) 衛生設施；

(7) 休閒步道；

(8) 水土保持設施；

(9) 環境保護設施；

(10) 景觀設施；

(11) 農業體驗設施；

(12) 生態體驗設施；

(13) 農特產品零售設施；

(14) 其他經直轄市、縣（市）主管機關核准之休閒農業設施。（第 8 條）

圖 2-8　南投縣魚池鄉大雁休閒農業區設置涼亭設施

圖 2-9　雲林縣古坑鄉華山休閒農業區設置標示解說設施

申設休閒農業設施之農業用地範圍及設置基準，請見附錄第 9、10 條原條文。

設置前項休閒農業設施，應依申請農業用地作農業設施容許使用審查辦法及本辦法規定辦理容許使用。

8. 休閒農業區設施設置之原則：休閒農業區內休閒農業設施之設置，以供公共使用爲限，且應符合休閒農業經營目的，無礙自然文化景觀爲原則。（第 10 條）

9. 休閒農業區設施用地之協調與使用程序：休閒農業區設置休閒農業設施所需用地之規劃，由休閒農業區推動管理組織及輔導機關（單位）負責協調，並應取得土地所有權人之土地使用同意文件，提具計畫辦理休閒農業設施之合法使用程序。（第 11 條）

10. 主管機關對休閒農業區公共建設之協助及輔導：主管機關對休閒農業區之公共建設得予協助及輔導。（第 12 條）

11. 對休閒農業設施維護管理及定期檢查：休閒農業設施設置後，由休閒農業區推動管理組織負責維護管理。

直轄市、縣（市）主管機關對轄內休閒農業區供公共使用之休閒農業設施，應每年定期檢查並督促休閒農業區推動管理組織妥善維護管理，檢查結果應報中央主管機關備查。（第 11 條第 2 項）

12. 休閒農業區發展情形五年通盤檢討一次：直轄市、縣（市）主管機關應依轄內休閒農業區發展情形，至少每五年進行通盤檢討一次，並依規劃書內容出具檢討報告書，報中央主管機關備查。（第 13 條）

13. 休閒農業區評鑑及退場機制：中央主管機關爲輔導休閒農業區發展，得辦理休閒農業區評鑑（圖 2-10），作爲主管機關輔導依據。

圖 2-10　中央主管機關辦理休閒農業區評鑑

前項休閒農業區評鑑以 100 分爲滿分，主管機關得依評鑑結果協助推廣行銷，並得予表揚。休閒農業區評鑑結果未滿 60 分者，直轄市或縣（市）主管機關應擬具輔導計畫協助該休閒農業區改善；經再次評鑑結果仍未滿 60 分者，中央主管機關公告應廢止該休閒農業區之劃定。（第 14 條）

14. 休閒農業區限制開發利用規定之事項：休閒農業區或有位於森林區、水庫集水區、水質水量保護區、地質敏感地區、溼地、自然保留區、特定水土保持區、野生動物保護區、野生動物重要棲息環境、沿海自然保護區、國家公園等區域者，其限制開發利用事項，應依各該相關法令規定辦理。開發利用涉及都市計畫法、區域計畫法、水土保持法、山坡地保育利用條例、建築法、環境影響評估法、發展觀光條例、國家公園法及其他相關法令應辦理之事項，應依各該法令之規定辦理。（第 41 條）

(二) 休閒農業區劃定審查作業要點

本要點於 1999 年 10 月經行政院農業委員會制定公告，嗣後迭經 2002 年 9 月、2004 年 12 月及 2007 年 4 月修訂，內容計有 11 項，主要規定如下：

1. 休閒農業區位於森林區、重要水庫集水區、自然保留區、特定水土保持區、野生動物保護區、野生動物重要棲息環境、沿海自然保護區、國家公園等區域者，其限制開發利用事項，應依各該相關法令規定辦理。

2. 申請休閒農業區劃定，由直轄市或縣（市）主管機關擬具休閒農業區規劃書，報請行政院農業委員會審查。

3. 休閒農業區規劃書須包括下列要項：

(1) 名稱及規劃目的；

(2) 範圍說明；

(3) 限制開發利用事項；

(4) 休閒農業核心資源（農業特色、景觀資源、生態資源、文化資源、休閒農業特色等）；

(5) 整體發展規劃（規劃願景、創意開發、行銷、交通、導覽系統等）；

(6) 營運模式及推動組織；

(7) 既有設施改善及辦理休閒農業相關的規劃或建設情形；

(8) 預期效益。

4. 審查：農委會聘請有關機關及專家學者組成專案審查小組審核規劃書，必要時得實地勘查。

5. 休閒農業區審查配分標準如下：

(1) 休閒農業核心資源（配分 20 分）；

(2) 整體發展規劃（配分 35 分）；

(3) 營運模式及推動組織（配分 20 分）；

(4) 既有設施利用改善及休閒農業相關規劃或建設（配分 15 分）；

(5) 預期效益（配分 10 分）。三分之二委員評分達 70 分以上者，得劃定爲休閒農業區。

6. 地方政府對規劃報告書應辦理先期作業審查程序。

7. 休閒農業區的公共建設，包括安全防護設施、平面停車場、涼亭設施、眺望設施、標示解說設施、衛生設施、休閒步道、水土保持設施、環境保護設施、景觀設施，及其他經直轄市或縣（市）主管機關核准之休閒農業設施等項目所需用地，由鄉（鎮、市、區）公所協調取得土地所有權人的土地使用權同意書及辦理容許使用申請。

8. 直轄市或縣（市）政府應輔導鄉（鎮、市、區）公所、當地農會或相關團體辦理與休閒農業發展相結合之名勝古蹟、農村產業文化及鄉土旅遊行銷推廣活動與教育訓練，以促進休閒農業區之休閒農業、農村產業文化及農業產業之發展。

9. 直轄市、縣（市）政府或鄉（鎮、市、區）公所應輔導休閒農業區成立休閒農業區推動管理組織，以推動休閒農業區各項休閒農業、農村產業文化活動，並負責供公共使用休閒農業設施之管理維護。

(三) 申請休閒農業區內農業用地作休閒農業設施容許使用審查作業要點

本要點於 2011 年 11 月 15 日經行政院農業委員會制定公告。內容有 10 項，主要規定如下：

1. 經農委會劃定休閒農業區內，符合申請農業用地作農業設施容許使用審查辦法第 2 條所定之農業用地，得依規定申請休閒農業設施之容許使用。

2. 申請休閒農業區內農業用地作休閒農業設施，以供公共使用爲限，且容許使用之項目，包括安全防護設施、平面停車場、涼亭（棚）設施、眺望設施、標示解說設施、衛生設施、休閒步道、水土保持設施、環境保護設施、景觀設施、農業體驗設施、生態體驗設施、農特產品零售設施，及其他經直轄市或縣（市）主管機關核准之休閒農業設施，其設施面積不得超過坐落該農業用地土地面積之40%。

3. 申請休閒農業區內農業用地作休閒農業設施容許使用，應塡具申請書，並檢附休閒農業設施容許使用計畫書、設施坐落土地之所有權人出具同意書等相關資料一式5份，向土地所在地鄉（鎭、市、區）公所或直轄市、縣（市）政府提出。

4. 休閒農業設施容許使用計畫書應載明下列事項：

(1) 設施名稱；

(2) 設施供公共使用之設置目的、依據、用途及所在休閒農業區；

(3) 興建設施之基地地號及興建面積；

(4) 設施營運管理計畫；

(5) 設施建造方式；

(6) 引用水之來源及廢、汙水處理計畫；

(7) 對周邊農業環境、自然生態環境之影響及維護構想；

(8) 事業廢棄物處理及再利用計畫。

5. 審查程序：鄉（鎭、市、區）公所受理申請並初審後，送直轄市、縣（市）政府審查。通過者，核發休閒農業區內農業用地供公共使用作休閒農業設施容許使用同意書。

6. 申請許可案件應依規定繳納規費。

7. 經申請容許使用後，如未能依核准項目使用時，應向主管機關申請容許使用之變更。

8. 於山坡地範圍內申請休閒農業設施容許使用，應擬具水土保持計畫或簡易水土保持計畫。

9. 取得同意容許使用之休閒農業設施，依建築相關法令規定需申請建築執照者，應於六個月內提出申請。展延以一次六個月爲限。

二、劃定的流程

申請劃定休閒農業區的流程，係由直轄市或縣（市）主管機關發動，或由當地居民、休閒農場業者、農民團體、公所發動，劃定審查核定機關是農委會。通過劃定後，區內休閒農業設施據以辦理容許使用的申請手續。休閒農業區申請劃定的流程如下（圖 2-11）：

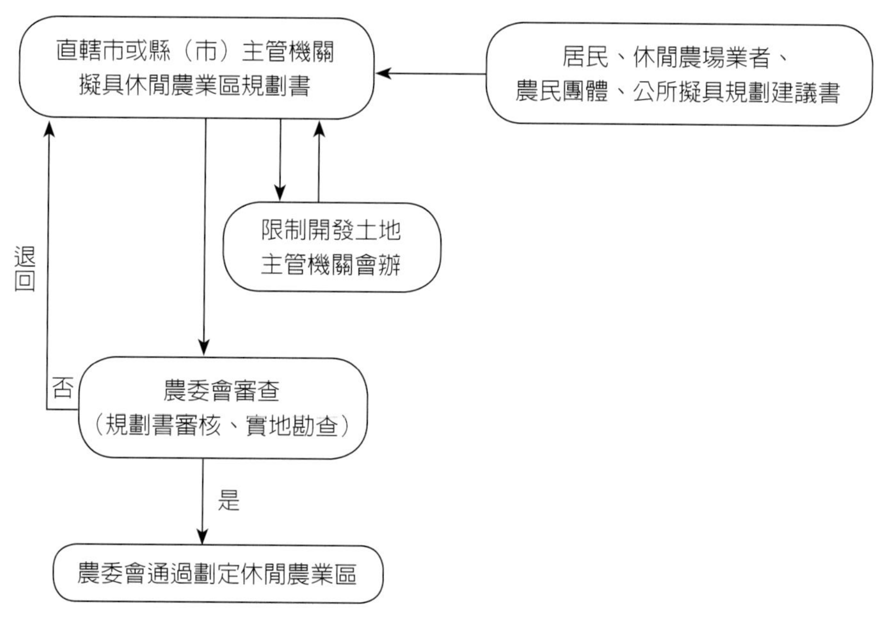

圖 2-11　休閒農業區申請劃定流程圖

三、劃定休閒農業區的益處

1. 休閒農業區經劃定後得設置供公共使用的休閒農業設施，農地上的休閒農業設施因劃定休閒農業區獲同意容許使用而得合法經營。

2. 休閒農業區內民宿得提供農特產品零售及餐飲服務。

3. 主管機關對休閒農業區得予公共建設的協助及輔導，否則地方主管機關欲補助興建公共遊憩設施（如停車場、標示解說牌、涼亭、公共洗手間等）師出無名。

4. 休閒農業區內申請登記休閒農場，在土地面積的完整性較有彈性。為鼓勵休閒農業區內設置休閒農場，申請登記的下限面積放寬為 0.5 公頃；其申請土地得分散二處，每處之土地面積逾 0.1 公頃。

5. 休閒農場全場均坐落於休閒農業區範圍者，設置住宿、餐飲、加工、展示設施者（第 21 條第 1～4 款之設施），農業用地面積放寬為：位於非山坡地者 1 公頃以上，或位於山坡地都市土地者 1 公頃以上。

第四節 休閒農業區劃定的情形

一、休閒農業區劃定的情形

農委會核准劃定的休閒農業區（2021 年 7 月）計有 104 區（表 2-1）。

表 2-1　農委會公告劃定休閒農業區一覽表（104 區）

縣市別	休閒農業區名稱	
宜蘭縣 （17處）	員山鄉橫山頭休閒農業區 員山鄉大湖底休閒農業區 冬山鄉珍珠休閒農業區 冬山鄉梅花湖休閒農業區 大同鄉玉蘭休閒農業區 三星鄉天送埤休閒農業區 礁溪鄉時潮休閒農業區	員山鄉枕頭山休閒農業區 冬山鄉中山休閒農業區 冬山鄉冬山河休閒農業區 冬山鄉大進休閒農業區 羅東鎮羅東溪休閒農業區 三星鄉紅柴林休閒農業區
	頭城鎮新港澳休閒農業區 五結鄉蘭陽溪口休閒農業區	壯圍鄉新南休閒農業區 蘇澳鎮大南澳休閒農業區
基隆市 （1 處）	七堵區瑪陵休閒農業區	
台北市 （3 處）	內湖區白石湖休閒農業區 北投區竹子湖休閒農業區	文山區貓空休閒農業區
新北市 （1 處）	淡水區滬尾休閒農業區	
桃園市 （10處）	蘆竹區大古山休閒農業區 觀音區蓮花園休閒農業區 龍潭區大北坑休閒農業區 大溪區康庄休閒農業區 楊梅區楊梅休閒農業區	蘆竹區坑子溪休閒農業區 新屋區海洋客家休閒農業區 大溪區月眉休閒農業區 大園區溪海休閒農業區 復興區台七桃花源休閒農業區
新竹縣 （7 處）	峨眉鄉十二寮休閒農業區 新埔鎮照門休閒農業區 五峰鄉和平部落休閒農業區 竹北市水月休閒農業區	尖石鄉那羅灣休閒農業區 橫山鄉大山背休閒農業區 新埔鎮大墩山休閒農業區

續表 2-1

縣市別	休閒農業區名稱	
苗栗縣（11處）	西湖鄉湖東休閒農業區 大湖鄉馬那邦休閒農業區 三義鄉舊山線休閒農業區 通霄鎮福興南和休閒農業區 卓蘭鎮壢西坪休閒農業區	南庄鄉南江休閒農業區 大湖鄉薑麻園休閒農業區 三義鄉雙潭休閒農業區 公館鄉黃金小鎮休閒農業區 三灣鄉三灣梨鄉休閒農業區 苗栗市貓裏休閒農業區
臺中市（11處）	大甲區匠師的故鄉休閒農業區 東勢區梨之鄉休閒農業區 新社區抽藤坑休閒農業區 太平區頭汴坑休閒農業區 和平區大雪山休閒農業區 后里區貓仔坑休閒農業區	東勢區軟埤坑休閒農業區 新社區馬力埔休閒農業區 石岡區食水嵙休閒農業區 外埔區水流東休閒農業區 和平區德芙蘭休閒農業區
南投縣（13處）	水里鄉車埕休閒農業區 信義鄉自強愛國休閒農業區 魚池鄉大雁休閒農業區 國姓鄉福龜休閒農業區 埔里鎮桃米休閒農業區 中寮鄉龍眼林休閒農業區 鹿谷鄉小半天休閒農業區	水里鄉槑休閒農業區 魚池鄉大林休閒農業區 魚池鄉日月潭頭社活盆地休閒農業區 國姓鄉糯米橋休閒農業區 竹山鎮富州休閒農業區 集集鎮集集休閒農業區
彰化縣（3處）	二水鄉鼻仔頭休閒農業區 田尾鄉公路花園休閒農業區	二林鎮斗苑休閒農業區
雲林縣（2處）	口湖鄉金湖休閒農業區	古坑鄉華山休閒農業區
嘉義縣（3處）	阿里山鄉茶山休閒農業區 新港鄉南笨港休閒農業區	梅山鄉瑞峰太和休閒農業區
臺南市（3處）	左鎮區光榮休閒農業區 七股區溪南休閒農業區	楠西區梅嶺休閒農業區
高雄市（5處）	內門區內門休閒農業區 六龜區竹林休閒農業區 大樹區大樹休閒農業區	那瑪夏區民生休閒農業區 美濃區美濃休閒農業區
屏東縣（3處）	高樹鄉新豐休閒農業區 車城鄉四重溪休閒農業區	萬巒鄉沿山休閒農業區
花蓮縣（5處）	瑞穗鄉舞鶴休閒農業區 光復鄉馬太鞍休閒農業區 富里鄉羅山休閒農業區	玉里鎮東豐休閒農業區 壽豐鄉壽豐休閒農業區

續表 2-1

縣市別	休閒農業區名稱	
臺東縣（6處）	大武鄉山豬窟休閒農業區 卑南鄉初鹿休閒農業區 關山鎮親水休閒農業區	太麻里鄉金針山休閒農業區 卑南鄉高頂山休閒農業區 池上鄉米鄉休閒農業區

資料來源：行政院農業委員會（2021 年 7 月）

第五節 休閒農業區營運模式與策略

一、休閒農業區的營運模式

(一) 營運模式的必要性與意義

休閒農業區是劃定為供休閒農業發展使用的地區，而休閒農場是經營休閒農業的場地，可見休閒農業區是「地區」的概念，而休閒農場才是經營的單位。因此休閒農業區要輔導區內休閒農場設置與經營，休閒農業才能動起來。

從權責關係而言，劃設休閒農業區是地方的公共事務，由政府來做；設置及經營休閒農場是個別農戶或農企業機構的事，屬於業者的營運。然而休閒農業區要呈現整體風貌與特色，互相協調合作，避免無謂的競爭，發揮互補互助的綜效（synergy）及集聚經濟的效益，即需建立一個能被普遍接受而有效能的營運模式。

所謂營運模式，指對休閒農業區內及區外觀光遊憩資源予以吸納與整合，營造主題特色，開創商機，並吸引遊客，展現經濟與生態的效益，而使相關各方都能滿意的經營運作制度。

(二) 營運模式比較

休閒農業區內各休閒農場面積不等，大、小農場的基地資源規模不同，經營方式亦有不同，因此增添選擇營運模式的複雜度。休閒農業區可以選擇的營運模式，基本上有下列三種，三種模式的特性比較如表 2-2：

表 2-2　休閒農業區營運模式特性比較表

項目＼模式	個別登記個別經營	個別登記結盟經營	個別登記統合經營
經營單位數	多個	多個，但有整合	一個
經營決策	各場單獨決策	共同協調但保留各場決策權	決策權在合作社或公司
特色發揮	各自發揮	經過協調後統合發揮	統一發揮
投資方式	各場自行投資	協調後各場自行投資	共同投資
公共設施的規劃與利用	效率較差	效率中等	效率最高
經營管理作業	各場自訂作業準則	協調後訂定共同的作業準則	統一訂定作業準則
結合程度	最低	適中	完全結合
區內農場競爭程度	高	中	無
損益分配及盈虧責任	損益自行分配，盈虧自負	盈虧自負但須負擔共同的支出	損益按投資額分配，股東承擔盈虧

1. 區內休閒農場個別登記，個別經營。

2. 區內休閒農場個別登記，但組成推動管理委員會（或協會）結盟經營（策略聯盟）。

3. 區內休閒農場共同成立合作社或公司，統合經營。

根據表 2-2 的比較，第一種模式（個別登記個別經營）之下，農場農家或農企業的自主性最高；第三種模式（個別登記統合經營）之下，各參與單位的自主性最低；第二種模式（個別登記結盟經營）之下，各參與單位在共同協商下保留自主性。臺灣目前情況較偏向第二種營運模式。

(三) 結盟營運的運作方式

休閒農業區結盟經營就是區內休閒農場策略聯盟，其工作以企劃、協調爲主，目的在使區內的休閒農業資源獲得最適當的配置，各休閒農場能在最佳的環境下營運。休閒農業區欲結盟經營必須成立「推動管理委員會」（或稱休閒農業區發展協會）的組織。

1. 推動管理委員會的工作項目：推動管理委員會係由區內休閒農場經營者組成，在縣市政府、鄉鎮市公所、農漁會共同輔導下運作。區內休閒農場各自選派一名或數名代表為推動管理委員會委員，從事區內的企劃及協調工作。休閒農業區推動管理委員會的工作主要包括：

(1) 企劃：如何動員各場展現特性，共同塑造全區的特色，此有賴於推動管理委員會的企劃與協調功能。

(2) 會務管理：推動管理委員會的內部事務，諸如會籍管理、委員會召開、公共費用分攤及其他總務工作。

(3) 教育訓練：區內的休閒農業經營者都是農民或農企業轉型者，故對休閒服務業經營管理需要重新學習；況且旅遊環境及經營手法、管理技術不斷變化，推動管理委員會宜負起教育訓練的責任（圖 2-12）。

圖 2-12　教育訓練是休閒農業區推動管理委員會應辦理的工作項目

(4) 旅遊登記：團體參觀遊覽或餐飲、住宿等，遊客可向推動管理委員會預約登記，區推動管理委員會再通告各場或民宿農家。

(5) 遊客申訴與調解：場方與遊客之間的旅遊糾紛，透過區推動管理委員會的申訴管道，可使遊客與場方合理圓滿的解決，以減少遊客抱怨，增強旅遊信心。

(6) 廣告宣傳：以區為整體規劃的對象，統籌整個區的廣告宣傳以招徠遊客，如設置網站，建立全區識別體系，統一運用媒體傳播等等。此外，定期舉辦區的促銷活動，針對特定主題或農產品規劃促銷造勢活動，以達成全區的整體行銷效果。

(7) 教育解說：透過推動管理委員會，對區內景觀、生態、生產、農村文化作系統性的教育解說，並編印區內體驗活動指南及導覽手冊。生態教育是區內重要的體驗項目，故教育解說特別重要。

(8) 公共關係：以區推動管理委員會為中心，透過與遊客、媒體人員、相關行職業及團體、行政機關、輔導機構等的接觸，建立良好的互動關係。改善外部環境的社會關係，將有助於區的發展。

(9) 環境與生態維護：區內的林木與植栽須妥善照顧，並在永續經營的前提下，維持良好的生態環境系統。

(10) 設施與安全管理：一是就區內的公共設施（如道路、停車場、公共廁所、解說設施、路標及標示物等）經常維護保養，並視需要添置。二是對區內各類自然資源（如森林、溪流、水渠、水塘、野生動植物等）及流行疫病感染可能造成的旅遊安全問題予以防範。如對區內環境詳細調查，提供遊客安全訊息，在危險區設立警告標語，成立救護站，設置喊話系統及廣播系統，印製緊急疏散地圖等，以維遊客安全。

2. 推動管理委員會組織架構：上述區推動管理委員會的主要工作，可歸納為企劃與會務組、遊客服務組、行銷與解說組、環境管理組四組，各組工作項目及組織架構（例示）如圖 2-13。

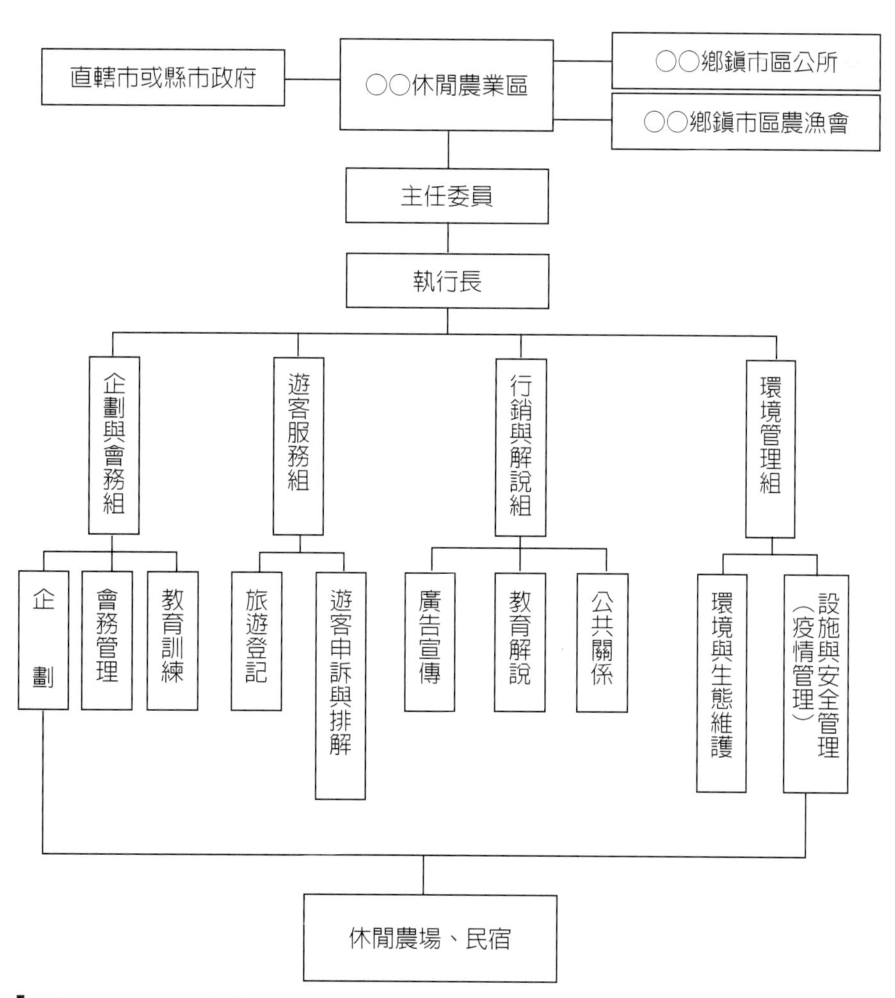

圖 2-13　休閒農業區推動管理委員會組織圖

二、休閒農業區的監督管理及營運策略

(一) 休閒農業區的監督管理

「休閒農業輔導管理辦法」第二章第 11～14 條，對休閒農業區劃定後的營運情形，新增下列監督與管理的規定：

1. 對休閒農業設施定期檢查：休閒農業設施由休閒農業區推動管理組織負責維護管理。直轄市或縣（市）主管機關對轄內休閒農業區供公共使用之休閒農業設施，應每年定期檢查並督促休閒農業區推動管理組織妥善維護管理，檢查結果應報中央主管機關備查。（第 11 條第 2 項）

2. 休閒農業區公共建設之協助及輔導：主管機關對休閒農業區之公共建設得予協助及輔導。（第 12 條）

3. 五年通盤檢討一次：直轄市或縣（市）主管機關對轄內休閒農業區，至少每五年進行通盤檢討一次，並依規劃書內容出具檢討報告書，報中央主管機關備查。（第 13 條）

4. 中央主管機關得辦理評鑑：中央主管機關爲輔導休閒農業發展，得辦理休閒農業區評鑑。評鑑以 100 分爲滿分。（第 14 條第 1 項）

5. 建立退場機制：休閒農業區評鑑結果未滿 60 分者，直轄市或縣（市）主管機關應擬具輔導計畫協助該休閒農業區改善；經再次評鑑結果仍未滿 60 分者，由中央主管機關公告廢止該休閒農業區之劃定。（第 14 條第 2 項）

(二) 休閒農業區的營運策略

休閒農業區爲達到正常運作，長保良好績效，宜採行的營運策略分述如下：

1. 選擇適當的營運組織型態：休閒農業區係以地區爲範圍發展休閒農業，所以成立一個地區性的組織有其必要性。目前休閒農業區大多採「推動管理委員會」（或發展協會）的組織型態，著重企劃、協調的功能；不過如果要具有法人資格，充裕資金，統籌運用資源，建立整體的經營管理制度，強化實質決策的效力，合作社或公司是可以參考的制度。

2. 健全組織運作，加強合作行爲： 不論採行任何組織型態，一定要健全運作，發揮該組織類型的優點；同時成員要協力合作，在人力特質、資源籌集、技術專長、資源特性方面發揮互補的功能。休閒農業區成員要有共同的願景與目標，共同分擔工作與責任，做到「群策群力，以竟事功」的組織效果（圖 2-14）。

圖 2-14　休閒農業區要健全組織運作加強合作行為

3. 遊憩活動以農業體驗爲基礎： 農業與農村資源是休閒農業區的核心資源，具有生物性與生活性，所以是發展自然旅遊、生態旅遊、文化旅遊、健康旅遊最適當的場所。在農業體驗的基礎上，經營餐飲或住宿業務，才能吸引遊客。休閒農業區重視農業與農村體驗，才不致流於一般的風景區或遊樂區。

4. 營造整體特色並保留個別差異： 休閒農業區是集合區域內休閒農場及民宿而設置的鄉村旅遊地區。爲與其他地區有差別，必須建立本地區耀眼的特色，才能發揮地區競爭力；但是區內每個休閒農場或民宿，在大的主題特色下應保留彼此的差異性，避免雷同，以發揮場間的競爭力。所以建構休閒農業區特色，應把握「異中求同，同中求異」的原則（圖 2-15）。

圖 2-15　休閒農業區營造整體特色並保留個別差異

5. 促進社區參與： 休閒農業區是以廣大的環境作爲行銷的資源，休閒農場及民宿僅是點的分布，但是線的延伸（如道路）、面的鋪陳（如田園、村落）、體的呈現（如山林），都在整體農村社區的範圍內。所以休閒農業區應有社區居民（農民與非農民）的普遍參與，政府機構、農民團體、學校、社區組織，以及其他相關非政府組織（NGO）的支持與協助，與社區的農村再生計畫、地方創生計畫協調配合，休閒農業區才會有成功的表現。

6. 運用現代化的系統管理：休閒農業區雖著重協調與整合的功能，但組織對外要爭取資源，進行調和、行銷、公共關係、遊憩服務、環境維護、安全管理等工作；對內要做企劃、資源整合、教育訓練、績效考核等工作。所以要運用現代化的系統管理，諸如目標管理、知識管理、流程管理、品質管理等，特別是設置網站（圖 2-16），實施電子化的管理技術，網路行銷，都是休閒農業區做好營運管理所必要的。

圖 2-16　休閒農業區要建立網站以利行銷與營運

7. 提升區營運的服務品質：休閒農業區提供的服務品質表現在兩方面。

(1) 區營運部分，園區道路便利性、公用設施設計、遊程規劃、旅遊資訊傳播、行銷廣告、環境維護及管理等，都要從整體替遊客設想。這方面的整體服務品質，農委會每年都委託臺灣休閒農業學會進行評鑑。

(2) 區內休閒農場與民宿部分，應透過人員教育訓練、訂定管理規章、餐飲與住宿品質管理、服務品質評選（如星級評定）等措施，督導區內單位提供遊客滿意的服務品質。

8. 組織體財務自力成長：休閒農業區組織體資本存量、營運損益及財務結構，往往會決定組織正常運作與否，所以非常重要。推動管理委員會是個非法人的社會組織，資本較薄弱，資金來源較少，所以大額的支出要靠成員臨時繳款或靠政府補助，經費使用較不穩定。因此推動管理委員會要訂定自謀財源的辦法，如銷售區內會員農場的產品，舉辦收費的解說服務及體驗活動，訂定成員營運利益回饋的機制，催收成員會費，健全會計制度，或爭取政府補助等，以維持正常運作。

第 3 章

休閒農業區規劃實例與解析

第一節 桃園市蘆竹區大古山休閒農業區

本節以「桃園市蘆竹區大古山休閒農業區規劃書」（圖 3-1）（段兆麟、李崇尚、蕭志宇，2017）爲例說明。由於規劃書體系龐博，內文多達 8 章，166 頁（不含附件），故在此以規劃書的核心部分「休閒農業核心資源」、「整體發展規劃」，及「營運模式與推動組織」三章（合占審查配分 75%）說明之。

桃園市蘆竹區

大古山休閒農業區規劃書

委託單位：桃園市政府

規劃單位：國立屏東科技大學

中華民國 106 年 11 月

圖 3-1　桃園市蘆竹區大古山休閒農業區規劃書

桃園市蘆竹區大古山休閒農業區坐落於林口臺地，地勢由北向南傾斜。規劃範圍以 108 號市道爲橫軸，沿著坑子溪及機場捷運周邊的腹地。行政區域包括具有農業特色的坑口、山腳、山鼻、外社等四個里爲範圍。土地分區編定涵蓋都市土地（林口特定區）及非都市土地。總面積 299.53 公頃，符合「休閒農業輔導管理辦法」（2015 年 4 月 28 日）第 4 條：「休閒農業區土地部分屬都市土地、部分屬非都市土地者，面積應在 25 公頃以上，300 公頃以下」的規定。

一、休閒農業核心資源

(一) 農業資源

大古山休閒農業區以稻米栽種面積最廣，其次是綠竹筍，有機蔬菜居第三；其他作物包括甘藷、玉米、落花生等雜糧作物，蘿蔔、甘藍、花椰菜、西瓜等蔬菜作物，芭樂、葡萄等果品作物，園藝苗圃的茶花、草花，及落羽松、黑松、白千層等觀賞樹種。多數農家利用稻作輪耕期間，栽種草花或綠肥作物以維持地力；並利用農宅前或田間空地栽種各式雜糧作物。

表 3-1　大古山休閒農業區的主要作物產期

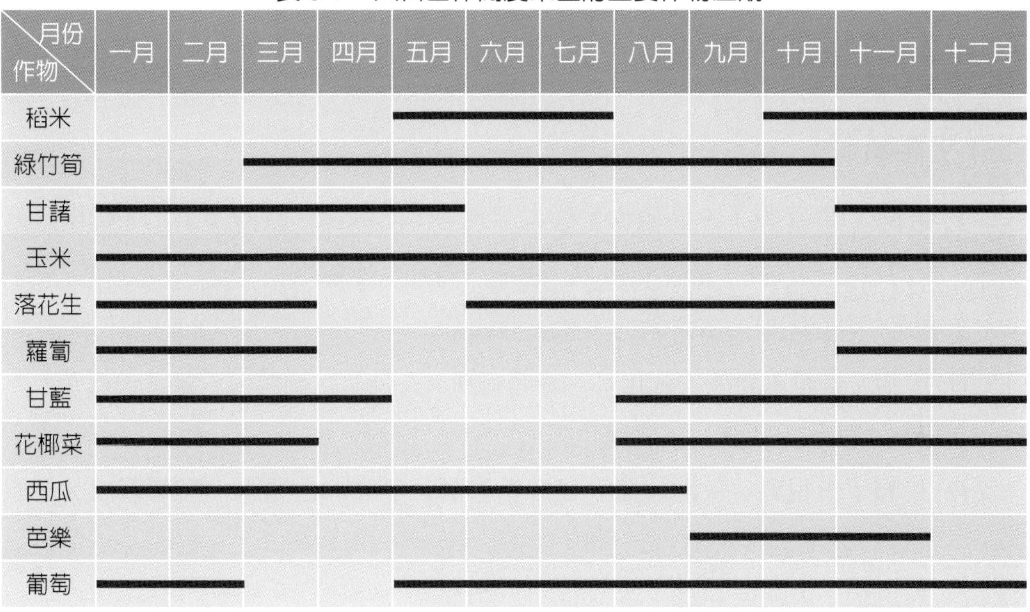

月份／作物	一月	二月	三月	四月	五月	六月	七月	八月	九月	十月	十一月	十二月
稻米					—	—	—			—	—	—
綠竹筍			—	—	—	—	—	—	—	—		
甘藷	—	—	—	—	—						—	—
玉米	—	—	—	—	—	—	—	—	—	—	—	—
落花生	—	—	—			—	—	—	—	—		
蘿蔔	—	—	—								—	—
甘藍	—	—	—	—				—	—	—	—	—
花椰菜	—	—	—					—	—	—	—	—
西瓜	—	—	—	—	—	—	—	—				
芭樂									—	—	—	
葡萄	—	—			—	—	—	—	—	—	—	—

本區有農場專業養殖水鹿（圖 3-2）、種植牧草，另有農場養馬或山羊。山腳里溪邊還有農家放牧黃牛及山羊，形成放牛吃草的悠閒鄉村景致，趣味盎然。部分農戶飼養雞、鴨、鵝等家禽，增添農場的動態活力。加上本區埤塘多，有農家在埤塘養魚。近來還有農場採行農牧「禽菜共生」（圖 3-3）或農漁「魚菜共生」的複合經營方式。

圖 3-2　水鹿是大古山休閒農業區的特色農業資源

圖 3-3　禽菜共生的自然栽培方式吸引都市遊客前來體驗

本區有多種農產加工品，包括：油飯、麻糬、草仔粿、鹹冬瓜醬、脆筍、筍乾、葡萄醋、檸檬醋、洛神花醋、松露、咖啡豆、咖啡粉、苦茶油、苦茶粉、茶籽油、茶籽粉、香油、麻油、鹿茸粉、冷凍豬肉、豬肉乾等，由農家或農產加工廠生產，成爲遊客最佳的美食及伴手禮。

(二) 生態資源

1. 植物生態資源：本區植物生態資源包含：流蘇樹、臺灣櫸木、光蠟樹、落羽松、臺灣百合、大菁（臺灣馬蘭）、蘆葦、香蒲（水蠟燭）等。

2. 動物生態資源：本區動物生態資源如下：

(1) 魚類：臺灣鏟頷魚（苦花）、臺灣石𩼧（石斑）、臺灣縱紋鱲（一枝花）、粗首馬口鱲（溪哥、紅貓）、鰕虎魚等。

(2) 鳥類：赤腹鷹、灰面鵟鷹、日本松雀鷹、魚鷹、白鷺鷥、臺灣藍鵲、畫眉等。

(3) 昆蟲類：鬼豔鍬形蟲、獨角仙、大螳螂等。

(4) 蝶類：紅紋鳳蝶等。

(三) 文化資源

1. 地方信仰：福山宮、誠聖宮（帝君文化節）、三十二佃福德祠（食福）、山腳天公廟、永興祠（三界公爐）、龍聖宮、廣德堂、山腳福德宮、承德寺等。

2. 閩南古厝：德馨堂（三級古蹟）（圖 3-4）、陳家古厝（室善居）、戴家古厝（厚德居）、蘇家古厝（致和居）、閩式三合院等。

3. 生活文化：山泉及溪邊傳統浣衣、智慧燈、狀元帽、搖元宵、平安餅、氣功班、槌球隊、法式滾球、婦女劇場團等。

圖 3-4　大古山休閒農業區保留許多閩式建築

4. 傳統技藝：草編達人——徐山本、山鼻社區發展協會（藝閣）、舞龍舞獅、北管、大鼓陣等。

5. 農村文藝：坑口彩繪社區、外社國小（馬賽克磁磚拼貼）、山腳國小（農村文物室）、蜻蜓幼兒園（裝置藝術）、花燈藝術節等。

(四) 景觀資源

1. 農村自然景觀資源：登高遠眺、濱海景觀、夕陽、落日夜景等。

2. 農村產業景觀資源：稻田、竹林、牧草原、花海等。

3. 農村設施空間景觀資源：農村彩繪、森林步道、風力發電景觀、球場綠地景觀、機場飛機起降等。

二、整體發展規劃

大古山休閒農業區發展目標訂為：**「樂活農業心體驗、城市里山綠生活」**。

(一) 規劃願景

1. 規劃目標

(1) 強化安全農業產業鏈，拓展樂活農業聚落。

(2) 促進農村文化的資產整合與價值創新。

(3) 維護市郊農業生態，建立兼顧生物多樣性與資源永續利用的城市里山。

2. 規劃發展策略：按短中長程訂定本區的發展策略如下。

(1) 短程策略（2017～2019 年）：

① 凝聚合作共識，穩固組織運作。

② 整合區域產銷，發展共同品牌。

③ 建立顧客關係，提升服務品質。

④ 推動有機農業，提供安心好食。

(2) 中程策略（2020～2022 年）：

① 持續強化組織合作營運績效，增進財務自主。

② 融合多元產業人才，辦理假日藝術活動。

③ 連結區外遊憩資源，擴大遊憩服務效能。

④ 設計地方文創商品，深化地方意象。

(3) 長程策略（2023～2025 年）：

① 復興農村文藝，促進地方產業多元發展。

② 與航空公司、旅行社異業結盟，提升國際遊客接待能力。

③ 實踐循環經濟，建構永續農業。

(二) 分區發展構想

本區依照發展目標，整合產業、自然、景觀，文化資源，規劃爲四個主題特色體驗區（圖 3-5）：

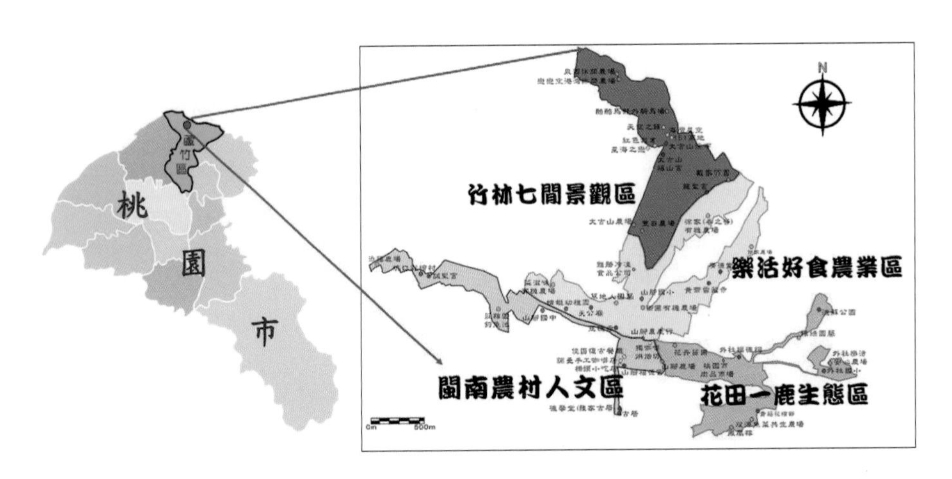

圖 3-5　大古山休閒農業區主題體驗分區圖

1. 竹林七閒景觀區：位在本區北端，以綠竹筍採摘、蔬果品嘗、一日農家生活、山林生態探索及景觀咖啡體驗爲主。

2. 樂活好食農業區：位在本區中間區域，以食農教育（圖 3-6）、有機蔬菜採摘、茶油及肉品加工、民俗文化巡禮、鄉野生活體驗爲主。

3. 花田一鹿生態區：位在本區的東南地帶，以花卉稻田地景、水鹿互動、農村藝文體驗、環境生態教育爲主。

4. 閩南農村人文區：位在本區的西南角，以農村彩繪、傳統閩南文化、咖啡品評、古早味美食、動物體驗爲主。

圖 3-6　休閒農業區成為都市居民實踐食農教育的場地

(三) 社區及產業結合計畫

大古山休閒農業區可與坑口、山鼻、山腳、外社社區發展協會共同經營農業旅遊活動。如坑口社區發展協會可支援坑口彩繪村的人員導覽解說、閩食文化體驗等；山鼻社區發展協會可支援交通接駁、環境維護等；山腳社區發展協會可支援閒置空間作農產展售空間；外社社區發展協會經營假日市集。四個協會各司其職，並透過大古山休閒農業區進行整合行銷。以促進產業轉型、文化創新、商品與服務加值，創造地方意象特性，同時提升農業旅遊的質感與集客力。

(四) 綠美化計畫

大古山休閒農業區的城市里山環境景致多元，包含稻田、竹林、菜圃、園藝花木、草坪、森林、埤塘、溪流、村落等交錯配置。近期更積極栽種原生種臺灣百合，以重現大古山百合齊放的美景。

本區道路綠帶建設，應以人爲本，考慮遊客行人及行車的視覺線導引及交通安全。喬木、灌木、花草植物採多層次配置，增加視覺豐富度，創造出植物群落的整體美及季節變化，部分路段可排列藝術圖案或展現主題性，展現地方特色風情。樹種的選擇須因地制宜、適地適種，尤其本區季風強勁，因此需選擇具抗風性的景觀植株。

本區的水域主要包含溪池和埤塘，具有蓄水灌溉、滯洪防災、溼地保育及觀光遊憩等多元功能。可透過在池岸外緣或池塘內搭配水生植物，以增加生態多樣性。

(五) 創意開發

以餐飲、民宿、遊程三方面說明創意開發。

1. 創意餐飲開發

(1) 有機蔬果原味餐。

(2) 戀戀空港飛機餐。

(3) 花食花果吃花餐。

(4) 閩南風情古韻餐。

2. 創意民宿開發

(1) 塑造大古山休區成爲市郊的休閒度假勝地。

(2) 以農業旅遊開創大古山休區的民宿商機。

(3) 以閩南文化形塑大古山民宿亮點。

(4) 以都市裡的祕境打造大古山民宿招牌。

3. 創意鄉村四季遊程開發

(1) 春風嬉鹿山野趣遊：機場捷運 A10（山鼻站）集合→添福鹿場→菜滋味有機農場→戀戀空港灣休閒農場（窯烤午餐 DIY）→酷酷馬野外騎馬場→大古山景觀餐廳用餐→ A10（山鼻站）賦歸。

(2) 夏日好食竹境雲遊：機場捷運 A10 站集合→外社樂活安心農場→山腳飲食店用餐→徐家有機農場（春之谷）→戀戀空港灣休閒農場→大古山景觀餐廳用餐→ A10 站賦歸。

(3) 秋色花田藝村漫遊：機場捷運 A10 站集合→花繪節稻田花海→外社國小→獨咖啡烘焙坊（風味餐）→御圃有機農場→坑口彩繪村→ A11（坑口站）賦歸。

(4) 冬韻懷古手作樂遊：機場捷運 A10 站集合→德馨堂古厝→鳳凰稼→佳園復古餐廳用餐→戀戀空港灣休閒農場→戴家竹園→ A10 站賦歸。

(六) 創意農特產品開發

本區創意農特產品開發的原則是：建立產業新關聯，增加產品附加價值。

在舊的事物上加入新的想法，持續尋找產品新的利用價值，例如「戀戀空港灣休閒農場」的葡萄醋與「山腳農產行」的苦茶油搭配推出養生健康的「加油添醋禮盒」。「竹林七閒景觀體驗區」也可於休閒農場或景觀餐廳推出以當地七種食材搭配而成的「竹林七閒風味餐」。

其次，結合山腳鹿場、添福鹿場與酷酷馬野外騎馬場三家牧場，共同開發「指鹿爲馬文創卡片」，讓動物之間擬人化的趣味互動，轉化爲可販售的生日禮卡、耶誕賀卡等商品，讓地方產品更多樣化，同時達到行銷地方的效果。

(七) 行銷推廣計畫

計畫的原則如下：

1. 以「新鮮在地的農特產品」爲訴求。
2. 以「喜好農業休閒旅遊的都市消費者」爲目標客群。
3. 品牌定位爲「城市裡的休閒長廊」。
4. 多元行銷以產品、定價、通路、推廣促銷作爲操作的面向。

本規劃案設計的吉祥物爲「蘆鹿米」，以本區的特色資源稻米、草花，及鹿角設計而成。吉祥物中間綠色圍巾意象爲大古山包覆稻米、鹿角，及草花，象徵大古山孕育本地農產（圖 3-7）。

圖 3-7 規劃團隊為大古山休閒農業區設計的吉祥物

三、營運模式及推動組織

(一) 營運模式

休閒農業區營運模式就權責關係而言，劃設休閒農業區是地方的公共事務，由政府來做；設置及經營休閒農場是個別農戶或農企業機構的事，屬於業者的營運。

大古山休閒農業區以發展協會作爲營運組織。

大古山休閒農業區營運組織運作的原則如下：

1. 健全組織運作，加強合作行爲。
2. 遊憩活動以農業體驗爲基礎。
3. 營造整體特色並保留個別差異。
4. 促進社區參與。
5. 運用現代化的系統管理。
6. 提升區營運的服務品質。
7. 組織體財務自力成長。

(二) 推動組織

1. 推動組織架構：大古山休閒農業區以發展協會作爲推動組織。大古山休閒農業區發展協會自 2015 年成立。目前會員人數爲 50 人。協會設置：理事長、總幹事，及會務財務組、行銷企劃組、環境教育組、解說服務組、總務管理組等。協會推動組織架構如圖 3-8 所示。

2. 推動組織工作項目：本區理事長、總幹事及各組織工作項目、推動人員如下表。

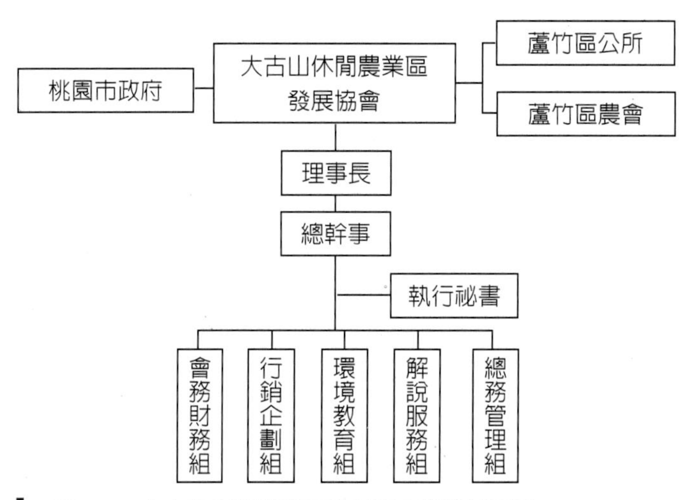

圖 3-8　大古山休閒農業區發展協會組織架構圖

表 3-2　大古山休閒農業區發展協會工作項目表

職稱	工作項目	推動人員
理事長	負責召集會議，管理協會內各小組之運作	胡○○
總幹事	輔助理事長處理協會之內外事務，協調各組運作	鄭○○
執行祕書	協助總幹事執行相關事宜	李○○
會務財務組	1. 辦理會務及一般管理 2. 辦理田媽媽餐廳管理及輔導設置 3. 策劃各項人力培訓及教育訓練活動 4. 辦理財務及會計	許○○ 及組員
行銷企劃組	1. 辦理休閒農業規劃，及申請設置休閒農場 2. 辦理套裝行程安排，藝文活動、農業產業文化之行銷活動企劃 3. 辦理農特產品展售活動及民宿、餐飲及交通等活動安排與宣傳活動	黃○○ 及組員
環境教育組	1. 管理區內環境景觀發展 2. 推動區內環境教育體驗活動業務	胡○○ 及組員
解說服務組	1. 設計休閒農業區各景點遊程解說劇本 2. 辦理本區解說人員配置工作	徐○○ 及組員
總務管理組	辦理區內各項公共設施之維護管理工作	陳○○ 及組員

(三) 大古山休閒農業區發展協會財務來源

本區經費籌措的構想，從以下四種方式：

1. 協會之年費：協會每年向會員收取常年會費。會員的入會費及常年會費是維持會務運作之基本經費。

2. 休閒事業營運基金：區內經營休閒相關事業之營業單位（休閒農場、民宿、田媽媽餐廳等），提撥一定比例的營業淨利作爲對協會的回饋基金。

3. 向公部門申請的專案計畫經費：協會向政府機關、輔導單位等公部門申請專案補助經費，具有特定的目的，作爲協會人力及各項公共建設維護的支出。

4. 產業活動的收入：本區發展協會舉辦活動的收入，提供區內籌備辦理活動，推動產業發展，綠美化建設等所需之費用。

(四) 區內休閒農場經營輔導計畫

本區發展協會針對區內休閒農場經營輔導計畫，主要有下列幾項：

1. 輔導區內休閒農場申請登記。
2. 加強行銷及資訊管理的能力。
3. 實施休閒農場經營管理教育訓練。
4. 農特產品研發改良。
5. 鼓勵農村青年回鄉工作。
6. 安全農業推廣與行銷。

四、大古山休閒農業區規劃解析

大古山休區規劃經由SWOT分析，訂定**「樂活農業心體驗，城市里山綠生活」**的發展目標，並建立全休區規劃的思路與方案。

大古山休閒農業區規劃思路如下：

1. 都市農業的特質：本地區毗鄰新北市林口區，面向新北市及臺北市，迎接雙北城市的旅遊市場。所以本區具備典型「都市農業」（Urban Agriculture）的特質。日本磯村英一教授提出「第三空間理論」，本區以提供雙北市民「第三空間」的定位自許。

2. 本區大古山高地可遠眺桃園國際機場：大古山上的休閒農場可設計、品嘗咖啡，眺望飛機起降的體驗活動，有怡然悠閒之趣。

3. 機場捷運橫貫本休區：機捷從臺北車站開往中壢，出了林口站在本區沿坑子溪由東向西行駛。本區位處於山鼻站（A10）及坑口站（A11）周邊腹地，便利雙北遊客來本區遊憩。本區具備全國唯一有捷運服務的優勢。

4. 休區面積一半爲都市土地：本區半數面積屬林口特定保護區（都市土地），餘半爲非都市土地，故全區總面積以300公頃爲限。與一般休閒農業區全屬非都市土地比較，總面積僅及其半。因此規劃工作須在有限的土地上顯現休閒農業的亮點。

圖 3-9　大古山休閒農業區為都市遊客提供有機農業體驗

5. 有機農業已有基礎：區內有 3 個有機農場（圖 3-9），驗證面積將近 3 公頃，生產有機蔬菜。有機農場是安全農業的代表，可規劃作爲吸引都市遊客體驗安全農業的活動；有機蔬菜產銷給雙北市；在農場更可提供有機餐飲的服務。

6. 連片的稻田塑造美麗農村的田野景觀：水稻是本休區最大宗的農作，面積數十公頃。稻田沿坑子溪分布，四季變化的景觀及彩繪的圖案，機捷乘客有飽覽的眼福。稻田涵養水源，調節氣溫，有優化環境之利。

7. 農村文化資源具有特色：本地區開發始於前清時代，保留宗祠、三合院、古厝、廟宇、堂第等歷史古蹟，多爲閩式建築，有的列爲三級古蹟。這些人文資源宜規劃作爲懷古的體驗活動。

8. 生態資源豐富是環境教育的寶地：本休區跨立林口臺地保護區，所以動植物生態保存良好。植物生態包括臺灣百合、流蘇樹、臺灣櫸、光蠟樹、大菁、香蒲、蘆葦。動物生態包括兩棲類及水生動物、鳥類、昆蟲類等。這些生態資源皆適合規劃設計環境教育體驗活動，作爲中小學生的戶外自然教室。

9. 規劃雙北及桃園市里山勝境的遠景：「里山倡議」楬櫫農村建設的遠景，保存村落周遭的淺山、農田、池塘、草原，及溼地等自然與人文地貌所構成的複合式農村生態、傳統文化與農業經營活動，以打造城鄉永續社會環境。這是規劃者爲大古山休閒農業區發展所懷抱的遠景。

第二節　花蓮縣富里鄉羅山休閒農業區

本節以「花蓮縣富里鄉羅山休閒農業區規劃書」（圖 3-10）（段兆麟，李崇尚、林俊男、蕭志宇，2019）爲例說明。由於規劃書體系龐博，內文 11 章，多達 187 頁（不含附錄），故在此以規劃書核心部分「休閒農業核心資源」、「整體發展規劃」，及「營運模式及推動組織」三章（合占審查配分75%）說明如下。

花蓮縣富里鄉羅山休閒農業區，以羅山村為範圍，總面積為 598.59 公頃。本區全屬非都市土地，「休閒農業輔導管理辦法」規定最大的劃定面積為600 公頃，本區符合規定。

本區羅山村位於花東縱谷，為素以有機農業聞名的村落，是「里山倡議」精神的實踐地區。如何將有機農業的主題結合休閒旅遊，吸引遊客前來體驗旅遊，這是本規劃案的課題。

花蓮縣富里鄉

羅山休閒農業區規劃書

委託單位：花蓮縣富里鄉農會

規劃單位：國立屏東科技大學

中華民國 108 年 5 月

圖 3-10　花蓮縣富里鄉羅山休閒農業區規劃書

一、休閒農業核心資源

(一) 農業資源

本規劃區位於花蓮縣海岸山脈西側靠近秀姑巒溪之平坦區域，坡度在 15 度以下。由於地勢複雜，形成多元土壤種類。本區以生產稻米（圖 3-11）為大宗，其次為桂竹，果樹類包含梅子、桶柑、葡萄柚及蓮霧，雜糧作物為黃豆，特用作物包含咖啡及愛玉子，花卉類包含荷花、金針花等。

圖 3-11　有機稻米是羅山休閒農業區的特色農業資源

表 3-3　羅山休閒農業區農作物產期及種植面積一覽表

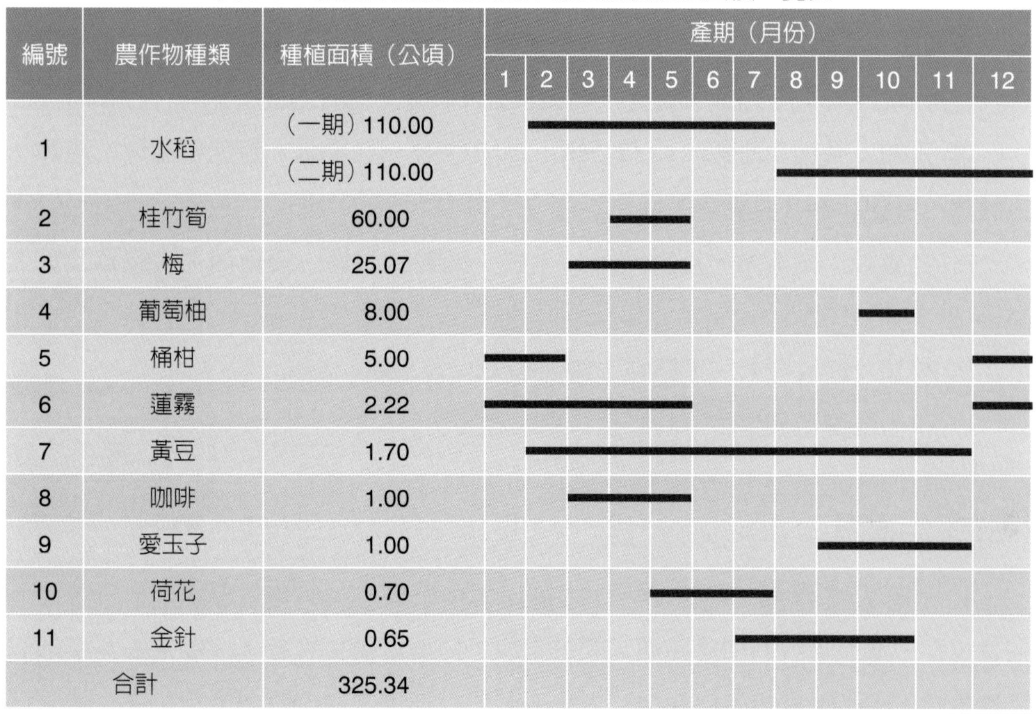

編號	農作物種類	種植面積（公頃）	產期（月份）											
			1	2	3	4	5	6	7	8	9	10	11	12
1	水稻	（一期）110.00		━	━	━	━	━	━					
		（二期）110.00								━	━	━	━	━
2	桂竹筍	60.00				━	━							
3	梅	25.07			━	━	━							
4	葡萄柚	8.00										━		
5	桶柑	5.00	━	━										━
6	蓮霧	2.22	━	━	━	━	━							━
7	黃豆	1.70		━	━	━	━	━	━	━	━	━	━	
8	咖啡	1.00			━	━	━							
9	愛玉子	1.00									━	━	━	
10	荷花	0.70					━	━	━					
11	金針	0.65							━	━	━	━		
合計		325.34												

(二) 生態資源

1. 植物生態資源：規劃區內可見卤蕨（圖 3-12）、三蕊溝繁縷、彭佳嶼飄拂草、野薑花、冬青菊、鋪地黍等草本植物；亦可見銀絨野牡丹、阿勃勒、流蘇等木本植物，以及屬蕈類之牛樟芝。除天然林木外，尚有景觀改造工程的樹種，如臺灣欒樹、花旗木、青楓、光蠟樹、黃連木、黃水皮、大葉山欖、竹林、相思樹等造林樹種。

圖 3-12　區內卤蕨是臺灣稀有的生態資源

2. 動物生態資源：本區動物生態資源如下：

(1) 哺乳類：山羌、獼猴、食蟹獴、果子狸等。

(2) 鳥類：朱鸝、烏頭翁、紅嘴黑鵯、大捲尾、洋燕、斑頸鳩、紅鳩、中白鷺、黃尾鴝、小啄木、樹鵲、灰鶺鴒、斑文鳥、紅尾伯勞等。

(3) 兩棲類：黑眶蟾蜍、樹蛙、黑蒙西氏小雨蛙、蟹、泥鰍、鱔魚等。

(4) 魚類：菊池氏細鯽、臺灣石𩼧、臺灣鬚鱲、粗首鱲、鯉魚、鯽魚、錦鯉、大肚魚、吉利慈鯛（吳郭魚）等。

(5) 昆蟲類：鳳斑蛾、巨網燈蛾、土蜂、鬼豔鍬形蟲、獨角仙、大螳螂及螢火蟲等。

(6) 蝶類：紅紋鳳蝶、黑鳳蝶、斑蝶等。

(7) 里山關鍵指標生物：長腳蛛、橙瓢蟲等。

(三) 文化資源

1. 聚落人文資源：清末時代，本區由屏東平埔族人拓墾，發展到日治時代才較具規模，進而吸引西部移民湧入開墾定居。社群聚落以客家人、閩南人及平埔族人等人口組成。較具代表性的聚落人文資源如：浮圳、羅山旺昇號柑仔店、陳家百年土埆厝、白水橋、日式三合院、戲棚等。

2. 地方信仰：居民多信奉土地公，祈求五穀豐收。

3. 民俗技藝：本區擁有大片桂竹林，早期是花蓮數一數二的斗笠產地。爲延續傳統民俗技藝，復興斗笠編織技術（圖 3-13）。

圖 3-13　羅山休閒農業區保存斗笠編織的民俗技藝

(四) 景觀資源

本區坐落於歐亞大陸板塊及菲律賓板塊交界處，位處中央山脈東側及海岸山脈西側之間，因此地理環境多元。村內有山丘、平原、流水、瀑布、斷層池等豐富景觀；亦因後火山運動，形成泥火山及惡地形等地質景觀。較具特色的景觀資源臚列如下：

1. 梯田景觀：本區海拔在 200 至 1,500 公尺之間，其高度由東向西遞降。爲順應地勢進行農耕活動，搭配生態工法，形成壯麗的「梯田」景觀。

2. 泥火山：泥火山是罕見的泥火同源景觀，其所噴出的泥漿帶有鹹味，當地居民因而稱之爲「鹽坪」（圖 3-14）。

圖 3-14　泥火山是羅山休閒農業區特殊的資源

3. 羅山大魚池（斷層池）：羅山大魚池面積約 1 公頃，由地層帶湧泉及泥漿堰塞而成。村民放養鯉魚、鯽魚、錦鯉、大肚魚、吉利慈鯛等魚種。

4. 羅山瀑布：羅山瀑布地處海岸山脈斷層線附近，爲一高達 120 公尺的落瀑。水量頗豐，分兩層傾瀉而下。瀑布下瀉後，匯成螺仔溪轉流向北，成爲秀姑巒溪的上源。

5. 大魚池賞鳥步道：結合生態解說，發展爲綜合生態與人文的生態步道。設置賞鳥步道，是環境教學的天然教室。

6. 賞林步道：步道樹種包含臺灣欒樹、花旗木、青楓、光蠟樹、黃連木、黃水皮、大葉山欖、竹林、相思樹等。

二、整體發展規劃

羅山休閒農業區發展目標訂爲：**「有機健康好米鄉」**。

(一) 規劃願景與目標

本區規劃願景以有機稻米、桂竹筍、梅、黃豆等地方特色產業爲核心，配合里山環境、山川地理，及豐富的生態資源，發展爲「有機健康好米鄉」的永續新羅山。規劃目標如下：

1. 發展友善環境耕作，強化安全農食產業鏈。

2. 融合本區產業特色，打造有機農業六級化產業聚落。

3. 維護里山環境，推廣有機農業，打造健康生活新綠地，帶動地方永續發展。

(二) 規劃發展策略

按短中長程分別訂定本區的發展策略：

1. 短程策略（2019～2021 年）

(1) 健全組織運作、推廣休閒農業。

(2) 整合區域產銷。

(3) 提升服務品質。

(4) 推廣友善環境耕作、提供安心好食。

2. 中程策略（2022～2024 年）

(1) 強化組織合作營運。

(2) 融合多元人才。

(3) 擴大遊憩服務效能。

(4) 深化客家有機村意象。

3. 長程策略（2025～2027 年）

(1) 提升國際遊客接待能力。

(2) 復興農村文藝。

(3) 深化休閒農業區健康生活的功能。

(4) 建構永續農業。

(三) 休閒農業區資源利用計畫

本區採用自然農法與有機栽培，是有機農業的示範場域。區內以稻米、竹筍、梅、黃豆爲發展核心，結合本地特有的泥火山、鬯蕨等動植物特色的生態資源，帶動有機農業產業六級化，打造休閒有機農業示範區（圖 3-15）。

圖 3-15　休閒有機農業資源六級化利用計畫概念圖

按六級化產業鏈分述如下：

1. 農業生產階段：分爲產業面、自然生態面、文化面活動設計。

2. 農產加工階段：稻米、梅、桂竹筍、黃豆等農產加工產品。

3. 農業服務階段：稻米、梅、桂竹筍、黃豆的消費、餐飲、遊憩階段。

(四) 分區發展構想

依據本區的發展目標，整合產業、自然、景觀，文化資源，規劃爲三個主題特色體驗區（圖 3-16）。

1. 有機食源趣體驗區：位在羅山村西側，以稻米六級化體驗、自然農法體驗、有機農法體驗、生物動力（BD）農法體驗、食農教育、環境教育、蓮花體驗、花卉賞景、客家文化體驗爲主。

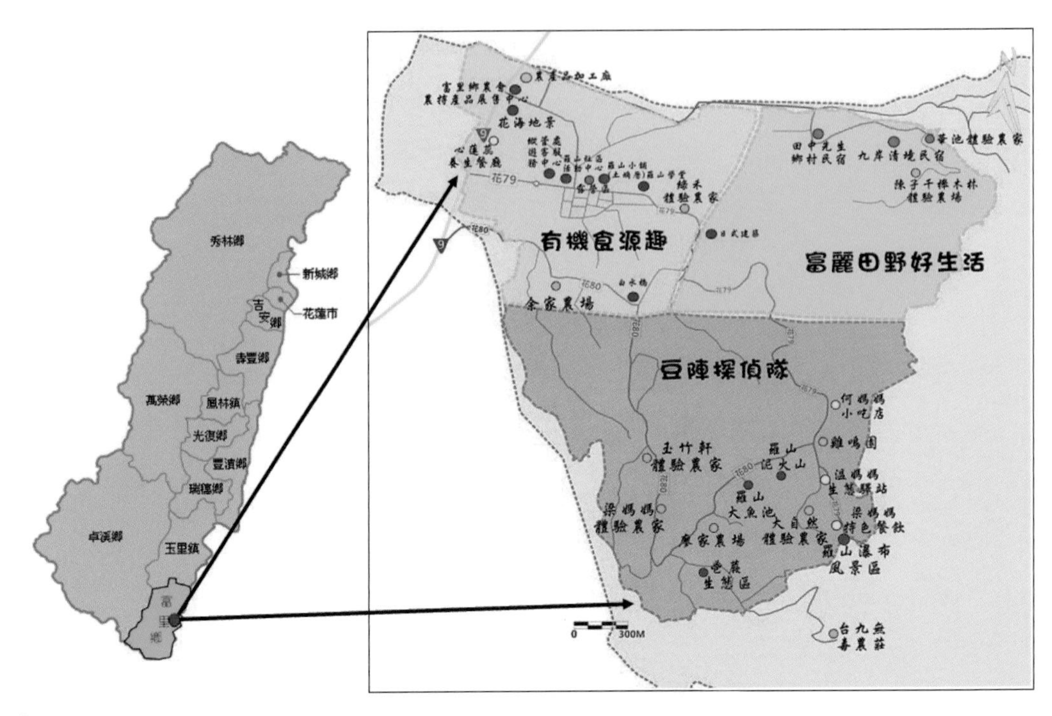

圖 3-16　羅山休閒農業區體驗分區圖

2. 富麗田野好生活體驗區：位在九岸溪周邊，以採梅體驗、梅醋 DIY、桂竹 DIY、田園生活體驗、鄉村旅遊、生態觀察、田野賞景體驗爲主。

3. 豆陣探偵隊體驗區：位在羅山村南側，以有機黃豆體驗、泥火山景觀體驗、泥火山豆腐 DIY（圖 3-17）、農家特色餐飲、欣賞山川景觀、食農教育及環境教育爲主。

三個主題特色體驗區呈現出本區重點資源串聯發展的機會。茲圖示各區發展構想如下：

圖 3-17　泥火山豆腐體驗深受國外遊客喜愛

(五) 社區及產業結合計畫

羅山休閒農業區可與羅山社區發展協會共同經營農業旅遊活動。共同舉辦資源盤點、環境維護、人員導覽解說、體驗活動設計、交通接駁、農產展售空間提供、假日市集經營與整合行銷，促進產業轉型、文化創新、商品與服務加值，創造地方意象的獨特性，以提升農業旅遊的質感與記憶性。

(六) 綠美化計畫

本區的里山環境景致多元，包含稻田、竹林、菜圃、園藝花木、牧草原、森林、埤塘、溪流、村落等相互交錯。現更與花蓮縣富里鄉農會合作，籌辦花海可食地景活動。爲進一步促進各項遊憩設施與周遭環境的協調美觀，將考量當地的自然條件，採用複層栽植、原生植物或老樹保存等生態性綠美化策略爲設計原則。有機水稻田種植綠籬帶，透過生物防治法吸引昆蟲天敵，降低害蟲，並可豐富農村產業景觀。

(七) 創意開發

以餐飲、民宿、遊程三方面列舉創意開發的項目。

1. 創意餐飲開發

(1) 有機原味餐。

(2) 桂竹林下的野宴。

(3) 天貝健康小點。

(4) 客家秋聲餐桌。

2. 創意民宿開發

(1) 凸顯羅山村有機健康好生活的環境。

(2) 開發深度農村體驗，打造「長宿」商機。

(3) 以里山環境、客家文化，形塑羅山村民宿亮點。

(4) 藉由故事行銷，創造民宿新亮點。

3. 創意鄉村四季遊程開發

(1) 春季——輕騎踩春梅。

(2) 夏季——竹藝匠師樂。

(3) 秋季——秋聲尋米香。

(4) 冬季——尋覓一畝田。

以「春季——輕騎踩春梅」爲例，鋪陳創意遊程：

第一天：

花東縱谷風光 → 田媽媽富里鄉農會用餐 → 花東縱谷遊客服務中心（借腳踏車）→ 羅山大魚池 → 臺九無毒農庄 → 雞鳴園 → 田媽媽心蓮蕊餐廳用餐 → 夜間導覽 → 入住民宿。

第二天：

晨喚 → 前往梅子產區 → 羅山村文化巡禮（戲棚、土埆厝）→ 溫媽媽生態驛站（泥火山豆腐 DIY、豆腐大餐）→ 富里農特產品展售中心 → 賦歸。

(八) 創意農特產品開發

1. 因應市場需求，拓展農產品價值鏈：以黃豆爲例，業者可以開發「天貝」製品。天貝原產地來自印尼，是歐、美、日等地非常流行的健康食品。其製程不繁瑣，而且適合各種調理方法，煎、煮、炒、炸樣樣皆行，可爲點心、配菜和主食，是非常理想的萬能素材。

農產品雖然同質性相當高，但在外型及包裝上可以有不同的產品樣貌，例如：

(1) 屬於羅山的文創飾品。

(2) 羅山生態風景明信片。

(3) 稻米、梅、桂竹筍、黃豆的完美結合。

2. 蒐集在地故事，創造產品差異：本區是富涵人文歷史之地，匯集了三個社群於此交融。可述說早年開墾的歷史故事，也可透露住民的奮鬥史，藉由生產者的故事善加包裝，創造產品的差異性。

3. 稻米、桂竹等農業廢棄物再利用，發展循環經濟：本區農作留下的廢棄資源，可導入循環經濟，減少廢棄物產生，並降低成本，增加附加價值。例如稻穀殼，富里鄉農會將其製作為地景藝術品，也可將稻殼碳化成為稻殼炭，可作為土壤改良劑，對於土壤環境的永續利用是相當有助益的；製作竹炭過程產生的蒸氣可蒐集為竹酢液，可作為農業、醫藥和民生用途。

(九) 行銷推廣計畫

計畫的原則如下：

1. 以「新鮮有機的花東農特產品」為訴求。
2. 以「喜好農業休閒旅遊與健康養生的消費者」為目標客群。
3. 品牌定位為「有機健康好米鄉」。
4. 多元行銷以產品、定價、通路、推廣促銷作為操作的面向。

(十) 交通及導覽系統規劃

1. 交通計畫

(1) 聯外交通及區內動線：主要依賴臺 9 線省道、花 79 線，及花 80 線縣道。

(2) 區內動線規劃：區內目前僅提供自行車的租賃。未來可規劃提供環村電動接駁車或電動機車，減少廢氣排放，既符合環保，也提高遊客在區內交通的便利性。

2. 導覽解說系統

(1) 自助性導覽系統：本區有專屬的導覽解說手冊，須定時更新資訊或創新導覽手冊的形式，以加強行銷推廣之用。

(2) 服務性導覽系統：本區輔導訓練店家之解說能力，定期辦理體驗點的導覽解說訓練，並積極輔導區內業者或居民考解說證照。

三、營運模式及推動組織

(一) 休閒農業區規劃籌設經過

本區於 2018 年成立「羅山休閒農業區推動管理委員會」，以富里鄉農會為輔導單位。

本區推動休閒農業區的發展工作分三階段：

1. 2009～2012 年，推動休閒農業資源調查計畫、休閒農業人員培訓等。

2. 2012～2015 年，分析富里休閒農業區資源，將區域發展分爲以金針花爲主的六十石山及以農業生態環境教育爲主的羅山村。透過遊程設計將兩區特色結合，深獲遊客的好評。

3. 2015 年至今，遊客對農遊佳評如潮。本區積極加強與富里鄉農會、六十石山業者合作，增加市場能見度；積極輔導休閒農場設立、舉辦環境教育人員的培訓、解說人員的培訓、里山環境場域認證等，以提升羅山休閒農業區的接待能力。

(二) 推動組織運作情形

1. 推動管理委員會組織架構

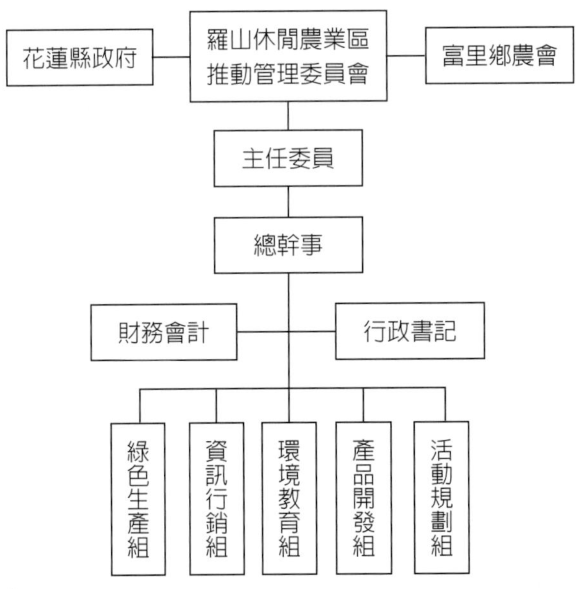

圖 3-18　羅山休閒農業區推動管理委員會組織架構圖

2. 推動管理委員會組織工作項目

表 3-4　羅山休閒農業區推動管理委員會工作項目

職稱	工作項目	推動人員
主任委員	綜理推動管理委員會業務	謝○○
總幹事	協助主任委員處理協會之內外事務，並監督各組運作	劉○○
行政書記	辦理會務及一般管理	鄭○○
財務會計	辦理財務、會計	劉○○
綠色生產組	1. 管理區內有機農業生產產銷班 2. 推廣有機農業與食農教育 3. 輔導區內有機農場申請與轉型	鄭○○
資訊行銷組	1. 辦理休閒農業規劃，套裝行程安排，藝文活動、農業產業文化之行銷活動企劃 2. 辦理農特產品展售活動及民宿、餐飲及交通安排與宣傳活動 3. 辦理網路平臺維護 4. 各項社群行銷推廣	黃○○
環境教育組	1. 辦理區內環境景觀發展，參與景觀改善工作，提供環境景觀營造原則 2. 辦理區內環境教育業務 3. 安排區內環境志工隊 4. 辦理區內各項公共設施之維護管理	馮○○
產品開發組	1. 輔導休閒農場申請、設置 2. 田媽媽餐廳管理及輔導設置 3. 民宿規劃、申設及相關業務管理 4. 策劃各項人力培訓及教育訓練活動 5. 辦理休閒農業遊程規劃、產品開發媒合輔導	林○○
活動規劃組	1. 擬定休閒農業區各景點遊程解說劇本 2. 休閒農業區解說人員配置工作 3. 執行區內各項體驗活動業務	馮○○

3. 推動管理委員會營運策略

(1) 前期營運策略——「特色展現 爭取認同」：透過網路行銷、活動舉辦、廣告宣傳，及體驗活動、遊程，建立遊憩地認知及認同。

(2) 中期營運策略——「遊程體驗 豐富內涵」：設計多樣化動植物的體驗活動、食農教育體驗、環境教育體驗，深化區休閒遊憩活動內涵。

(3) 長期營運策略——「共用共榮 永續經營」：以產業聯盟方式結合各資源及

景點，配合遊客需求的「食宿遊玩購」等五大面向，刺激遊客消費並帶動區內景點均衡發展。

4. 建立服務與安全回報系統

(1) 建立遊客服務系統經營機制。

(2) 建立資源聯盟機制。

(3) 規劃遊客管理及緊急應變措施。

(三) 區內休閒農場輔導計畫

1. 繼續強化推動管理委員會運作之功能。
2. 輔導休閒農場申請登記。
3. 加強行銷及資訊管理能力。
4. 建立志工隊制度。
5. 舉辦休閒農場經營管理教育訓練及環境解說員培訓。
6. 農特產品研發改良。
7. 鼓勵農村青年回鄉工作。
8. 促進友善環境耕作及有機農業推廣策略。

四、羅山休閒農業區規劃解析

羅山休閒農業區規劃經由 SWOT 分析，訂定「有機健康好米鄉」的發展目標，並建立全區規劃的思路與方案。

規劃本休閒農業區的主要思維如下：

1. 以有機農業爲區域發展的「成長極」，策訂有機農業爲發展規劃的主題。本案規劃的標的地區素以有機農業的產業特色聞名，規劃應以此爲基礎，順推安全農業、健康旅遊，以符應遊客的需求。

2. 地區發展規劃的思維，應建立在有機農業「三生一體」的概念。休閒農業發展的三個面向是生產、生活、生態，此爲設計體驗活動的張本，亦是營利的來源。

3. 規劃區山坡地占 83%，地形對外呈袋狀，土地利用較受限制。山坡地以保育爲主，故本區開發利用特重環保。地形較爲封閉，僅西北隅可通臺九線公路。因此本區具備「里山」的條件，生態資源較爲豐富，構成發展有機農業及生態旅遊的優勢。

4. 位於花東縱谷，遊客有遁世、隱世的感覺。本區遠離都市塵囂，開放空間，空氣清新，水質潔淨，居民淳樸，是都市人度假，追求身心靈舒適的好地方。

5. 農會積極輔導。發展休閒農業須有外向思考，分析遊客需求，設計體驗活動，具備接待遊客的技巧，提供餐宿服務等旅遊事業的專業知能，本區多靠農會推廣輔導。

6. 適合發展養生度假村。本區由於資源與環境的特性，適合經營保健養生及長住度假的業務。可開發退休銀髮族，及企業主管休假充電的市場。就防疫觀點，本區具有安全旅遊的條件。

第三節 中國大陸江蘇省昆山市鄉村旅遊規劃

休閒農業區是實施鄉村旅遊的區域。中國大陸未有休閒農業區的制度，而係直接以鄉村旅遊名之。本節擬以江蘇省昆山市爲例，說明其鄉村旅遊地區規劃之思路與實務。

規劃資料取材於 2015 年 12 月完成的「昆山市鄉村旅遊試驗區項目策劃——昆山市鄉村旅遊發展總體方案」（圖 3-19），規劃項目的委託方係昆山市旅遊局。項目主持單位爲中華兩岸農業交流發展協會（臺灣）。規劃團隊成員爲段兆麟、張文宜、李崇尙、林俊

昆山市海峡两岸乡村旅游试验区项目策划
昆山市乡村旅游发展总体方案

项目委托方：昆山市旅游局
项目主持单位：台湾屏东科技大学
中华两岸农业交流发展协会
2015年12月29日

圖 3-19 中國江蘇省昆山市鄉村旅遊規劃書

男、蕭志宇。

規劃書全文分為9章：

第1章　緒言

第2章　鄉村旅遊資源分析

第3章　環境與市場分析

第4章　鄉村旅遊整體發展規劃

第5章　昆山市各鎮鄉村旅遊特色規劃

第6章　昆山市鄉村旅遊民宿發展規劃

第7章　鄉村旅遊項目發展規劃

第8章　預期效益

第9章　結論

茲擇要展述如下。

一、緒言與資源及市場分析

(一) 緒言

1. 規劃緣起：面對龐大的江浙滬旅遊市場，昆山市旅遊局有感於鄉村旅遊的重要性，遂將本市的鄉村旅遊資源做整合，以「漁耕生產、水鄉生活、文化生態」為鄉村旅遊發展特色（圖3-20），規劃十個體驗主題區，讓遊客可以構想出自己的江南水鄉意象。

圖3-20　周庄水鄉古鎮是規劃區的核心資源

2. 規劃依據：「十二五規劃」的第6章「拓寬農民增收管道」第1節「鞏固提高家庭收入」中宣示：因地制宜發展特色高效農業，利用農業景觀資源發展觀光、休閒、旅遊等農業服務業，使農民在農業功能拓展中獲得更多收益。

規劃依據的檔案尚包括：2015年國務院發布的中央一號文件、江蘇省旅遊業十二五規劃、昆山市旅遊總體規劃等重要文件。

3. 規劃目的：本案規劃目的如下：

(1) 調查昆山市可利用之鄉村資源和特性。

(2) 整合昆山市鄉村資源，以發展體驗活動。

(3) 制定昆山市鄉村旅遊的主題、主軸與發展特色。

(4) 研提昆山市鄉村旅遊發展策略和行動方案。

4. 規劃思路：規劃思路基於下列二原理：

(1) 資源基礎理論：產業經營以資源特性作爲重要因素者，旨在分析內部資源是否有效開發利用、累積與培育資源，並利用這種優勢的核心資源來發展最適的策略模式。鄉村旅遊資源包含自然生態資源、產業資源、景觀資源、文化資源、人的資源等五方面。鄉村資源特性最重要的特徵就是「生活性」。

(2) 體驗經濟理論：體驗經濟是從生活與情境出發，塑造感官體驗及思維認同，以此抓住顧客的注意力，而引導其消費行爲。

鄉村旅遊配合體驗經濟的思路，利用鄉村資源爲道具，設計出一系列的體驗活動，提供消費者印象深刻的體驗，使顧客滿意，進而消費。

(二) 鄉村旅遊資源分析

昆山市位處江蘇省東南面，東鄰上海市，西鄰蘇州市，北與常熟市、太倉市接壤、南鄰上海市青埔區，地理位置優越，素有「上海後花園」之稱。昆山市南北長 48 公里，東西寬 33 公里。全市面積 927.68 平方公里，湖澤廣布，水域約占全市面積 30% 以上。

昆山市轄 10 個鎮、3 個國家級開發區、2 個省級開發區。10 個鎮是花橋鎮、周市鎮、陸家鎮、千燈鎮、淀山湖鎮、巴城鎮、玉山鎮（高新區）、張浦鎮、錦溪鎮、周庄鎮（圖 3-21）。

圖 3-21　昆山市行政區劃圖

本章第 1 節係自然資源分析，包括：地質地貌、土壤、氣候、水資源等分析。第 2 節旅遊資源分析，包括：自然生態資源（植物、動物、水產）、景觀資源（古鎮、鄉村、湖潭）、產業資源（陽澄湖大閘蟹、葡萄產業（圖 3-22）、花卉產業、磚窯產業、漁撈產業）、文化資源（傳統美食文化、良渚文化、古鎮歷史文化、磚瓦文化、宗教文化、昆曲文化、名人文化）資源分析。

圖 3-22　葡萄是昆山市主要的農業資源

(三) 環境與市場分析

本章包括 4 節：蘇州市社會與經濟分析、昆山市社會與經濟分析、昆山市旅遊市場分析、發展潛力評估等。

二、鄉村旅遊整體發展規劃

(一) 鄉村旅遊地理區劃及特性

昆山市鄉村旅遊地區特性以漁耕生產、江南水鄉爲主。以西北面的巴城鎮和南面的千燈、淀山湖、張浦、錦溪、周庄作爲昆山市發展鄉村旅遊規劃的範圍。

(二) 鄉村旅遊基本構想

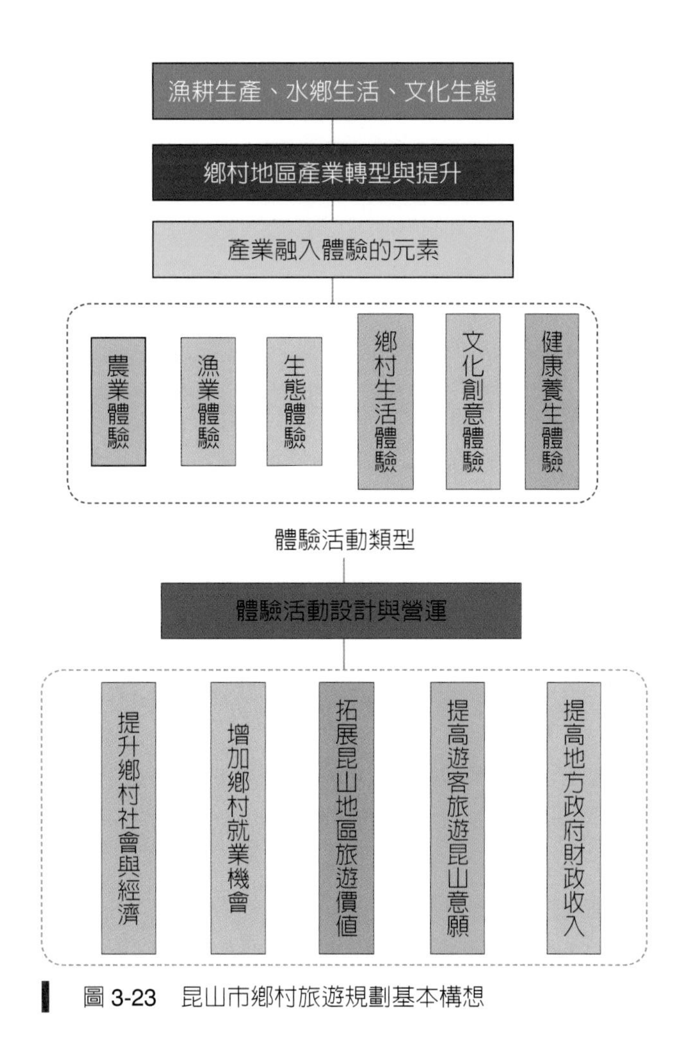

圖 3-23 昆山市鄉村旅遊規劃基本構想

(三) 鄉村旅遊主題定位與分區規劃

昆山市鄉村旅遊主題定位：「昆山心鄉遊，體驗俏江南」，利用昆山現有的鄉村旅遊資源，如江南水鄉生活、多元豐富生態、昆曲文化、多樣的農業資源，以規劃 3 個體驗圈：浪漫水鄉體驗圈、樂活農庄體驗圈、曲韻伴耕體驗圈（圖 3-24）。臚陳如下：

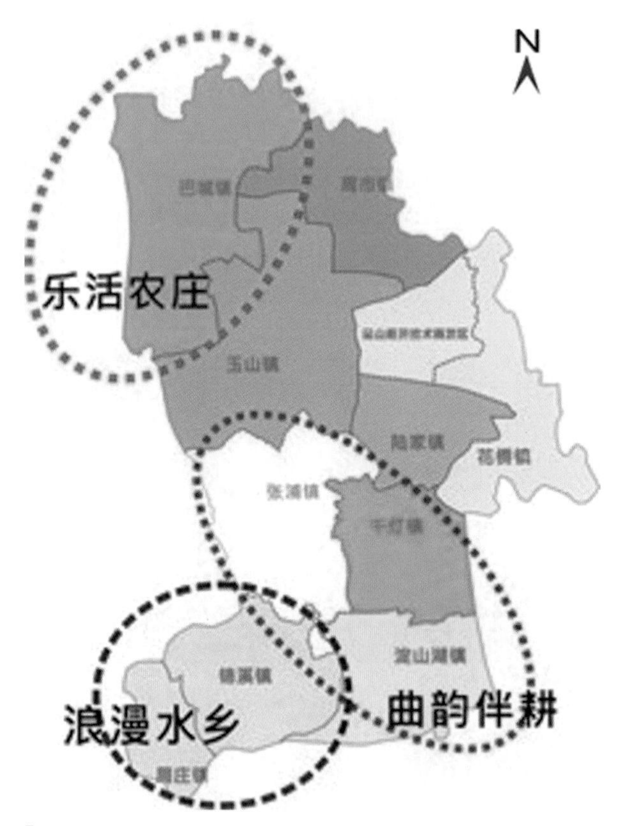

圖 3-24　昆山市鄉村旅遊發展定位圖

1. 浪漫水鄉體驗圈：利用江南水鄉資源與傳統生活，使遊客可以深入體驗江南生活。遊客可停留本區所有鄉鎮，描繪自己的江南水鄉記憶。主要規劃於周庄鎮與錦溪鎮。並規劃「輕舟小調體驗區」、「古城探索體驗區」、「水鄉生活體驗區」三區。

2. 樂活農庄體驗圈：樂活庄園體驗圈主要規劃於巴城鎮。利用當地的農業資源：葡萄、大閘蟹的優勢與多數休閒農庄集中的地理優勢，規劃農庄遊。各農庄栽種的作物不同，使體驗活動多元化。藉由農庄場主的指導，一步步讓遊客了解作物或動物的生產過程、環境生態與生活方式。

樂活農庄體驗圈，規劃以下四區「Fun 4 玩水趣體驗區」、「蟹皇葡后體驗區」、「巴城文化體驗區」、「彩果樂繽紛體驗區」。

3. 曲韻伴耕體驗圈：曲韻伴耕體驗圈，主要規劃於張浦鎮、千燈鎮、淀山湖鎮（圖 3-25）。三鎮農業資源、生態資源豐富，藉由多樣化的農事體驗，優美的生態景觀，濃厚的昆曲文化底蘊，讓遊客藉由不同的農事體驗來找到兒時的感覺，藉由昆曲文化和鄉村的慢活，使身心靈放鬆。

圖 3-25　規劃區已有精緻的度假庄園（淀山湖夢萊茵俱樂部）

曲韻伴耕體驗圈規劃「樂享農耕體驗區」、「昆曲評彈體驗區」、「湖濱養生體驗區」等三區（圖 3-26）。

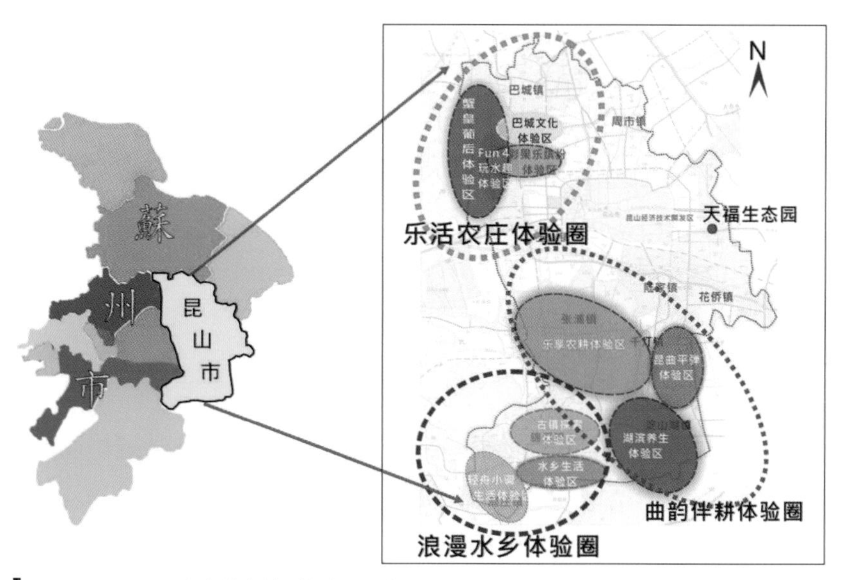

圖 3-26　昆山市鄉村旅遊體驗區規劃

(四) 鄉村旅遊發展策略

1. 活用農業體驗的策略。
2. 運用鄉村景觀的策略。
3. 落實生態環境保育的策略。
4. 發揚農村文化特色的策略。

5. 深化鄉村民宿功能的策略。

6. 發展鄉村套裝遊的策略。

7. 規劃觀光公車路線的策略。

8. 推行綠色飲食的策略。

9. 打造健康旅療宜居鄉村的策略。

10. 建構環境教育基地的策略。

11. 舉辦鄉村旅遊專業人才培訓的策略。

12. 推廣鄉村旅遊服務品質認證的策略。

(五) 昆山市鄉村旅遊遊程規劃

爲活化昆山鄉村旅遊的資源，遂結合各分區資源，規劃下列三套主題遊程。三套主題遊程皆以二日遊爲基礎：

1. 四季樂活鮮採主題遊。

2. 曲韻伴耕主題遊。

3. 遨遊浪漫水鄉主題遊。

茲以「四季樂活鮮採主題遊」爲例，分享遊程如下：

第一天：

花橋鎮集合→天福生態園→用餐→巴城老街導覽→採果樂繽紛體驗→區採果（星期九休閒生態農庄、創意農庄、華東生態園、萬畝葡萄園）擇三→農庄住宿

第二天：

大閘蟹導覽（漁家燈火、蟹舫苑）擇一→昆曲文化導覽（綽墩山村、正儀老街、傀儡湖）擇一→農庄採果（水景桃園、上昆氏精緻農業、神驥感知農場）擇一→姜杭村用餐→賦歸

三、各鎮鄉村旅遊特色規劃

昆山市鄉村旅遊發展，必須結合各鎮的鄉村旅遊特色，並賴各鎮落實推行。所以在全市整體規劃後，須進行各鎮的細部規劃。

本章係以下列步驟規劃各鎮的鄉村旅遊特色：首先盤點並分析鄉村資源，如農業資源、景觀資源、文化資源、生態資源等；其次，分析休閒觀光產業現況；第三，就資源與環境面進行 SWOT 分析；第四，設計主題性的休閒體驗活動；第五，遊程規劃。

本案進行巴城、花橋、千燈、張浦、淀山湖、錦溪、周庄等七個鎮鄉村旅遊特色規劃。本文以千燈鎮爲例，說明如下。

(一) 分析鄉村資源

千燈鎮鄉村旅遊資源特色爲：「昆曲一唱柳夢梅，百花爭奇惟牡丹」。資源分析如下：

1. 自然與生態資源

(1) 植物資源：本鎮糧食作物以稻米爲主。其餘尚有茭白筍、芋頭、油菜花、荷花、蓮花。其他園藝景觀作物，如紫薇、柳樹、雞蛋花、水杉等。水果類以葡萄、梨子、番茄、枇杷、草莓爲大宗。千燈鎮鄉村，廣植「甜蘆粟」作物，植物頂端可作爲掃帚之用。上半莖富含甜分，作爲甜食之用。本作物可發展爲地區特色體驗資源。

(2) 動物資源：本鎮動物資源豐富，尤以五穀豐燈景區內的動物保存更多，如牛、羊、鴨、鵝、雞、鱷魚、兔等，皆以庄內豢養爲主，野生的較爲稀少。鳥類部分以白鷺鷥、白頭翁、麻雀占多數。

2. 景觀資源

(1) 古鎮風光：千燈古鎮位於千燈鎮東北側。重要景點有明清石板街、余氏典當行、顧炎武故居、秦峰塔、徐福紀念館、顧堅紀念館等。

(2) 農業景觀：千燈鎮部分鎮區屬於昆山市國家農業示範基地，具有良好的稻田景觀。劃設的 3A 級景區五穀豐燈景區景觀資源豐富，農庄眾多。私人種植的作物景觀多元，如花藝造景、油菜花海、玫瑰花海、蓮花池、有機菜園等。

3. 產業資源

(1) 水稻產業：千燈鎮五穀豐燈景區稻作發達，主要生產基地從大唐生態園（圖

3-27）、吳家橋村至陶家橋村，皆屬稻作產業試驗田。時至秋季，稻田一片金黃，旁邊有工作區廣場，利於收割後稻作存放處理。

圖 3-27　規劃區的農業體驗基地（大唐生態園）

(2) 花卉植栽產業：千燈鎮花卉植栽產業發達，以三維花園爲首，溫室栽培面積高達 30,000 平方米，是千燈鎮主要的花卉生產基地。其餘花卉產業尚有虹越花園中心、寶麗玫瑰園等。

4. 文化資源

(1) 昆曲文化：顧堅紀念館和古戲臺是千燈古鎮代表昆曲的重要景點，紀念館與古戲臺皆重現古代聽唱昆曲的情景。紀念館內，門樓正中刻著「四宜小築」四個醒目的大字，此地是一個宜奏絲竹、宜聽評彈、宜唱昆曲、宜品香茗之地。明代達官顯貴多在自家舉行江南絲竹和昆曲表演，精巧別緻（圖 3-28）。

圖 3-28　昆山是昆曲文化的發源地

(2) 名人文化：徐福紀念館是紀念徐福登陸日本的紀念館，相傳徐福前後嘗試逾 10 次，由不同地方出航日本，終在千燈出航成功登陸日本。

顧炎武故居是明代顧炎武的住家，明末清初的大思想家。在學術上著述甚豐。他提出的「天下興亡、匹夫有責」名言傳誦百世。

(3) 古鎮文化：千燈石板街爲「江南一絕」，是江蘇省保存最長、最完整的石板街，綿延長達 2 公里。石板下是河道與外面千燈浦相連，排水系統良好。因石板街兩側住戶相鄰很近，因此又有「足踩青石板，頭頂一線天」之稱。

余氏典當行係始建於明末清初徽商余氏的老宅，千燈人稱它爲「典當里」。這是華東地區保存最大而且是最完整的古建築群，有「中國第一當」之稱。

千燈草堂收藏自漢代至民國的各式燈具。藉由燈具的發展歷史，可以細細品味各朝代的特色與文化。

(4) 宗教文化：延福禪寺是昆山市六大古刹之一，始建於南朝梁天監二年，距今有 1500 多年歷史。由千燈鎮人王束捨宅捐建，僧從義開山建寺而取名。

(二) 休閒農業現況分析

千燈鎮休閒農業發展以五穀豐燈景區爲主，多集中於古鎮的西側與南側，如大唐生態園、千燈百果園、金谷農庄、三維園藝（昆山花博館）、鱷魚谷休閒農庄等。其他如虹越花園中心、寶麗玫瑰園等農庄，仍屬於專業花卉生產基地。

(三) 資源與環境面優劣勢分析

1. 資源與環境面優勢

(1) 深厚的昆曲文化與名人文化。

(2) 豐富的農業資源。

(3) 鄉村景觀優美。

2. 資源與環境面劣勢

(1) 產業接待能量不足。

(2) 古鎮資源同質性較高。

(3) 休閒觀光產業發展力度不足。

(四) 千燈鎮鄉村旅遊發展建議項目

1. 開發以昆曲文化爲主題的體驗活動。
2. 發展梨、葡萄、甜蘆粟的體驗活動。
3. 發展「五穀瘋千燈」、「桃梨滿天下」等農業套裝遊行程。
4. 發展「懷古鑠金」教育套裝遊行程。
5. 打造千燈明星商品。

(五) 千燈鎮遊程規劃

1. 桃梨滿天下一日遊

   大唐生態園集合→遊覽鱷魚谷休閒農庄→金谷農庄用餐→遊覽千燈古鎮→三維園藝花卉體驗。

2. 懷古鑠金教育套裝一日遊（略）
3. 五穀瘋千燈套裝二日遊（略）

四、民宿與鄉村旅遊項目發展規劃

(一) 昆山市民宿發展規劃

鄉村民宿以農業生產資源、農村生態環境及農民生活文化爲基礎，提供遊客住宿、餐飲和相關體驗活動設施、設備與服務的新興農村服務業。鄉村民宿規模不大，係用農家閒置空間加以出租，並提供早餐或農家菜的餐飲服務。且以農村自然景觀、文化資源、體驗活動，與一般酒店、賓館做區隔。因此，在發展鄉村旅遊策略中，民宿經營可視爲增加農村就業率、提高農民所得、拓展農產品銷售管道的重要策略。

昆山市仍保留鄉村的自然景觀與農業生產的傳統樣貌，加上素有中國江南第一水鄉的絕美景致，陽澄湖大閘蟹、葡萄、梨、黃桃等豐富的農特產品，千年的文化底蘊，是發展鄉村旅遊及民宿經營的絕佳基地。

1. 民宿發展類型

(1) 建築特色型。
(2) 自然景觀特色型。
(3) 人文特色型（圖 3-29）。
(4) 農林漁牧體驗特色型。
(5) 地方美食特色型。
(6) 經營者人格特色型。

圖 3-29　周庄民宿富江南文化特色

2. 民宿發展的原則

(1) 文化與經濟並重原則。

(2) 環境與市場並行原則。

(3) 產業與生態並用原則。

(4) 資金與人才並成原則。

3. 民宿發展的方向

(1) 以鄉村旅遊爲本。

(2) 講求服務品質。

(3) 堅持創新與精緻化。

(4) 合法化經營。

4. 民宿發展的策略

(1) 以體驗經濟帶動民宿整體發展。

(2) 以水鄉特色打造昆山民宿招牌。

(3) 以鄉村旅遊開創昆山民宿商機。

(4) 以文化底蘊形塑昆山民宿亮點。

5. 民宿發展的步驟

(1) 建構民宿經營的示範點（民宿經營管理養成學校）。

(2) 特色民宿區域規劃：

①景區民宿（周庄、千燈、錦溪、巴城鎮）。

②鄉村民宿（淀山湖、張浦鎮）。

③農場民宿（天福生態農庄、大唐生態園區等）。

(3) 旅遊系統及民宿商品建置。

(4) 民宿市場行銷及開發。

(5) 民宿經營及住宿品質認證。

(二) 鄉村旅遊發展項目規劃

1. 鄉村旅遊一二三產業融合

(1) 企業發展在地化。

(2) 政府著重長期鄉村規劃與治理，力求鄉村區域創新。

(3) 教育機構參與發展鄉村旅遊。

(4) 鼓勵鄉村性非營利組織與政府合作，共同規劃鄉村旅遊發展藍圖。

(5) 強化昆山市旅遊電子資源服務。

(6) 推行鄉村旅遊套裝行程。

(7) 提供地產地消的美味餐飲。

(8) 打造「健康旅療」的慢活鄉村。

(9) 健全鄉鎮旅遊公司營運。

2. 創新產品開發

(1) 產品加入創意行銷元素。

(2) 實踐「同中求異、異中求同」的藍海策略。

(3) 用故事包裝產品，讓產品有故事。

(4) 增加產品附加價值的整體行銷。

(5) 創意的包裝思維。

3. 營銷推廣計畫

(1) 目標消費者分析。

(2) 找尋最佳的進攻位置：

①發現競爭優勢。

②提煉核心競爭力。

③有效傳遞。

(3) 建構最佳的產品組合。

(4) 架設業者通向消費者的管道。

(5) 撥動消費者心弦的整合行銷傳播模式。

4. 環境維護管理計畫

(1) 旅遊資源維護：水體、溼地、古鎮、歷史遺跡、文化、非物質文化遺產等資源的維護。

(2) 旅遊環境維護：生活汙水處理、廢氣汙染防治、固體廢棄物處理、噪音防治、農業汙染防治。

(3) 旅遊環境維護管理計畫。

5. 經營輔導與管理計畫

(1) 鄉村旅遊經營輔導項目：

①設計包裝昆山市鄉村旅遊套裝體驗產品。

②整合行銷昆山市鄉村旅遊不同類型的活動。

③舉辦鄉村旅遊及民宿經營管理講習。

④輔導鄉村旅遊及民宿業者提高服務品質。

(2) 鄉村旅遊管理專案：

①訂定鄉村旅遊與民宿輔導管理辦法及相關規範。

②建立鄉村旅遊及民宿業定期稽核的機制。

③設置鄉村旅遊及民宿業服務品質認證的機制。

④設置消費者保護及仲裁的機制。

五、預期效益及結論

(一) 預期效益

1. 經濟效益

(1) 遊客量增加。

(2) 遊客消費支出增加。

(3) 鄉村旅遊業者旅遊收入增加。

2. 社會效益

(1) 提供農民就業機會。

(2) 增加農民收入。

(3) 改善鄉村產業結構。

(4) 吸引年輕人口回鄉就業，減緩人口外流。

(5) 公共建設改善，旅遊環境更安全。

(6) 帶動鄉村地區繁榮。

3. 環境效益

(1) 促進鄉村居民重視環境保育。

(2) 改善鄉村地區的實質環境。

(3) 減少使用化學肥料對土地的傷害。

(4) 鄉村旅遊促進國人對在地農業的認識。

(5) 提供中小學實施環境教育的最適場所。

(二) 結論

昆山市是一個社會經濟高度發展的現代化城市，多年位居全國百強縣之首。

本報告規劃的思維是立基於「資源基礎理論」和「體驗經濟理論」，以充分運用資源，開展產業項目，吸引遊客體驗滿意，促進消費，進而導致參與鄉村旅遊的農家與農企業經營者獲利，最終達到以旅遊打響昆山品牌，提振社會經濟發展的目的。

本報告規劃區域爲鄉村旅遊資源含量較高的巴城、千燈、張浦、淀山湖、錦溪、周庄、花橋等七個鎮。依據各地特性規劃成「浪漫水鄉」、「樂活農庄」、「曲韻伴耕」等三個旅遊圈及十個體驗區，以激發遊客醞釀「昆山心鄉遊，體驗俏江南」的浪漫情懷。

民宿是鄉村旅遊駐點體驗的必要項目。遊客爲求異地體驗不一樣的生活方式，民宿是重要的體驗途徑。本規劃報告對鄉村旅遊與民宿兩種產業，均提出發展策略與營運改善的具體建議。同時對鄉村產品連結一級、二級、三級產業層次六級化發展、創新產品發展、行銷推廣、環境維護管理、經營輔導與管理等部分，均提出具體可行的建議方案。最後，推估昆山市發展鄉村旅遊，預期產生的經濟、社會及環境效益。

本案規劃的昆山市鄉村旅遊發展方案，可以昆曲牡丹亭曲目「遊園驚夢」字義勾勒核心重點：

■ 遊：鄉村中的賞景、遊憩、餐飲、住宿、購物等體驗活動。

■ 園：農園舉辦的稻作、水果、蔬菜、花卉等田園式體驗活動。

■ 驚：江南水鄉蘊含自然生態、環境奧祕、鮮蟹美味，遊客嘆爲一絕。

■ 夢：昆曲戲曲文化底蘊深厚，遊客藉由昆曲揮灑的意境，貫通古今世界。有情人感染浪漫情懷，夢幻人生，而陶醉於形上的心靈情境。

本文規劃立基於昆山市資源特性與旅遊市場需求，參酌先進國家及臺灣鄉村旅遊發展的成功經驗，規劃可行的鄉村旅遊策略與方案，期能推送昆山市邁向「鄉村旅遊 4.0」的目標。

第 4 章

休閒農場規劃的原理

第一節　規劃的理論基礎

休閒農場規劃須先建立適切的理念（philosophy），才能掌握休閒農業的特質，堅持正確的發展方向，發揮休閒農場的特色。主要的理念爲資源基礎理論、體驗經濟思潮，及營運模式思維等三項。

一、資源基礎理論

企業經營以資源特性作爲內部環境的重要因素者，即所謂的「資源基礎理論（resource-based theory）」。企業在進行策略規劃時，有兩種不同的策略思考邏輯：一種爲由外向內，即配合外在環境變化的趨勢，有效調整企業本身的營運範疇；另一種爲由內向外，亦即持續建構並運用本身的經營條件，以對抗外在環境的變化（吳思華，1996）。資源基礎理論即是這種由內向外的思考邏輯，理論要旨在分析企業內部資源如何取得、累積與培育，及是否有效開發利用，並利用這種優勢的核心資源來發展最適的（optimal）策略模式。

休閒農場是運用農業資源、自然生態資源、景觀資源及人文資源，作爲設計體驗活動及營運的基礎。所以休閒農場規劃的首要工作是盤點資源，發掘核心資源（圖 4-1），以奠立休閒農場發展的利基。

圖 4-1　休閒農場規劃要發掘核心資源

二、體驗經濟思潮

1940 年代體驗經濟萌芽，體驗決定經濟價值的新取向。1998 年派恩（B. Joseph Pine H.）與蓋爾摩（James H. Gilmore）合著《體驗經濟》（*The Experience*

Economy）一書，是體驗經濟思潮的集大成。人類經濟活動歷經農業經濟時代、工業經濟時代、服務經濟時代，現在則進入體驗經濟時代。「體驗」是消費者參與活動，感官接受刺激後產生的感覺或感受。因個體的人格特性不同，情境不同，感受亦將不同，所以經營者要提供客製化的產品或服務，以激發消費者最好的感覺。感覺包含娛樂、趣味、美感、想像、表達自我等心理因素與象徵意義，已經超越產品的實質功能，而成為消費訴求的核心。

體驗經濟思潮意謂以體驗為核心的經濟活動，已蔚為產業發展的新方向，這股潮流已經流向臺灣。顧客體驗後的感覺成為企業行銷的主要內涵，而感覺來自顧客的參與。所以休閒農場規劃不論是場區配置、資源運用、活動設計等方面，均應引導遊客參與，以激發美好的感覺或感受，而心生滿意。休閒農場係運用生物性資源，故特別適合設計體驗活動（圖4-2），這是休閒農場規劃者應秉持的基本理念。

圖 4-2　休閒農場依據資源特性設計體驗活動

三、營運模式思維

休閒農場建構營運模式，即是現代化經營管理的實踐。休閒農場現代化經營管理必須考慮內外環境因素，設定經營目標，投入生產因素，藉由休閒農業的生產、遊憩、餐飲、住宿等業務項目，搭配行銷、人力、財務、資訊、實質環境等企業功能面，然後在計畫、執行、考核的管理程序下有效運作，輸出成果，而達到預定的經營目標。所以休閒農場規劃要根據經營者的使命與願景，設計有效的工作方式，採取最適的方法，促使農場獲利，進而達成營運目標，永續發展。

第二節 規劃的目的、原則與資料

一、休閒農場規劃的目的

休閒農場規劃主要的目的有二：

(一) 規劃成果的經營計畫書是申請休閒農場登記的必要文件

「農業發展條例」規定休閒農場之設置，應經政府許可。申請許可，須備妥經營計畫書，連同相關文件，報送主管機關審查；審查通過，核發許可登記證，方准營業。所以規劃是休閒農場設置合法經營，基本的籌備工作。

(二) 規劃是為休閒農場順利經營管理撰著「兵書」

休閒農場規模從資源與環境分析開始，研擬經營策略及發展計畫，預估效益。代表規劃成果的經營計畫，使經營者在取得許可登記證之後，立刻上手營運管理。所以規劃報告具有指引經營管理的功能。

其次，有的臺商在中國大陸想經營休閒農場，先決條件須取得土地。臺商向政府申請承包土地，必須擬具規劃書報批。因此休閒農場規劃是必要的步驟。主管官署由經營計畫書可明瞭土地利用的效益，對促進地區農業、扶助社區發展、農民技術普及的貢獻，以決定是否批准土地承包。申請承包的臺商經由規劃的程序，可深入了解農地的特性（可能是「四荒地」），各項農業生產因素的條件，而研擬經營策略與管理方案，分析投資效益。

二、休閒農場規劃的原則

休閒農場規劃應注意下列原則：

1. 規劃單位應熟悉農業及休閒農業的相關法規：休閒農場規劃涉及面極為

廣泛，從土地分區、土地開發利用、聯外道路、內部農路、農業設施、休閒農業設施、營運項目、水土保持、環境保護等，在在都有相關的法規規範。所以規劃人員不但自身要精通，還要爲業主解釋，避免其誤解與誤用，以確保申請案順利通過審查（圖 4-3）。

圖 4-3　休閒農場規劃應熟悉相關法規

2. 規劃單位應視休閒農場的特性而組織專業的團隊：規劃團隊的組成要基於專長的考量。休閒農場規劃最基本的專業是土地利用、園藝及景觀、體驗設計、行銷與經營管理等。特殊主題性的休閒農場，如畜牧體驗型、水產體驗型、香草或藥草體驗型、森林體驗型等，再增補相關的專業人才。規劃單位主持人負責規劃人才羅致的工作。

3. 確定土地完整且符合規定的基地：休閒農業法規對休閒農場土地的規定繁多，如土地的面積、坐落位置、完整性、土地屬性、所有權屬、聯外道路寬度等問題。規劃人員要根據法規，協助業主確定休閒農場的土地範圍（圖 4-4）。

圖 4-4　休閒農場規劃應先確認符合條件的基地

4. 發掘資源並發揮資源的特色：一塊普通的土地，農場主人看了一輩子未發現其特殊性。惟規劃人員從體驗的角度觀察，卻能發現很多具有自然生態、景觀、文化價値的資源，這些都是休閒農場規劃及後續經營的寶藏。

5. 規劃工作應重視體驗設計：體驗活動是休閒農場的靈魂，有特色的體驗活動才能吸引遊客。休閒農場經營計畫書有「土地使用規劃構想」一節，規劃單位要在該節「土地使用分區」上列舉可能設計的體驗活動，才能讓審查單位明瞭農場營運的特色與發展性，也形成業者將來營運的賣點。

6. 經營計畫書研擬的「規劃構想」應具有吸引遊客的特色：規劃人員應

依據農場自然生態、景觀、產業、文化資源的特性及經營者的人格特質與專長，研擬規劃構想。規劃構想在該地區應具有獨一無二的特色，且有操作的可行性，以吸引遊客，作為營運的動力。

7. 經營計畫書要具備經營的可行性：休閒農場經營計畫書的目的不僅要通過審查，未來也是營運的藍本。規劃人員要分析評估市場特性，選定目標市場，研擬行銷策略，釐定未來的發展方向。所以經營計畫書「發展目標及策略」、「營運管理方向」二節，規劃單位應提出具體可行的方案。

8. 規劃方案應尊重資源固有的特性：各地休閒農場的自然生態、景觀、產業、文化資源，因地理區位及季節不同，具有明顯的差異性，再加上經營者的人格特質及專長，農場的體驗項目本質上就具有獨特性（unique），這是休閒農場競爭力的來源。所以規劃人員應以資源本色為基礎實施規劃，不宜以專家或藝術家自居，加入太多個人的色彩，而抹殺了農場的自然性與地方性。

9. 規劃單位應注重經營計畫書的形式條件：經營計畫書須經審查，所以規劃單位除根據公訂格式撰寫規劃內容外，宜重視紙本的形式條件，以求順利通過審查。諸如：資源特色除文字敘述外，多以照片輔助說明；規劃圖要畫在地籍圖上且符合製圖條件（指北標示、比例尺）；引用資料要註明文獻來源；資料量化有具體數字等。經營計畫書內容正確完整有特色之外，外觀上須具有質感。

三、規劃的工作

中國農業大學張天柱教授在「現代觀光旅遊農業園區規劃與案例分析」一書，列述現代觀光旅遊農業園區規劃的工作，具有參考價值。要述如下。

(一)規劃的準備工作

1. 成立規劃小組。
2. 領會投資者對規劃的要求。
3. 蒐集資料。
4. 確定發展策略。

5. 與投資者溝通。

(二) 規劃前期的調研工作

1. 當地資料調研：包括自然資源、社會經濟及文化狀況、基礎設施、環保資料等。

2. 市場調研：包括政府旅遊政策與規範、旅遊資源、旅遊客源、潛在的旅遊商品等。

(三) 規劃的程序

1. 成立規劃編制組織。
2. 基礎資料蒐集與分析。
3. 資料分析研究。
4. 方案編制。
5. 形成成果文本和圖件。

(四) 規劃的內容

1. 目標定位和發展戰略。
2. 功能定位和產業規劃。
3. 空間布局和用地規模。
4. 分區規劃。
5. 景觀系統規劃。
6. 道路系統規劃。
7. 水電及配套設施規劃。
8. 運營策略規劃。
9. 綜合效益評價。
10. 繪製各類附圖。

本書與張教授所訂規劃的程序及內容架構，基本上大同小異。規劃單位要將業主的願景，運用專業的思維與方法，規劃場區布局，設計體驗活動與營運項目，編制具體可行的計畫書，以協助業主達成開發休閒農業的目的。

四、休閒農場規劃準備的資料

(一) 農場基地方面

1. 詳明的地理位置圖。

2. 基地範圍圖。

3. 基地土地權屬說明。

4. 基地地形圖（標明等高線）。

5. 基地現況（含自然環境、地質、道路、氣候、建築設施、農林漁牧經營、營運項目等）示意圖。

6. 基地現況照片。

7. 基地現有觀光休閒設施說明。

8. 基地開發是否位於限制開發之地區？是否位於管制區（如水源保護區等）？

9. 其他相關資料。

(二) 基地所在地區方面

1. 政府對基地所在地區的相關計畫。

2. 基地所在地區的發展構想或計畫。

3. 基地所在城市的產業、交通、所得、教育、旅遊景點等資料。

4. 基地所在地區居民的人口數及結構、教育程度、職業種類、觀光旅遊偏好等。

5. 基地所在地區休閒觀光產業發展的情形。

6. 基地所在地區特殊性的觀光資源。

7. 其他相關資料。

第三節 規劃的法規與登記的流程

一、休閒農場規劃的法規

休閒農場規劃與籌設、登記的法規依據，主要有下列三項：

1.「休閒農業輔導管理辦法」（2020 年 7 月 10 日修訂）。

2.「申請休閒農場內農業用地作休閒農業設施容許使用審查作業要點」（2014 年 4 月 7 日修訂）。

3.「非都市土地作休閒農場內休閒農業設施興辦事業計畫及變更編定審查作業要點」（2014 年 9 月 18 日修訂）。

介述如下：

(一) 休閒農業輔導管理辦法

「休閒農業輔導管理辦法」對休閒農場的規劃及設置登記的規定如下：

・設置休閒農場之場域應有農林漁牧生產

申請設置休閒農場之場域，應具有農林漁牧生產事實（圖 4-5），且場域整體規劃之農業經營，應符合農業發展條例第 3 條第 5 款規定。（第 15 條第 1 項）

圖 4-5 申請設置休閒農場之場域應有農業生產的事實

・獲籌設同意申請核發休閒農場許可登記證之規定

取得籌設同意文件之休閒農場，應於籌設期限內依核准之經營計畫書內容及相關規定興建完成，且取得各項設施合法文件後，依第 30 條規定，申請核發休閒農場許可登記證。（第 15 條第 2 項）

・休閒農場之經營主體

休閒農場經營者應爲自然人、農民團體、農業試驗研究機構、農業企業機構、國軍退除役官兵輔導委員會所屬農場或直轄市、縣（市）政府。農業企業機構應具有最近半年以上之農業經營實績。（第 16 條第 1、2 項）

・休閒農場內農舍及坐落用地之所有權人

休閒農場內有農舍者，其休閒農場經營者，應爲農舍及其坐落用地之所有權人。（第 16 條第 3 項）

・休閒農場農業用地之面積及比例

設置休閒農場之農業用地占全場總面積不得低於 90%，且應符合下列規定：

1. 農業用地面積不得小於 1 公頃。但全場均坐落於休閒農業區內或離島地區者，不得小於 0.5 公頃。

2. 休閒農場應以整筆土地面積提出申請。

3. 全場至少應有一條直接通往鄉級以上道路之聯外道路。

4. 土地應毗鄰完整不得分散。但有下列情形之一者，不在此限：

(1) 場內有寬度 6 公尺以下水路、道路或寬度 6 公尺以下道路毗鄰 2 公尺以下水路通過，設有安全設施，無礙休閒活動。

(2) 於取得休閒農場籌設同意文件後，因政府公共建設致場區隔離，設有安全設施，無礙休閒活動。

(3) 位於休閒農業區範圍內，其申請土地得分散二處，每處之土地面積逾 0.1 公頃。（第 17 條第 1 項）

・休閒農場名稱不得相同

休閒農場不得使用與其他休閒農場相同之名稱。（第 18 條）

・申請籌設休閒農場之程序

申請籌設休閒農場，應塡具籌設申請書並檢附經營計畫書，向中央主管機關申請。（第 19 條第 1 項）

・核發休閒農場籌設同意文件之程序

申請書申請面積未滿10公頃者，核發休閒農場籌設同意文件事項，中央主管機關得委辦直轄市、縣（市）政府辦理；申請面積在10公頃以上者，或由直轄市、縣（市）政府申請籌設者，由直轄市、縣（市）主管機關初審，並檢附審查意見轉送中央主管機關審查符合規定後，核發休閒農場籌設同意文件。（第19條第2項）

・申請籌設經營計畫書內容之項目

1. 籌設申請書影本

2. 經營者基本資料

3. 土地基本資料

4. 現況分析

(1) 地理位置及相關計畫示意圖。

(2) 休閒農業發展資源。

(3) 基地現況使用及範圍圖。

(4) 農業、森林、水產、畜牧等事業使用項目及面積，並應檢附相關經營實績。

(5) 場內現有設施現況，併附合法使用證明文件或相關經營證照。但無現有設施者，免附。

5. 發展規劃

(1) 全區土地使用規劃構想及配置圖。

(2) 農業、森林、水產、畜牧等事業使用項目、計畫及面積。

(3) 設施計畫表，及設施設置使用目的及必要性說明。

(4) 發展目標、休閒農場經營內容及營運管理方式。休閒農場經營內容需敘明休閒農業體驗服務規劃、預期收益及申請設置前後收益分析。

(5) 與在地農業及周邊相關產業之合作規劃。

6. 周邊效益

(1) 協助在地農業產業發展。

(2) 創造在地就業機會。

(3) 其他有關效益之事項。

7. 其他主管機關指定事項。（第 20 條第 1 項）

‧休閒農場設置休閒農業設施之規定

休閒農場之農業用地得視經營需要及規模設置下列休閒農業設施：

1. 住宿設施。
2. 餐飲設施。
3. 農產品加工（釀造）廠。
4. 農產品與農村文物展示（售）及教育解說中心（圖 4-6）。

圖 4-6　休閒農場得設置農村文物展示中心

5. 門票收費設施。
6. 警衛設施。
7. 涼亭（棚）設施。
8. 眺望設施。
9. 衛生設施。
10. 農業體驗設施（圖 4-7）。

圖 4-7　休閒農場得設置農業體驗設施

11. 生態體驗設施。
12. 安全防護設施。
13. 平面停車場。
14. 標示解說設施。
15. 露營設施。
16. 休閒步道。
17. 水土保持設施。
18. 環境保護設施。
19. 農路。
20. 景觀設施。
21. 農特產品調理設施。

22. 農特產品零售設施。

23. 其他經直轄市、縣（市）主管機關核准與休閒農業相關之休閒農業設施。（第 21 條）

・設置休閒農業設施農業用地之範圍

休閒農場得申請設置前條休閒農業設施之農業用地，以下列範圍爲限：

1. 依區域計畫法編定爲非都市土地之下列用地：

(1) 工業區、河川區以外之其他使用分區內所編定之農牧用地、養殖用地。

(2) 工業區、河川區、森林區以外之其他使用分區內所編定之林業用地。

2. 依都市計畫法劃定爲農業區、保護區內之土地。

3. 依國家公園法劃定爲國家公園區內按各分區別及使用性質，經國家公園管理機關會同有關機關認定作爲農業用地使用之土地，並依國家公園計畫管制之。（第 22 條第 1 項）

・興建農舍之農業用地不得設置休閒農業設施

已申請興建農舍之農業用地，不得設置休閒農業設施。（第 22 條第 2 項）

・設置住宿等四款設施農業用地面積之規定

休閒農場設置第 21 條第 1 款至第 4 款之設施者，農業用地面積應符合下列規定：

1. 全場均坐落於休閒農業區範圍者

(1) 位於非山坡地土地面積在 1 公頃以上。

(2) 位於山坡地之都市土地在 1 公頃以上或非都市土地面積達 10 公頃以上。

2. 前款以外範圍者

(1) 位於非山坡地土地面積在 2 公頃以上。

(2) 位於山坡地之都市土地在 2 公頃以上或非都市土地面積達 10 公頃以上。

前項土地範圍包括山坡地與非山坡地時，其設置面積依山坡地基準計算；土地範圍包括都市土地與非都市土地時，其設置面積依非都市土地基準計算。土地範圍部分包括國家公園土地者，依國家公園計畫管制之。（第 23 條）

・休閒農場設施設置原則與規定

休閒農場內各項設施之設置，均應以符合休閒農業經營目的，無礙自然文化景觀爲原則，並符合下列規定：

1. 住宿設施（圖 4-8）、餐飲設施、農產品加工（釀造）廠、農產品與農村文物展示（售）及教育解說中心以集中設置爲原則。

2. 住宿設施係爲提供不特定人之住宿相關服務使用，應依規定取得相關用途之建築執照，並於取得休閒農場許可登記證後，依「發展觀光條例」及相關規定取得觀光旅館業營業執照或旅館業登記證。

圖 4-8　休閒農場住宿設施以集中設置為原則

3. 門票收費設施及警衛設施，最大興建面積每處以 50 平方公尺爲限。休閒農場總面積超過 3 公頃者，最大興建面積每處以 100 平方公尺爲限。

4. 涼亭（棚）設施、眺望設施及衛生設施，於林業用地最大興建面積每處以 45 平方公尺爲限。

5. 農業體驗設施及生態體驗設施，樓地板最大興建面積每場以 660 平方公尺爲限。休閒農場總面積超過 3 公頃者，樓地板最大興建面積每場以 990 平方公尺爲限。休閒農場總面積超過 5 公頃者，樓地板最大興建面積每場以 1,500 平方公尺爲限。

6. 平面停車場及休閒步道，應以植被或透水鋪面施設。但配合無障礙設施設置者，不在此限。

7. 露營設施最大興建面積以休閒農場內農業用地面積 10% 爲限，且不得超過 2,000 平方公尺。其範圍含適當之露營活動空間區域，且應配置休閒農業經營所需其他農業設施，不得單獨提出申請。且應依下列規定辦理：

(1) 設置範圍應以植被或透水鋪面施設，不得以水泥及柏油施設。

(2) 其設施設置應無固定基礎，惟必要時得設置點狀基樁。

8. 農特產品調理設施及農特產品零售設施，每場限設一處，且應爲一層樓建築物，其建築物高度皆不得高於4.5公尺，樓地板最大興建面積以100平方公尺爲限。

9. 農特產品調理設施、農特產品零售設施及農業體驗設施複合設置者，應依下列規定辦理，不適用第 5 款及第 8 款規定：

(1) 農特產品調理設施與農特產品零售設施複合設置者，該複合設施應爲一層樓建築物，其建築物高度不得高於 4.5 公尺，樓地板最大興建面積以 160 平方公尺爲限。

(2) 農特產品調理設施或農特產品零售設施，與農業體驗設施複合設置者，該複合設施樓地板最大興建面積以 660 平方公尺爲限。休閒農場總面積超過 3 公頃者，樓地板最大興建面積每場以 990 平方公尺爲限。休閒農場總面積超過 5 公頃者，樓地板最大興建面積每場以 1,500 平方公尺爲限。

(3) 農特產品調理設施及農特產品零售設施，在複合設施內規劃之區域面積，各單項配置樓地板面積不得超過 100 平方公尺。

10. 休閒農業設施之高度不得超過 10.5 公尺（圖 4-9）。但本辦法或建築法令另有規定依其規定辦理，或下列設施經提出安全無虞之證明，報送中央主管機關核准者，不在此限：

(1) 眺望設施。

(2) 符合主管機關規定，配合公共安全或環境保育目的設置之設施。（第 24 條第 1 項）

圖 4-9　休閒農業設施高度不得超過 10.5 公尺

・休閒農場設施設置之面積

休閒農場內非農業用地面積、農舍及農業用地內各項設施之面積合計不得超過休閒農場總面積 40%。其餘農業用地須供農業、森林、水產、畜牧等事業使用。但有下列情形之一者，其設施面積不列入計算：

1. 依申請農業用地作農業設施容許使用審查辦法第 7 條第 1 項第 3 款規定設置

之設施項目。

2. 依申請農業用地作農業設施容許使用審查辦法第13條附表所列之農糧產品加工室，其樓地板面積未逾200平方公尺。

3. 依建築物無障礙設施設計規範設置之休閒步道，其面積未逾休閒農場總面積5%。

於本辦法中華民國107年5月18日修正施行前，已取得容許使用之休閒農業設施，得依原核定計畫內容繼續使用，其面積異動時，應依第一項規定辦理。但異動後面積減少者，不受該項所定面積上限之限制。（第24條第2項）

・設置住宿等四款設施辦理變更編定及面積之規定

農業用地設置第21條第1款至第4款休閒農業設施，應依下列規定辦理：

1. 位於非都市土地者：應以休閒農場土地範圍擬具興辦事業計畫，註明變更範圍，向直轄市、縣（市）主管機關辦理變更編定。興辦事業計畫內辦理變更編定面積達2公頃以上者，應辦理土地使用分區變更。

2. 位於都市土地者：應比照前款規定，以休閒農場土地範圍擬具興辦事業計畫，以設施坐落土地之完整地號作爲申請變更範圍，向直轄市、縣（市）主管機關辦理核准使用。

前項應辦理變更使用或核准使用之用地，除供設置休閒農業設施面積外，並應包含依「農業主管機關同意農業用地變更使用審查作業要點」規定應留設之隔離綠帶或設施，及依其他相關法令規定應配置之設施面積。且應依農業用地變更回饋金撥繳及分配利用辦法辦理。

前項總面積不得超過休閒農場內農業用地面積15%，並以2公頃爲限；休閒農場總面積超過200公頃者，應以5公頃爲限。

第1項農業用地變更編定範圍內有公有土地者，應洽管理機關同意後，一併辦理編定或變更編定。（第25條第1～4項）

・休閒農業設施辦理容許使用之規定

農業用地設置第21條第5款至第23款休閒農業設施，應辦理容許使用。（第25條第5項）

・申請容許使用之時機

申請休閒農業設施容許使用或提具興辦事業計畫，得於同意籌設後提出申請，或於申請休閒農場籌設時併同提出申請。（第 26 條第 1 項）

・休閒農場籌設之期限

休閒農場之籌設，自核發籌設同意文件之日起，至取得休閒農場許可登記證止之籌設期限，最長爲 4 年，且不得逾土地使用同意文件之效期。但土地皆爲公有者，其籌設期間爲 4 年。

前項土地使用同意文件之效期少於 4 年，且於籌設期間重新取得相關證明文件者，得申請換發籌設同意文件，其原籌設期限及換發籌設期限，合計不得逾前項所定 4 年。

休閒農場涉及研提興辦事業計畫，其籌設期間屆滿仍未取得休閒農場許可登記證而有正當理由者，得於期限屆滿前 3 個月內，報經當地直轄市、縣（市）主管機關轉請中央主管機關核准展延；每次展延期限爲 2 年，並以 2 次爲限。（第 27 條第 1～3 項）

・休閒農業設施分期興建之規定

經營計畫書所列之休閒農業設施，得於籌設期限內依需要規劃分期興建，並敘明各期施工內容及時程。（第 28 條）

・廢止同意籌設文件

同意籌設之休閒農場有下列情形之一者，應廢止其同意籌設文件：

1. 經營者申請廢止籌設。

2. 未持續取得土地或設施合法使用權。

3. 未依經營計畫書內容辦理籌設，或未依籌設期限完成籌設並取得休閒農場許可登記證。

4. 取得許可登記證前擅自以休閒農場名義經營休閒農業，有本條例第 70 條情事。

5. 未依經營計畫書內容辦理籌設，由直轄市、縣（市）主管機關通知限期改正未改正，經第二次通知限期改正，屆期仍未改正。

6. 其他不符本辦法所定休閒農場申請設置要件。

經廢止其籌設同意文件之休閒農場，主管機關並應廢止其容許使用及興辦事業計畫書，並副知相關單位。另取得分期許可登記證者，應一併廢止之。（第29條）

・申請核發許可登記證之規定

休閒農場申請核發許可登記證時，應填具申請書，檢附下列文件，報送直轄市、縣（市）主管機關初審及勘驗，由直轄市、縣（市）主管機關併審查意見及勘驗結果，轉送中央主管機關審查符合規定後，核發休閒農場許可登記證：

1. 核發許可登記證申請書影本。

2. 土地基本資料

(1) 土地使用清冊。

(2) 最近 3 個月內核發之土地登記謄本及地籍圖謄本。但得以電腦完成查詢者，免附。

(3) 土地使用同意文件。但土地為申請人單獨所有者，免附。

(4) 都市土地或國家公園土地應檢附土地使用分區證明。

3. 各項設施合法使用證明文件。

4. 其他經主管機關指定之文件。（第 30 條）

・休閒農場許可登記證記載之內容

休閒農場許可登記證（圖 4-10）應記載下列事項：

1. 名稱。

2. 經營者。

3. 場址。

4. 經營項目。

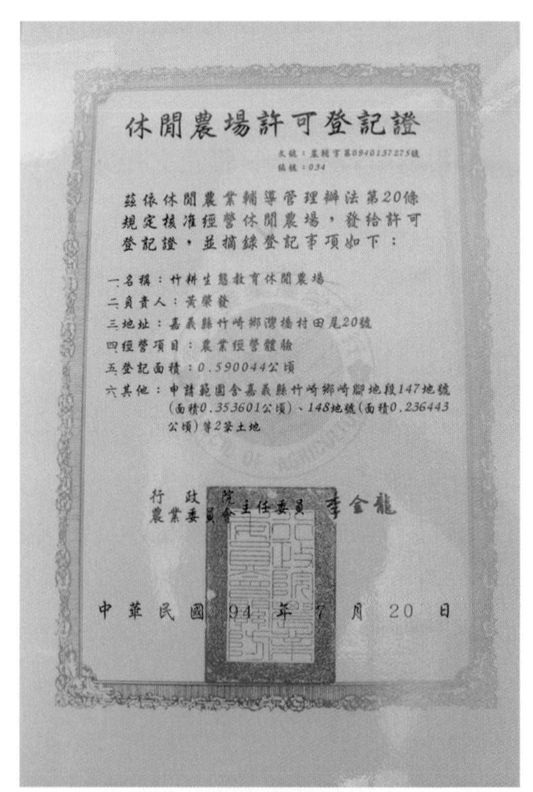

休閒農場許可登記證

文號：農輔字第0940137275號
編號：034

茲依休閒農業輔導管理辦法第20條規定核准經營休閒農場，發給許可登記證，並摘錄登記事項如下：

一、名稱：竹耕生態教育休閒農場
二、負責人：黃榮發
三、地址：嘉義縣竹崎鄉灣橋村田尾20號
四、經營項目：農業經營體驗
五、登記面積：0.590044公頃
六、其他：申請範圍含嘉義縣竹崎鄉崎腳地段147地號（面積0.353601公頃）、148地號（面積0.236443公頃）等2筆土地

行政院農業委員會主任委員 李金龍

中華民國 94 年 7 月 20 日

圖 4-10　中央主管機關審查後核發休閒農場許可登記證

5. 全場總面積及場域範圍地段地號。

6. 核准休閒農業設施項目及面積。

7. 核准文號。

8. 許可登記證編號。

9. 其他經中央主管機關指定事項。

依第 28 條規定核准分期興建者，其分期許可登記證應註明各期核准開放面積及各期已興建設施之名稱及面積，並限定僅供許可項目使用。（第 31 條）

・申請籌設應補正事項及駁回事由

休閒農場依本辦法辦理相關申請，有應補正之事項，依其情形得補正者，主管機關應以書面通知申請人限期補正；屆期未補正者或補正未完全，不予受理。

休閒農場申請案件有下列情形之一者，主管機關應敘明理由，以書面駁回之：

1. 申請籌設休閒農場，經營計畫書內容顯不合理，或設施與休閒農業經營之必要性顯不相當。

2. 場域有妨礙農田灌溉、排水功能，或妨礙道路通行。

3. 不符本條例或本辦法相關規定。

4. 有涉及違反「區域計畫法」、「都市計畫法」或其他有關土地使用管制規定。

5. 經其他有關機關、單位審查不符相關法令規定。（第 35 條）

・休閒農場限制開發之地區

休閒農業區或休閒農場，有位於森林區、水庫集水區、水質水量保護區、地質敏感地區、溼地、自然保留區、特定水土保持區、野生動物保護區、野生動物重要棲息環境、沿海自然保護區、國家公園等區域者，其限制開發利用事項，應依各該相關法令規定辦理。開發利用涉及「都市計畫法」、「區域計畫法」、「水土保持法」、「山坡地保育利用條例」、「建築法」、「環境影響評估法」、「發展觀光條例」、「國家公園法」及其他相關法令應辦理之事項，應依各該法令之規定辦理。（第 41 條）

(二) 申請休閒農場內農業用地作休閒農業設施容許使用審查作業要點

本要點規定休閒農場內農業用地設置休閒農業設施申請容許使用審查的主要事項，共計 12 點。說明如下（「休閒農業輔導管理辦法」已規定者不重複舉述）：

1. 適用範圍：本要點適用於休閒農場內符合「休閒農業輔導管理辦法」第 22 條第 1 項所定之農業用地範圍，申請休閒農業設施之容許使用農業用地的範圍包括：

(1) 依「區域計畫法」編定為非都市土地之範圍：

① 工業區、河川區以外之其他使用分區內所編定之農牧用地、養殖用地。

② 工業區、河川區、森林區以外之其他使用分區內所編定之林業用地，限於申設「休閒農業輔導管理辦法」第 21 條第 1 款～第 4 款、第 7 款～第 9 款及第 12 款～第 18 款休閒農業設施。

(2) 依「都市計畫法」劃定為農業區、保護區內之土地。

(3) 依「國家公園法」劃定為國家公園區內按各種分區別及使用性質，經國家公園管理機關會同有關機關認定作為農業用地使用之土地，並依國家公園計畫管制之。

2. 休閒農業設施：申請容許使用項目，應屬「休閒農業輔導管理辦法」第 21 條第 1 項第 5 款～第 23 款之設施，且應符合主管機關核定之經營計畫書內容。（第 3 點）

3. 籌設同意後申請或併同申請：申請人申請休閒農場內農業用地作休閒農業設施容許使用，得併同休閒農場之籌設提出申請。（第 4 點）

4. 休閒農業設施面積：休閒農場於林業用地設置涼亭（棚）、眺望及衛生設施之面積，各不得超過 45 平方公尺。

休閒農場設置農特產品調理設施（圖 4-11）之設置基準：

(1) 每一休閒農場限設一處。

(2) 應為一層樓之建築物，其基地面積不得超過 100 平方公尺。

(3) 建築物高度不得大於 4.5 公尺，樓地板最大興建面積以 100 平方公尺為限。

休閒農場內非農業用地面積、農舍及農業用地內各項設施之面積應符合「休閒農業輔導管理辦法」第24條第2項規定，合計不得超過休閒農場總面積40%。但符合「申請農業用地作農業設施容許使用審查辦法」第7條第1項第3款所定設施項目者（農業生產設施、室外水產養殖生產設施、室內水產養殖生產設施）；依「申請農業用地作農業設施容許使用審查辦法」第13條附表所列之農糧產品加工室，其樓地板面積未逾200平方公尺者；依建築物無障礙設施設計規範設置之休閒步道，其面積未逾休閒農場總面積5%者。不列入計算。

圖4-11　休閒農場農特產品調理設施

休閒農場內各項設施均應依「休閒農業輔導管理辦法」第25條規定辦理。（第5點）

5. 申請檢附資料：申請休閒農業設施容許使用，應填具申請書並檢附下列資料一式5份，向土地所在地鄉（鎮、市、區）公所或直轄市、縣（市）政府提出：

(1) 申請人為自然人者應檢附身分證明文件影本；申請人為法人者，應檢附負責人身分證明文件及法人設立登記文件影本。

(2) 休閒農業設施容許使用經營計畫。但休閒農場籌設之經營計畫書內容已包含第7點所定事項者，免予檢附。

(3) 最近1個月內土地登記謄本及地籍圖謄本。但能申請網路電子謄本者，免予檢附；屬都市土地者，應另檢附都市計畫土地使用分區證明。

(4) 設施配置圖，其比例尺不得小於1/500。但休閒農場籌設之經營計畫書已有者，免予檢附。

(5) 土地非申請人單獨所有時，應檢附土地供休閒農場作休閒農業設施使用同意書或公有土地租賃（委託經營）契約書。

(6) 休閒農場籌設同意文件。但與休閒農場籌設併同提出申請者，免予檢附。

(7) 其他主管機關規定之文件。

休閒農場經核准分期興建者，應依經營計畫書所載明之分期計畫，分期依前項規定提出申請。（第6點）

6. 容許使用計畫書載明事項：休閒農業設施容許使用計畫書應載明下列事項：

(1) 設施名稱。

(2) 設置目的及用途。

(3) 興建設施之基地地號、興建基地面積及建築物高度。

(4) 休閒農場內經營概況，包括生產計畫、經營方向、預估效益及行銷通路等。

(5) 現有設施名稱、數量、基地地號、基地面積及建築物高度。

(6) 設施建造方式。

(7) 引用水之來源及廢、汙水處理計畫。

(8) 對周邊農業環境、自然生態環境之影響及維護構想。

(9) 節能減碳、資源回收及綠色消費之規劃、事業廢棄物處理及再利用計畫。（第 7 點）

7. 審查程序：休閒農業設施容許使用案件之審查程序如下：

直轄市、縣（市）主管機關受理申請審查案件後，依審查表內容審查通過者，核發休閒農場內農業用地作休閒農業設施容許使用同意書；審查不同意者，由審查單位敘明理由駁回。

休閒農業設施容許使用與休閒農場之籌設併同提出申請者，直轄市、縣（市）主管機關，應俟本會或直轄市、縣（市）主管機關核發籌設同意文件後，始得核發休閒農場內農業用地作休閒農業設施容許使用同意書。（第 8 點）

8. 變更使用項目：休閒農場內已核准容許使用之休閒農業設施，未能依核准項目使用，應向直轄市、縣（市）主管機關申請容許使用之變更；未經報准擅自變更使用者，直轄市、縣（市）主管機關應依「休閒農業輔導管理辦法」第 37 條規定處理，並得廢止其容許使用。

前項涉及經營計畫書內容變更者，應依「休閒農業輔導管理辦法」第 34 條規定，申請經營計畫書內容變更。（第 9 點）

9. 山坡地範圍：於山坡地範圍內申請休閒農業設施容許使用，應依「申請農業用地作農業設施容許使用審查辦法」第 31 條規定辦理。（第 10 點）

10. 申請建築執照：依本要點取得同意容許使用之休閒農業設施，依建築相

關法令規定需申請建築執照者，應依「申請農業用地作農業設施容許使用審查辦法」第 32 條規定辦理。（第 11 點）

11. 申請農業設施容許使用：申請休閒農場內農業用地作休閒農業設施以外之農業設施容許使用案件，應會同休閒農業主管單位審核其是否符合經核定之休閒農場經營計畫書。（第 12 點）

(三) 非都市土地作休閒農場內休閒農業設施興辦事業計畫及變更編定審查作業要點

本要點規定非都市土地作爲休閒農場內休閒農業設施興辦事業計畫及變更編定審查的主要事項，共計 10 點。說明如下：

1. 適用範圍：經核准籌設之休閒農場，其經營計畫書列有住宿、餐飲、農產品加工（釀造）廠，及農產品與農村文物展示（售）及教育解說中心等休閒農業設施者，所坐落土地爲非都市土地之農業用地，並符合「休閒農業輔導管理辦法」第 23 條規定者，應依本要點規定研擬興辦事業計畫辦理非都市土地使用地變更編定。（第 2 點）

2. 休閒農業設施面積：住宿、餐飲、農產品加工（釀造）廠，及農產品與農村文物展示（售）及教育解說中心等休閒農業設施以集中設置爲原則，其建築基地面積計算基準如下：

(1) 單筆需用地之變更，其面積不得小於 150 平方公尺。

圖 4-12　休閒農場住宿設施應符合建蔽率與容積率的規定

(2) 建蔽率 60%，容積率 180%（圖 4-12）。但直轄市或縣（市）主管機關核定土地使用計畫，其建蔽率及容積率有較嚴格規定者，依核定計畫管制之。

(3) 建築物高度依建築管理法規辦理或不得超過 10.5 公尺。

前項應辦理變更編定之用地除供設置前項休閒農業設施面積外，並應包含依

「農業主管機關同意農業用地變更使用審查作業要點」規定應留設之隔離綠帶或設施，及其他相關法令規定應配置之設施面積。且其總面積，依「休閒農業輔導管理辦法」第 25 條第 1 至 4 項規定，不得超過休閒農場內農業用地面積 15%，並以 2 公頃爲限。若休閒農場面積超過 200 公頃，則以 5 公頃爲限。（第 3 點）

3. 申請檢附文件：休閒農場籌設同意之申請人應依同意籌設之經營計畫書所載內容，塡具申請書，並檢附休閒農場同意籌設文件及興辦事業計畫書各一式十份，向土地所在地之直轄市或縣（市）主管機關申請興辦事業計畫核准。

前項應檢附文件，如與休閒農場申請籌設併同提出申請者，免附休閒農場同意籌設文件。申設休閒農場應辦理水土保持或環境影響評估者，其申請人應於提出第一項申請時，一併檢附水土保持書件或環境影響評估書件提出申辦。（第 4 點）

4. 審查程序：直轄市或縣（市）主管機關受理申請後，應先審查文件是否齊全，與經營計畫書內容是否相符，及依審查表項目進行審查，並應注意下列事項：

(1) 申請變更編定之土地如位於興辦事業計畫應查詢項目表之地區者，應依相關法令規定辦理。

(2) 申請變更編定之土地如位於經濟部公告之嚴重地層下陷地區者，應依「水利法」第 54 之 3 條提出用水計畫書，並由目的事業主管機關轉送中央主管機關核定。

(3) 申請變更編定之土地如位於地質敏感區內者，應依「地質法」第 8 條規定辦理基地地質調查及地質安全評估。

(4) 申請變更編定之土地應臨接道路，或以私設通路連接道路。其私設通路之寬度應依實施「區域計畫地區建築管理辦法」及建築技術規則規定辦理。

(5) 申請變更編定之土地，已擅自先行變更使用者，應先依「區域計畫法」相關法令就違規土地予以裁處並提出相關證明文件，始得受理。

直轄市或縣（市）主管機關爲審查興辦事業計畫，得組成專案小組審查，必要時並得辦理現場勘查。（第 5 點）

5. 農業用地變更使用：休閒農場內依本要點申請變更編定之土地，涉及農業用地變更使用，應依「農業主管機關同意農業用地變更使用審查作業要點」規定辦理。（第 6 點）

6. 興辦事業計畫審查補正期限：直轄市或縣（市）主管機關辦理興辦事業計畫審查時，得併同依農業主管機關「同意農業用地變更使用審查作業要點」及「非都市土地變更編定執行要點」之規定審查。

興辦事業計畫經審查結果需補正者，應通知申請人於二個月內補正，如有正當理由者，得敘明理由，於補正期間屆滿前向直轄市或縣（市）主管機關申請展延，其展延次數以二次爲限，逾期未補正者，駁回其申請。（第7點）

7. 辦理土地變更作業及水保、環評：直轄市、縣（市）主管機關核准興辦事業計畫且取得農業主管機關同意農業用地變更使用同意文件後，應函復興辦事業人辦理土地變更編定作業，並副知中央主管機關、直轄市或縣（市）政府地政等相關機關（單位）。

前項興辦事業計畫核准函中應敘明已依非都市土地變更編定執行要點附錄一之二審查，尚無各該項目法令規定之禁、限建及不得設置或興辦情事。

申設休閒農場應辦理水土保持或環境影響評估者，直轄市或縣（市）主管機關爲第1項興辦事業計畫核准前，其水土保持申請書件、環境影響評估書件，應經水土保持主管機關或環境保護主管機關審查通過。（第8點）

8. 申請非都市土地變更編定：申請非都市土地變更編定面積達2公頃以上者，應依「非都市土地使用管制規則」第三章及「非都市土地開發審議作業規範」辦理土地使用分區變更。（第9點）

9. 送請地政單位辦理變更編定作業：經核准之興辦事業計畫內容變更者，應向直轄市或縣（市）主管機關提出申請計畫變更。

興辦事業核准文件經廢止時，直轄市、縣（市）政府農業主管機關（單位）應即通知地政主管機關（單位）依相關規定辦理；如涉山坡地水土保持事宜，並通知水土保持主管機關。（第10點）

二、休閒農場登記的流程

依照「休閒農業輔導管理辦法」規定，休閒農場完成合法化登記，其申辦程序可歸納爲籌設與登記二個步驟；申請應備妥必要的文件，並明瞭申請的程序。本節將敘明最基本的二項文件——申請書與經營計畫書，接著列述籌設與登記的流程。

(一) 休閒農場籌設申請書

申請人應填載休閒農場籌設申請書（行政院農業委員會，2020.7.10）。申請書內容包括五部分：

1. 農場名稱：申請人須爲休閒農場定名，並載錄場址、土地坐落、面積，及是否位於休閒農業區內。

2. 申請人：包括姓名、身分證字號（法人統一編號）、通訊地址、電話、電子郵箱，及委任代理人資料等。

3. 經營主體：自然人或法人。法人類別分爲農民團體（農會、漁會、農業合作社或合作農場、農田水利會）、農業試驗研究機構、農業企業機構等。

4. 檢附文件

(1) 申請人（自然人或法人）的相關證明文件。

(2) 休閒農場經營計畫書，並勾選其所附的相關文件名稱。

5. 申請人署名及日期。

(二) 休閒農場經營申請書

休閒農場經營計畫書（行政院農業委員會，2020 年 7 月 10 日）的內容包括以下七部分，並須檢附相關文件：

1. 籌設申請書影本。
2. 經營者基本資料。
3. 土地基本資料。
4. 現況分析。
5. 發展規劃。
6. 周邊效益。
7. 其他主管機關指定事項（「休閒農業輔導管理辦法」第 20 條）。

(三) 申請的流程

1. 籌設：申請籌設的目的，在取得休閒農場籌設同意文件，以利在下個步驟辦理登記。申請程序依面積未滿 10 公頃或已達 10 公頃而有所不同。

2. 登記：休閒農場申請登記的目的，在取得合格登記證，以求合法化經營。惟申請程序依是否涉及土地變更編定而異。若未涉及土地變更編定，則程序較單純，直接申辦休閒農業設施容許使用即可；若涉及土地變更編定，則須擬具興辦事業計畫申請辦理土地變更編定。

本文爲說明方便易懂，權宜地將休閒農場分爲二類。若休閒農場僅「申請休閒農業輔導管理辦法」第 21 條第 1 項第 5 款～第 23 款之休閒農業設施者，稱爲「農業經營體驗型休閒農場」；若進一步申請同條同項第 1 款～第 4 款休閒農業設施者，稱爲「綜合型休閒農場」。兩者申請登記的程序說明如下：

(1) 體驗型休閒農場：

① 休閒農業設施容許使用係向土地所在地鄉（鎮、市、區）公所或直轄市、縣（市）政府提出申請。

② 直轄市或縣（市）政府審查核准後核發容許使用同意書。

③ 申請人在容許使用申辦完成後，申請建照、雜照並施工。

④ 施工完成，報准核發建築使用執照。

⑤ 直轄市或縣（市）政府勘驗後，報請農委會核發休閒農場許可登記證，休閒農場合法登記的程序至此完竣。

(2) 綜合型休閒農場：

① 綜合型休閒農場申請登記，以辦理興辦事業計畫、變更編定、許可登記等 3 個階段爲主。惟因綜合型休閒農場申請項目尚可包含第 5 款～第 23 款的休閒農業設施，所以還要經過休閒農業設施容許使用階段，因此實際上綜合型休閒農場申請登記，在取得籌設許可之後，要經過容許使用、興辦事業計畫、變更編定、許可登記等 4 個階段。

② 申請設置住宿、餐飲、農產品加工（釀造）廠、農產品與農村文物展示（售）及教育解說中心等 4 項休閒農業設施者，應依「農業主管機關同意農業用地變更使用審查作業要點」及相關規定辦理，並注意下列情形：

a. 變更範圍涉及養殖漁業生產區範圍內之農業用地者，應取得地方漁政主管機關同意後，始得核發籌設同意文件。

b. 變更範圍包括非都市土地特定農業區之農業用地，經地方主管機關初審符合規定後，應依該要點第 4 點規定提出相關審查意見並報送行政院農業委員會核准，始得由中央主管機關或地方主管機關依權責核發籌設同意文件。

3. 興辦休閒事業計畫向直轄市、縣（市）政府農業單位提出申請。須經環保單位審查環評及水保單位審查水保計畫。若申請變更面積在 2 公頃以上，還須區域計畫擬定機關審查開發許可。

4. 直轄市、縣（市）政府核准興辦事業計畫後，續依「區域計畫法」、「非都市土地使用管制規則」、「水土保持法」等規定審查。審查通過後，核准變更編定及辦理異動登記。

5. 通過變更編定後，申請人繼續申請建照、雜照及施工。施工完成，報准核發建築使用執照。

6. 直轄市、縣（市）政府勘驗後，報請農委會核發休閒農場許可登記證。休閒農場合法登記的程序至此完竣。

第四節 休閒農場規劃的特色營造

休閒農業賴以運用的是農業與農村資源，本節將就農業資源與農村資源兩方面闡釋其主要特性，並列述其可能營造的特色。

一、農業資源特性與特色營造

(一) 農業資源的特性

農業資源的共同特徵是「生物性」，生物性資源引發以下 6 項基本特性和 3 項衍生特性。

1. 基本的特性

(1) 季節性：生物性資源具有很高的季節性特質，植物隨著春、夏、秋、冬四季的變化而顯露出榮枯的現象，動物也有冬眠及甦醒的現象。我國農村流傳二十四節氣的農作習慣，是季節性特質最典型的詮釋。

(2) 地域性：土地區位的緯度及陸海的交互影響構成動植物不同的生長環境，如中國跨越熱帶、亞熱帶、溫帶、寒帶，而形成不同的農村經濟區。臺灣全島雖處於亞熱帶及熱帶，但隨著海拔高度往上出現暖溫帶、涼溫帶、冷溫帶、亞寒帶、寒帶等不同氣候帶，而影響動植物的生態環境。

(3) 生長性：植物由種苗、萌芽、生長、茁壯、開花、結果，終而凋謝；動物由出生、幼兒期、青少期、中壯期、老年期，終而死亡，都表現出生命榮枯興衰，繁殖延續的特徵。生物隨著時間的推移，生命都有不同的表徵（圖 4-13）。

圖 4-13　遊客在休閒農場感受動物的生命週期

(4) 活動性：動物不論是家畜、家禽、一般鳥獸、魚蝦、蟹類或昆蟲類，其生命力的表現均有明顯的走動、跳躍、飛舞的動作。植物雖然不像動物有明顯的運動，但會隨著風、水等動力而搖曳擺動其體態。

(5) 景觀性：植物的花、葉、果顯露不同的色彩、分布、組合、形態，不論是單株或團塊，均具有極高的觀賞價值。動物的體色、大小、體態、排列、行止，不論是單隻或群聚，特別是動態的移動，均具有極高的觀賞價值。

(6) 實用性（圖 4-14）：植物的根、莖、葉、花、果等部位，可作爲餐飲、醫藥、服飾、建築、舟車、育樂及藝術的材料；動物的乳、蛋、肉、毛、皮、骨、血等，可作爲餐飲、醫藥、服飾、育樂及藝術的材料。

圖 4-14　休閒農場農業資源要發揮實用

2. 衍生的特性

(1) 知識性：與動植物成長或發展相關的季節及地域因素、成長的變化、生命的活動、生物美學、資源利用等，均經人類長期深入的研究探索，已形成系統的知識寶庫，這是生物性資源優於非生物性資源的關鍵。

(2) 生態性：從環境的觀點，動植物的生長、棲息、繁殖均與環境維持特定的關係，此乃其生態性。所以農場要維護動植物的生態環境，並協助復育。

(3) 文化性：人類既是生物種屬之一，但又自稱爲萬物之靈，千秋萬世以來，動植物與人類密切的互動，已形成互倚互賴的親密友伴關係。動物與植物在人類生活中不可或缺，在文字藝術中成爲歌詠與寄情的對象，如說狗是忠僕、牛是最辛勞的苦力、馬是健將，梅、蘭、竹、菊代表高潔的四君子、松柏傲冰霜代表硬漢等，這樣的文化性在人類的文字、音樂、美術、藝術隨處可見。

(二) 運用農業資源以營造特色

休閒農場應運用農業資源的上述特性，設計遊客可以參與的體驗活動，以建立農場的特色，方式如下：

1. 運用農業資源四季變化的特性設計體驗活動，營造產業及生活的特色：春天賞櫻、夏天賞荷、秋天賞楓、冬天賞梅，均是極佳的賣點，農場配合二十四節氣解說運作的原理，就幾個特別的節氣，如春分、夏至、秋分、冬至，以及白露、驚蟄，設計特別的活動，讓遊客明顯感受春耕、夏耘、秋收、冬藏的農村產業與生活的步調，又如日本利用冬天的雪資源提供賞雪、滑雪及雪地民宿。臺灣中西部沿海及澎湖冬天多東北季風，是提供遊客觀海聽濤，體驗漁村惡氣候的好地點（圖4-15）。

圖 4-15　休閒農業運用四季變化的特性設計體驗活動

2. 利用地理區位優勢設計具有地方特色的體驗活動：如北迴歸線以南的農場設計熱帶作物（鳳梨、蓮霧、芒果、咖啡、椰子等）的體驗，吸收北方遊客；高山地區農場提供溫帶蔬果品嘗、溫帶花卉觀賞；北方冬季給的是花葉落盡、萬物冬眠的蕭條大地的體驗。平地的農村、濱海的漁村、高山的山村都足以表現區位的特色（圖 4-16）。

圖 4-16　休閒農場設計具有地方特色的體驗活動

3. 完整展示動植物生命變化的歷程：藉由市民農園的制度，市民承租土地耕作，從整地、播種、澆灌、施肥、病蟲害防治到採收，讓市民深度體驗植物生命成長的過程。不同齡動物依序分區飼養，遊客可了解其幼、中、老的成長過程。蝴蝶、蜜蜂、甲蟲等昆蟲類，可藉由實體、標本製作或媒體方式，以理解其生命蛻變的現象。南投埔里臺一生態教育休閒農場以「從一粒種子觀察生命奧妙，用花香裝扮多彩人生」爲口號，就是在凸顯植物生長性的特色。

4. 設計遊客與動物互動活潑有趣的體驗活動：此類體驗活動最好能包括：觀察動物體態、聽叫啼聲、聞體味、品嘗其乳蛋料理、觸摸身體等活動，充分運用遊客的感官去體驗與感受；特別是以可愛小動物設計討人喜歡的趣味活動，而迎風招展、隨水漂流的植物活動（如水草），亦有異曲同工之妙。很多休閒農場也設置可愛小動物區，增加人與動物互動的特色（圖 4-17）。

圖 4-17　休閒農場設計遊客與動物互動的體驗活動

5. 發揮農場動植物美學的效果：選擇具有優美體態的動物，如雄壯威武的水牛、柔順的羊、健美的馬、昂首的鵝、高挑的鴕鳥、悠遊華貴的錦鯉及美麗如碎花的蝴蝶等。植物則應注意其觀花、觀果、觀葉、觀枝的美學效果，農場要以自然爲畫筆，塗染成美麗的公園。臺灣中北部休閒農場初春的櫻花花海、中國大陸華北春天的桃樹林與油菜花海、法國普羅旺斯、日本北海道富良野的薰衣草花海，都是營造優美景觀特色的典範（圖 4-18）。

圖 4-18　休閒農場發揮動植物美學的效果

6. 設計提高動植物利用價值的活動：植物方面，開發野菜料理、香草精油、藥膳、養生餐飲、印染、藝品製作等活動，鹿谷小半天竹筒飯及竹炭是好例子；動物方面，開發乳製品的料理、蛋殼彩繪、皮蛋製作、皮雕、魚拓等。實用性產品除在農場消費外，應設計精緻的紀念品，如飛牛牧場、瑞穗牧場設計多樣性牛乳食品，是頗受遊客歡迎的伴手禮品。

7. 設計動植物知性的教育體驗活動：教育農園是以提供自然生態教育爲主題，以國中小學生爲目標市場，可用展示的方式，系統性陳列生物演進的變化，以滿足遊客知識性的需求。北關農場螃蟹博物館是成功的範例，以建立知性教育的特色。

8. 加重自然生態成分，規劃生態旅遊的主題活動：設置專業性的導覽牌示，印發解說資料，訓練專門的解說人員，設計遊客實地觀察、記錄、學習的體驗活動，以探索動植物生態，頭城農場的戶外自然教室即是成功的例子。現在有愈來愈多的農場以生態體驗爲主題，如新竹北埔綠世界生態農場設計全方位的生態體驗場地，嘉義中埔獨角仙農場以獨角仙生態爲主題，屏東潮州不一樣農場以鱷魚生態爲主題，其特色均獲得極佳的迴響。

9. 精心設計產業文化的活動：很多動物與植物自古即融入人類的精神文明世界，農場可重新加以運用。臺南下營白鵝教育農場以楊逵的〈鵝媽媽出嫁〉詩文，點出人與鵝的親情；臺南新化教育農園發揮「新甘藷文化」的精神；臺一生態教育休閒農場尊崇「花仙子」，昆明盤龍一丘田介紹「田園十八怪」，都是令人印象深刻的例子。在農場中設置產業文化館，展示古農機具等，也是塑造特色很好的作法。

二、農村資源特性與特色營造

(一) 農村資源的特性

農村資源的共同特徵是「生活性」，引申出下列 5 項特性：

1. 產業性：農村的村貌由其核心產業來形塑，農村的主要產業是水稻，四周就有綠油油的水田，農家建築有晒穀場、穀倉、稻草堆，有水牛、犁；農村以乳牛爲主業，酪農村就有牛舍、牛群，並有撲鼻的牛羶味，也有草料堆；農村以水產養殖爲主業，則漁村有相連的池塘、竹筏、水車、魚網，有媽祖廟，也有魚腥味。

2. 傳統性：農業是看天的產業，農民敬天畏天，生性保守，隨遇而安，因此具有高度的傳統性（圖 4-19）。一些古老的民俗儀式、失傳的技藝與童玩、傳統建築藝術等，都可能在農村獲得保留，古人云「禮失求諸野」，就是這個道理。

圖 4-19　鄉村休閒農場保留傳統的特性

3. 情感性：農業是個傳統的產業，「天行健，君子以自強不息」，所以農民樂天知命，不與人爭。當都市人競求名利、勾心鬥角、爾虞我詐時，農民仍然保留濃厚的人情味，淡泊無所爭。

4. 審美性：農村景觀包括地形、水體、天象、野生動植物等自然景觀；稻田、果園、菜園、花圃、茶園、林地、牧場、魚塭等產業景觀；村庄聚落、農舍、廟宇、牌坊、灌溉溝渠、農路、棚架等設施空間景觀，其型態、構造、色彩，均具有極高的審美價值。此外，村民的傳統服飾、家居設備用品、民俗藝術品，亦有極佳的審美質感。

5. 文化性：農民生活中食、衣、住、行、育、樂，以及藝術、民俗信仰等行爲，均具有極高的地方特性，構成生活文化的內涵。

(二) 運用農村資源以營造特色

休閒農場應該運用上述農村資源的特性，設計遊客可以參與的體驗活動，以建立農場的特色。

1. 凸顯農業產業特性：休閒農場要凸顯農業產業的特性，如以茶葉爲主題，則應運用環村茶園，分布各處的製茶廠及茶庄，提供茶業體驗、茶餐飲及民宿。休閒農場以水資源利用爲主題，設計水稻種植、蓮荷民宿，香魚養殖、水鴨池塘、水草體驗等體驗活動。南投鹿谷小半天地區漫地非竹林即茶園，中國大陸江南四月油菜花開，休閒農場可凸顯產業的主題特色（圖 4-20）。

圖 4-20 休閒農業凸顯農業產業的特性（法國波爾多葡萄農場）

2. 設計體驗傳統的活動：設計傳承農村傳統的體驗活動，活動包括參觀古老宅院、住傳統建築的民宿，並且應提供建築藝術導覽解說的服務。請碩果僅存的匠師傳授瀕臨失傳的技藝（如草編、竹編、紙傘製作等），設計傳統烹調方法實作體驗、童玩及雜技體驗等。臺中大甲休閒農場老婆婆教藺草編織；上海崇明島前衛村生態農場老公公教竹編，均足以營造農村傳統特色。

3. 激發重遊意願：農場場主及各部門服務人員應發揮人情味濃厚的天性，親切熱忱接待，讓遊客感受賓至如歸。相對於都市人際關係的冷漠，遊客會留下深刻的印象，而激發其重遊的意願。宜蘭頭城農場的人情味，男女老少都喜歡，已形成農場的識別印象。

4. 營造美麗田庄特色：所謂「數大就是美」，團塊狀的農作物等於是爲大地染色，村民可以配合季節性，選擇不同的樹、花、草爲大地換彩妝，動植物、聚落、房舍、溫室、農路、水潭等都是美麗景觀的元素。日本白川鄉合掌屋聚落利用百年茅草屋建立農村的特色，每年吸引 140 萬人次的觀光客。

5. 設計農村生活文化活動：農村是人類文明的搖籃，所有與生活相關的建築設施、用品、童玩（圖 4-21）、詩詞歌賦及民俗信仰等行爲，都可提供給遊客體驗。宜蘭香格里拉休閒農場將布袋戲棚及木偶搬進場區，增加許多鄉土文化性。有些農場設置展示室，蒐集陳列百年老床、傳統服飾、紡紗織布機、生活器具等等。西安關中風情園介紹「關中十大怪」，設置傳統生活器具展示場、展示花轎、唱秦腔曲調、服務員的村姑打扮；內蒙古呼和浩特半畝地莜麵村二人轉表演，都是建立特色的好例子。

圖 4-21　休閒農場設計傳統童玩體驗以彰顯農村生活

第5章

休閒農場規劃實例與解析

第一節　臺南市豐禧休閒農場

豐禧休閒農場位於臺南市山上區，面積 15.32 公頃。本農場屬非都市土地、山坡地。農場面積超過 10 公頃，符合「休閒農業輔導管理辦法」第 23 條規定，得設置第 21 條第 1～4 款之休閒農業設施。但農場基於階段性的營運目標，暫時先以「體驗型農場」登記營運，故本規劃不涉及上述 1～4 款的休閒農業設施。

台南市山上區

豐禧休閒農場經營計畫書

申請人：豐禧農業科技股份有限公司

中華民國一〇七年三月

圖 5-1　豐禧休閒農場經營計畫書

休閒農場規劃需擬妥休閒農場經營計畫書。在此以「豐禧休閒農場」為個案（圖 5-1、圖 5-2）（李崇尚、段兆麟，2018）說明之。本農場規劃及申請登記適用為 2018 年 5 月 18 日發布的「休閒農業輔導管理辦法」。

茲以休閒農場申請籌設與登記所需經營計畫書的項目（籌設申請書影本、經營者基本資料、基地基本資料、現況分析、發展規劃、預期效益）說明規劃的內容。

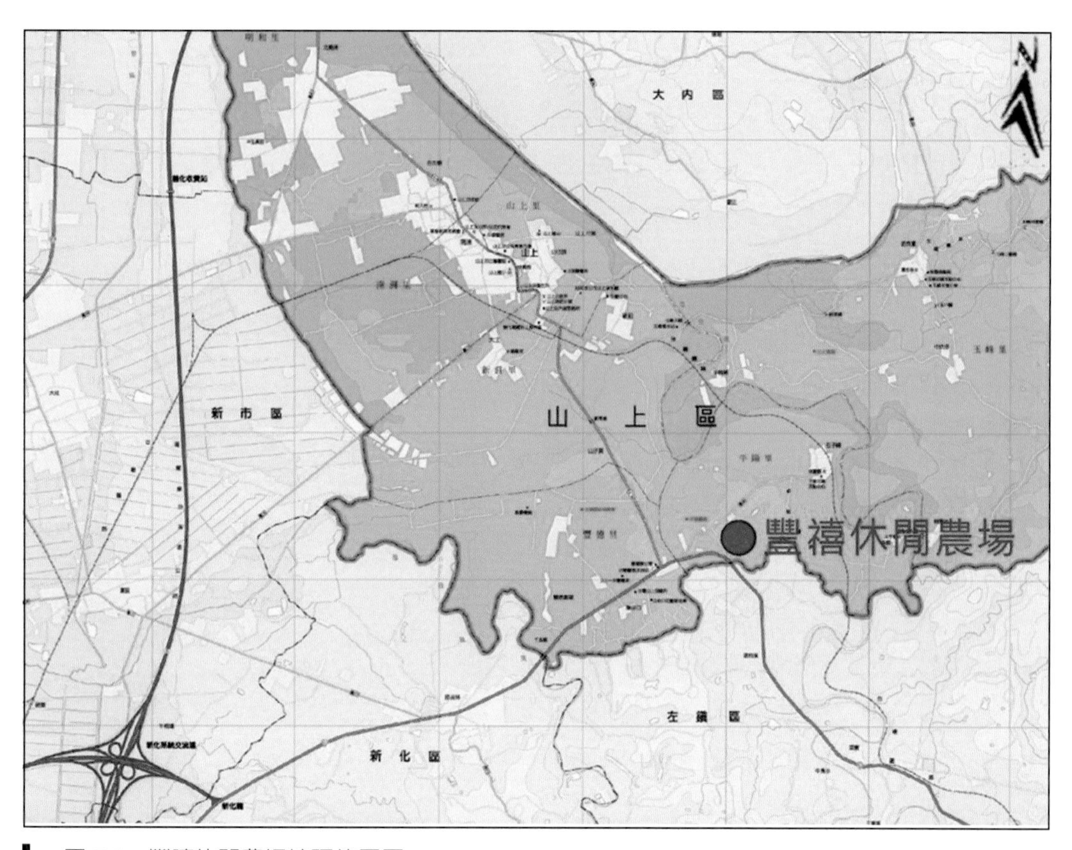

圖 5-2　豐禧休閒農場地理位置圖

一、籌設申請書

表 5-1　豐禧休閒農場籌設申請書

<table>
<tr><td rowspan="2">基本資料</td><td>名稱</td><td>豐禧休閒農場</td><td>休閒農場坐落土地是否涉及休閒農業區範圍</td><td colspan="2">□是
■否</td></tr>
<tr><td>坐落土地</td><td>臺南市山上區
○○○段 001、002、003、004、005、006、007、008 地號等 8 筆土地</td><td>總面積</td><td colspan="2">153,237 平方公尺</td></tr>
</table>

續表 5-1

<table>
<tr><td rowspan="4">申請人（經營主體）</td><td colspan="5">□自然人
■法人／法人名稱：豐禧農業科技股份有限公司
□農民團體【□農會、□漁會、□農業合作社（含合作農場）、□農田水利會】
□農業試驗研究機構　□退除役官兵輔導委員會所屬農場
■農業企業機構　□直轄市、縣（市）政府</td></tr>
<tr><td>姓名</td><td>豐禧農業科技股份有限公司
（代表人：○○○）</td><td>身分證明文件字號
法人統一編號</td><td colspan="2">———
———</td></tr>
<tr><td>聯絡電話</td><td>（住家）———</td><td>（公司）———</td><td colspan="2">（行動電話）———</td></tr>
<tr><td>通訊地址</td><td colspan="2">○○市○○區○○路○○號</td><td>E-mail</td><td>———</td></tr>
</table>

<table>
<tr><td rowspan="14">檢附文件及檢核</td><td>項次</td><td>申請人勾稽欄</td><td>應檢附文件</td></tr>
<tr><td>1</td><td>V</td><td>休閒農場經營計畫書</td></tr>
<tr><td>1-1</td><td>V</td><td>休閒農場籌設申請書影本</td></tr>
<tr><td>1-2</td><td>V</td><td>申請人（經營主體）證明文件：<table><tr><th colspan="2">身分別</th><th>應檢附文件</th></tr><tr><td>法人</td><td>農業企業機構</td><td>1. 負責人身分證明文件影本
2. 公司登記文件影本
3. 農業經營實績文件影本
（■最近半年以上之農業生產、交易紀錄或辦理農業試驗相關佐證資料）</td></tr></table></td></tr>
<tr><td>1-3</td><td>V</td><td>土地使用清冊</td></tr>
<tr><td>附 -1</td><td>V</td><td>附件一：最近 3 個月內核發之土地登記（簿）謄本；正本乙份，其餘影本</td></tr>
<tr><td>附 -2</td><td>V</td><td>附件二：最近 3 個月內核發之地籍圖謄本；正本乙份，其餘影本（比例尺不得小於 1/4800 或 1/5000）</td></tr>
<tr><td>附 -3</td><td>V</td><td>附件三：土地使用同意文件併附土地所有權人身分證明文件影本</td></tr>
<tr><td>附 -4</td><td>V</td><td>附件四：地理位置及相關計畫示意圖（以比例尺 1/25000 的地形圖縮圖繪製）</td></tr>
<tr><td>附 -5</td><td>V</td><td>附件五：基地現況使用及範圍圖（以比例尺 1/2500 的相片基本圖縮圖或地籍圖縮圖繪製，休閒農業發展資源之相關計畫亦應一併標註）。</td></tr>
<tr><td>附 -6</td><td>V</td><td>附件六：現有設施合法使用證明文件或相關經營證照</td></tr>
<tr><td>附 -7</td><td>V</td><td>附件七：各項設施計畫表</td></tr>
<tr><td>附 -8</td><td>V</td><td>附件八：設施規劃構想配置圖</td></tr>
</table>

續表 5-1

茲依據「休閒農業輔導管理辦法」規定，檢附相關證明文件，請准予核發休閒農場籌設同意文件。 此致 臺南市政府 申請人：豐禧農業科技股份有限公司（簽章） 代表人：○○○（簽章） 中 華 民 國 107 年 7 月 1 日

二、經營者基本資料

本件經營者爲豐禧農業科技公司，須檢附負責人的身分證，及公司的設立登記文件（檢陳經濟部商工登記公示資料）。

三、土地基本資料

依據本農場土地使用清冊，土地係非都市土地，山上區○○地段，○○地號等 8 個地號，面積合計 15.32 公頃。土地編定使用種類爲一般農業區農牧用地，全爲私有土地。

四、現況分析

(一) 地理位置及相關計畫

本農場位於臺南市山上區，鄰省道臺 20 號公路。沿臺 20 線往北爲左鎭區、玉井區。往南爲新化區，可接國道 3 號及國道 8 號；國道 8 號可續接國道 1 號及省道臺 1 線，並通達臺南市區。

本農場參加臺南區農業改良場有機農業輔導計畫。

(二) 休閒農業發展資源

圖 5-3　紅龍果是豐禧休閒農場的特色資源

1. 農業資源：農場種植面積較大者為火龍果（圖 5-3）、芒果、檸檬，餘為蓮霧、木瓜、番石榴、柳橙、砂糖橘等水果。蔬菜類以絲瓜、苦瓜、小番茄為主。各季皆有水果、蔬菜生產。

2. 景觀資源：基地東臨野溪，由西至北有山丘環抱，天晴可見到層層山色，景色十分優美。農場地形變化多元，有丘陵、草原、水塘，及各類農作坵塊鋪陳，造就多樣的景觀變化。阿勃勒、風鈴木等喬木，花期彩繪農場，形成迷人的景致。區外與區內的林地形成良好的生物棲息場所，天空不時有鳥鷹盤旋，草叢間也有蝴蝶飛舞。整體景觀資源十分豐富。

圖 5-4　豐禧休閒農場水塘與林地保有豐富的生態資源

3. 生態資源：農場內有天然水塘（圖 5-4），外有林地分布，飛鳥及昆蟲種類多，瓢蟲是昆蟲主群。農場使用自然無毒方式種植，場內保留原生植物及林相，讓小動物與鳥禽有良好的繁殖空間，生態自成一格。

(三) 基地現況使用情形

農場採取自然有機農法種植蔬菜、水果，生產健康安全的農產品。農場經慈心有機驗證公司驗證合格。草地上飼養羊（圖 5-5）、鵝，可供小朋友體驗。池塘中有黑鰡、草魚、大頭鰱等。

圖 5-5　豐禧休閒農場養羊提供親子體驗

(四) 農作面積及實績

表 5-2　豐禧休閒農場 2017 年農作面積及產量、收入統計表

農產品	種植面積（公頃）	產量（公噸）	銷售收入（元）
芒果	1.40	19.20	1,674,317
火龍果	1.80	18.00	1,456,650
蓮霧	0.50	12.90	1,472,071
小番茄	0.45	9.00	1,638,000
番石榴	0.30	6.30	277,641
柳橙	0.50	9.60	245,856
砂糖橘	0.50	6.30	348,075
檸檬	1.30	36.00	2,266,992
絲瓜	0.50	22.60	750,071
苦瓜	0.50	23.00	768,430
水果玉米	1.00	9.40	712,833
木瓜	0.50	9.00	280,800
印度棗	0.40	8.60	565,708
合計	9.65	189.90	12,457,444

(五) 場內現有設施

場內現有設施爲：簡易溫網室 4 座（合計 11,000 平方公尺）及集貨場 1 座（圖 5-6）（含農業資材室、冷藏倉儲室，合計 321 平方公尺）。

圖 5-6　豐禧休閒農場集貨場是主要的農業產銷設施

五、發展規劃

(一) 規劃構想及配置圖

本場以「有機農業休閒體驗」爲主題，將此特色融入休閒農場規劃。分區規劃如下：

1. 入口主題景觀區（圖 5-7）。
2. 停車場。
3. 露營活動區。
4. 陽光綠地活動區。
5. 蓮花景觀與水資源教學區。
6. 有機農業市民農園。
7. 湖畔觀景休憩區。
8. 埤塘生態教學區。
9. 有機農業體驗活動區。
10. 景觀植物區。
11. 香草栽植區。
12. 多肉植物栽植區。
13. 養生特用作物種植區。
14. 有機蔬菜及水果生產區。
15. 設施農業生產區。
16. 有機果樹認養區。
17. 生態林區。
18. 步道及農路。

圖 5-7　豐禧休閒農場入口設計給遊客休閒逸趣的感覺

農場分區規劃圖示如下：

圖 5-8　豐禧休閒農場分區規劃圖

(二) 農作項目及規劃面積

本場轉型經營休閒農業，場內基地的農產品種類及面積未來隨營運需求而調整。農業種植情況如下：

表 5-3　豐禧休閒農場土地農作規劃種類及面積

地號	種植作物	面積（平方公尺）
001	特用作物（輪種香椿、諾麗果、桑椹、洛神花等作物）	17,000
002	特用作物（洛神花）	1,000
	果樹	5,000
	水果玉米	2,500

續表 5-3

地號	種植作物	面積（平方公尺）
003	小番茄	4,500
	絲瓜	5,000
	苦瓜	5,000
	短期作物	5,500
004	紅龍果	18,000
	蓮霧	5,000
	芒果	14,000
	柳橙、砂糖橘	10,000
	番石榴	3,000
	木瓜	5,000
	檸檬	12,321
005	小番茄	6,000
006	印度棗	4,000
007	檸檬	679
合計		123,500

上表農產種植面積合計 123,500 平方公尺，占農場農業土地總面積 81%。

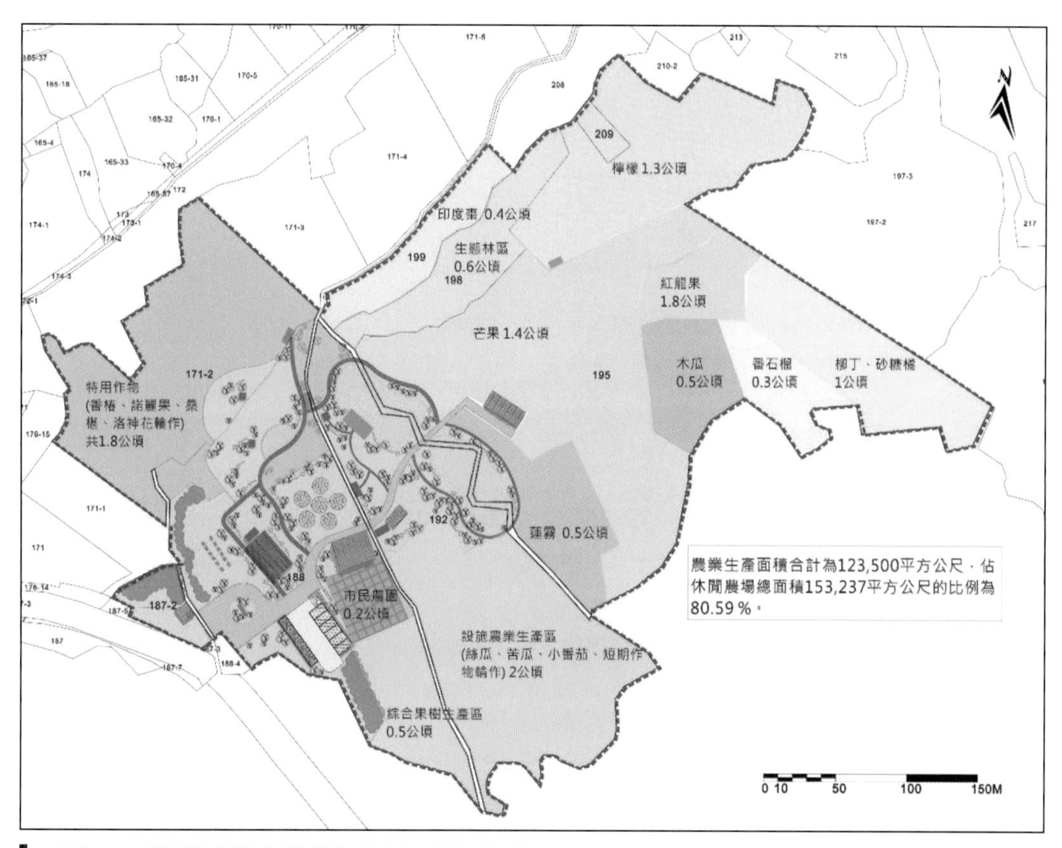

圖 5-9　豐禧休閒農場農業生產土地利用配置圖

(三) 設施計畫

農場爲遊客休閒體驗之需，配合相關法規，規劃休閒農業設施項目如下表：

表 5-4　豐禧休閒農場休閒農業設施計畫表

分區名稱	經營利用構想	服務設施項目	數量	面積規模（平方公尺）	坐落區位（地號）
入口主題景觀區	入口意象呈現。設置管理站以服務進出的遊客	警衛設施	1 棟	50	—
		門票收費設施	1 棟	20	
		景觀設施（入口廣場、景觀植栽、裝置藝術）	1 式	3,700	—
停車場	預定容納量：遊覽車 6 輛、小客車 18 輛、機車＋自行車 28 輛	平面停車場	1 處	1,950	—

續表 5-4

分區名稱	經營利用構想	服務設施項目	數量	面積規模（平方公尺）	坐落區位（地號）
露營活動區	野炊、露營生活體驗	露營設施	1 處	1,000	—
陽光綠地活動區	作為野外生活訓練及體驗場所，從事野地生存探險遊戲	景觀設施（活動廣場）	1 式	3,700	—
蓮花景觀與水資源教學區	運用鑄鐵管做成容器，栽種不同品種的蓮花，形成特色景觀	裝置藝術及景觀植栽	1 式	1,800	—
湖畔觀景休憩區	運用埤塘生態資源供賞景休憩	衛生設施	1 棟	25	—
		農業體驗設施（解說平臺）	1 式	200	—
		涼亭（棚）設施	1 座	50	—
埤塘生態教學區	蓄水、生態維護、水土保護、美化環境、農業灌溉	生態體驗設施（生態池）	2 式	4,000	—
有機農業體驗活動區	提供有機農產品調理加工展示教學及農特產品調理加工手作體驗	農業體驗設施（體驗教室）	1 棟	500	—
		農特產品調理設施	1 棟	100	—
		衛生設施	1 棟	60	—
景觀植物區	農場內閒置地綠美化，種植優型樹及花卉	景觀設施（植栽）	1 式	5,000	—
		衛生設施	1 棟	60	—
		涼亭（棚）設施	2 座（各）	510、50	—
香草及多肉植物栽植區	培植香草作物、多肉植物，提供特用作物教學。香草植物及多肉植物可作為盆景或特色農產品販賣	涼亭（棚）設施	1 座	50	—
		景觀設施（香草、多肉植物）	1 式	2,600	—
有機蔬菜及水果生產區	農場內主要生產區，種植有機蔬菜及水果，導入導覽解說及季節性主題性體驗活動	涼亭（棚）設施	1 座	50	—
步道及農路	農場內步道及工作道路系統	休閒步道	1 式	1,910	—
		農路	1 式	1,120	—
合計				28,505	

上表休閒農業設施面積占農場農業土地總面積 18.60%，未超過 40%（未達部分，留作以後開發利用）。

(四) 發展目標

1. 融合安全健康、環境生態、知性教育、休閒養生等功能，提供遊客回歸自然、洗滌心靈的場地，及中小學生快樂學習農業的戶外自然教室。

2. 建立推廣友善大地的栽種方式，及食農教育、環境生態教育的場地。

3. 加強有機農業體驗與解說活動，提升在地農業資源的價值。

(五) 體驗設計及遊程規劃

1. 農場體驗活動設計：依據本場特性，設計下列體驗活動：

(1) 健康採果樂。

(2) 節水節能知識小學堂。

(3) 農產品加工 DIY。

(4) 食農教育安全食材寶庫。

(5) 晨之美生態導覽。

(6) 環區有機農事體驗導覽。

(7) 生態體驗。

(8) 田園露營。

2. 農場遊程規劃：規劃農場半日、一日、二日的遊程。以一日遊爲例說明：

入口廣場出發→早安晨之美生態體驗導覽→節水節能知識小學堂→午餐饗宴→手作體驗課程→有機農事體驗導覽→食農教育安全食材寶庫→田園晚餐饗宴→滿載而歸

(六) 與在地農業及周邊產業之合作

本場規劃之合作措施如下：

1. 本場與臺南市楠西區梅嶺休閒農業區、左鎮區光榮休閒農業區、七股區溪南休閒農業區，及鄰近走馬瀨休閒農場、南元休閒農場、大坑休閒農場及其他休閒農場，建立策略聯盟關係，以共同發展東臺南休閒農業的優勢，擴大產業的市場。

2. 與公所、農會、社區協調合作，共同促進地方產業的發展。

3. 本場與中小學及幼兒園合作，提供環境教育及生態探索的專業場地。

六、預期效益

1. 本農場定位爲休閒有機農場，藉休閒體驗方式行銷，吸引遊客來場體驗，強化本場品牌，可達促銷有機農產品的目的，而增進經濟效益。

2. 本場以有機農業爲本，結合休閒體驗，對社會產生永續農業推廣的實效。此種發展模式，可啓發在地農場的創新經營。

3. 休閒農場屬農業旅遊服務業。農業生產活動外，在園區維護管理、導覽解說、餐飲管理、財務管理等方面均聘請較多的在地人力，可促進地方人力就業。

◆個案解析

1. 休閒農場規劃應將農業連結休閒體驗

行政院農業委員會 2018 年 5 月 18 日發布的「休閒農業輔導管理辦法」，首次將農場應具有農業生產事實及農業經營整體規劃的規定列入申請登記休閒農場的基本規定。這是貫徹休閒農業應以農業爲本質的理念。本個案原本就是有機農場，生產有機蔬果，所以符合規定。規劃者應將生產成果連結到體驗與教育活動，以凸顯有機農業的特色。規劃者應深切了解休閒農業係以農業爲本，提供農林漁牧的產品之外，還要延展到二產加工及三產休閒服務業。明乎此，體驗設計的思路就很寬廣。

2. 規劃宜訂定體驗活動的主題

本個案訂定「有機農業休閒體驗」主題，規劃 4 個分區：有機農業市民農園、有機農業體驗活動區、有機蔬果生產區、有機果樹認養區等，分別設計體驗活動以支撐有機農業的主題。

3. 運用優勢資源規劃農場

本場全爲農作田圃及未開發地，無農宅，故未設計文化體驗活動。生態資源是本場優勢，故規劃 2 個體驗區：埤塘生態教學區與生態林區。設計環境教育體驗，作爲本場有機農業之外的副品牌。

第二節 高雄市阿卡休閒農場

阿卡休閒農場位於高雄市六龜區，荖濃溪西側。原爲莫拉克颱風帶來河川疏濬的砂石堆積地（圖 5-10）。茲欲活化利用，回復原來農地的效用，故規劃經營休閒農業（圖 5-11）。

本場面積 6.31 公頃，屬非都市土地，非山坡地，分區別爲特定農業區，用地類別爲農牧用地。本場符合「休閒農業輔導管理辦法」第 23 條規定，得設置第 21 條第 1～4 款休閒農業設施。但農場主擬先以「體驗型農場」登記營運，故本規劃不涉及上述第 1～4 款的休閒農業設施。

本節以「阿卡休閒農場經營計畫書」（圖 5-12）（段兆麟、李崇尚、林俊男、

圖 5-10 阿卡休閒農場原為莫拉克風災的疏濬砂石的堆積地

圖 5-11 農場基地平坦有發展休閒農業的潛力

高雄市六龜區

阿卡休閒農場經營計畫書

申請人：元厚環護營造有限公司

中華民國一〇九年八月

圖 5-12 阿卡休閒農場經營計畫書

蕭志宇、段宗穎，2020）項目說明規劃的內容。本農場適用 2020 年 7 月 10 日發布的「休閒農業輔導管理辦法」。

一、籌設申請書

表 5-5　阿卡休閒農場籌設申請書

<table>
<tr><td rowspan="2">基本資料</td><td>名稱</td><td>阿卡休閒農場</td><td colspan="2">休閒農場坐落土地是否涉及休閒農業區範圍</td><td colspan="2">☑ 否
☐ 是＿＿＿＿＿＿休閒農業區</td></tr>
<tr><td>坐落土地</td><td colspan="3">高雄市六龜區○○○段
001、002、003、004、005、006、007、008、009、010、011、012、013、014、015、016、017、018 等 18 筆土地。</td><td>總面積</td><td>63,084.62 平方公尺</td></tr>
<tr><td rowspan="4">申請人（經營主體）</td><td colspan="6">☑ 自然人
☐法人／法人名稱：＿＿＿＿＿＿＿＿＿＿＿＿
☐農民團體【☐農會、☐漁會、☐農業合作社（含合作農場）、☐農田水利會】
☐農業試驗研究機構
☐其他有農業經營實績之農業企業機構</td></tr>
<tr><td>姓名</td><td colspan="2">陳○○</td><td colspan="2">身分證明文件字號</td><td>——－</td></tr>
<tr><td>聯絡電話</td><td colspan="2">——－</td><td colspan="2">（公司）</td><td>——－</td></tr>
<tr><td>通訊地址</td><td colspan="3">○○市○○區○○路○○號</td><td>E-mail</td><td></td></tr>
<tr><td rowspan="8">檢附文件及檢核</td><td>項次</td><td>申請人勾稽欄</td><td colspan="4">應檢附文件</td></tr>
<tr><td>1</td><td>V</td><td colspan="4">休閒農場經營計畫書（項目內容請參閱附件）</td></tr>
<tr><td>1-1</td><td>V</td><td colspan="4">休閒農場籌設申請書影本</td></tr>
<tr><td>1-2</td><td>V</td><td colspan="4">申請人（經營主體）證明文件：
<table><tr><td>身分別</td><td>應檢附文件</td></tr><tr><td>自然人</td><td>身分證明文件影本</td></tr></table></td></tr>
<tr><td>1-3</td><td>V</td><td colspan="4">土地使用清冊（如附表一）</td></tr>
<tr><td>附 -1</td><td>V</td><td colspan="4">附件一：最近 3 個月內核發之土地登記（簿）謄本；正本乙份，其餘影本</td></tr>
<tr><td>附 -2</td><td>V</td><td colspan="4">附件二：最近 3 個月內核發之地籍圖謄本；正本乙份，其餘影本（著色標明申請範圍及編定用地類別；比例尺不得小於 1/4800 或 1/5000）</td></tr>
</table>

續表 5-5

	附 -3		附件三：土地使用同意文件併附土地所有權人身分證明文件影本，或公有土地申請開發同意證明文件。但土地為申請人單獨所有者，免附（※土地同意使用文件，應載明同意作休閒農場經營，且同意該地號上既有設施之使用及同意在該地號上設置設施等，亦須一併註明）
	附 -4	V	附件四：地理位置及相關計畫示意圖（以比例尺 1/25000 的地形圖縮圖繪製；申請面積未達 2 公頃者，得以其他足以表明位置之地圖繪製）
	附 -5	V	附件五：基地現況使用及範圍圖（以比例尺 1/2500 的相片基本圖縮圖或地籍圖縮圖繪製，休閒農業發展資源之相關計畫亦應一併標註）
	附 -6	V	附件六：現有設施合法使用證明文件或相關經營證照。但無現有設施者，免附（合法文件明細表，如附表二）
	附 -7	V	附件七：各項設施計畫表（如附表三）
	附 -8	V	附件八：設施規劃構想配置圖（除設施外，並需註明供農業、森林、水產、畜牧等事業使用之利用區位及使用規劃）；有分期者應依分期規劃構想，以顏色及文字標註以資區別
	附 -9		附件九：其他（各地方主管機關依審查需求訂定）

茲依據「休閒農業輔導管理辦法」規定，檢附相關證明文件，請准予核發休閒農場籌設同意文件。

此致

高雄市政府　或核轉

行政院農業委員會

申請人：陳○○　（簽章）

中　華　民　國　109　年　8　月　12　日

二、經營者基本資料

本件經營者爲陳○○，須檢附申請人的身分證明文件。

三、土地基本資料

依據本農場土地使用清冊，土地係爲非都市土地，六龜區○○○段，計 001 等 18 筆土地，面積合計 63,084 平方公尺。土地編定使用種類爲特定農業區，全爲私有土地。

四、現況分析

(一) 地理位置及相關計畫

1. 地理位置：本場位於高雄市六龜區（如圖 5-13），於省道臺 27 甲線（旗六公路）旁，距國道 10 號旗山端約 25～30 分鐘的車程。沿臺 27 甲線往北為甲仙區，往南為美濃區。往南可依縣 185 線（沿山公路）至屏東縣高樹鄉。

圖 5-13　阿卡休閒農場地理位置示意圖

2. 相關計畫

(1) 六龜區地方創生計畫：本區的地方創生計畫以地方產業加值（發展網室木瓜、金煌芒果、黑鑽石蓮霧、山茶）、環境保護（復育蝴蝶、活化十八羅漢山風景區）爲主要輔導項目，計有 6 項輔導計畫。

①「優化產業加值發展事業提案」。

②「六龜山茶故事館事業提案」。

③「建置國際化友善數位經營環境事業提案」。

④「蝴蝶王國風華再現事業提案」。

⑤「六龜隧道口休閒園區活化利用事業提案」。

⑥「六龜之心營運活化事業提案」。

(2) 六龜好集市計畫：林務局與茂林國家風景管理處於十八羅漢山風景區，推行「六龜好集市」假日市集。規劃 40 個攤位，包含農業、工藝、生態、文化四大類型產業；並安排茶席展演、植物拓印染、石雕、木工杯墊等 DIY。

(二) 休閒農業發展資源

1. 農業資源：本場目前種植網室木瓜、金煌芒果、黑鑽石蓮霧、香蕉、芭樂、紅龍果等經濟作物（圖 5-14）。配合六龜的地理條件，控制產期，造就農場一年四季都有不同的水果收成。例如 5 月到 8 月中旬有金煌芒果；10 月到隔年 5 月有黑鑽石蓮霧（3 月至 5 月最豐）；11 月到隔年 5 月有網室木瓜；6 月到 11 月有紅龍果；芭樂則在 6 月至 10 月，香蕉產期爲 5 月至 8 月。

圖 5-14　阿卡休閒農場種植蓮霧與香蕉

2. 景觀資源：本場臨省道臺 27 甲線旁，東面是荖濃溪，西側往北是十八羅漢山自然保護區（圖 5-15）。十八羅漢山依傍著荖濃溪，宛如六龜守護者的十八羅漢山，擁有獨特的礫岩地質，長年經雨水沖刷後，形成多座獨立山頭，山勢陡立峻峭，遠觀就像是姿態各異的羅漢聳立。

圖 5-15　阿卡休閒農場遠眺十八羅漢山

農場旁的荖濃溪是南臺灣第一大河流，是高屏溪上游主要河川，源自玉山西南群峰。自高雄市東北順西南而下，在桃源、六龜兩鄉區境內造成縱谷、臺地、沖積扇等地形，並有斷崖、瀑布、激流、溫泉等特殊地理景觀，成爲發展觀光事業的潛在資源。

3. 特殊生態資源：農場之生態發展十分多元完整，天空不時有鷹類盤旋飛舞，足見農場有許多小型動植物生態的發展。水域空間亦有豐富的漁產，時有水鴨、候鳥來訪。

4. 鄰近遊憩資源

(1) 休閒農業區：高雄市六龜區竹林休閒農業區、美濃區美濃休閒農業區、屏東縣高樹鄉新豐休閒農業區等三處。

(2) 十八羅漢山自然保護區。

(3) 六龜大佛。

(4) 寶來花賞溫泉公園。

(5) 新威森林公園。

(6) 紫蝶幽谷。

(7) 大津瀑布。

(8) 尾寮山步道。

(9) 羅木斯步道。

(10) 龍（蛇）頭山、小長城木棧步道及多納吊橋。

(三) 基地使用現況

本農場八成土地採環境友善方式種植。選擇適於維護管理的經濟作物，適地適種。

(四) 農業生產項目與實績

表 5-6　阿卡休閒農場生產面積及產量、收入統計表

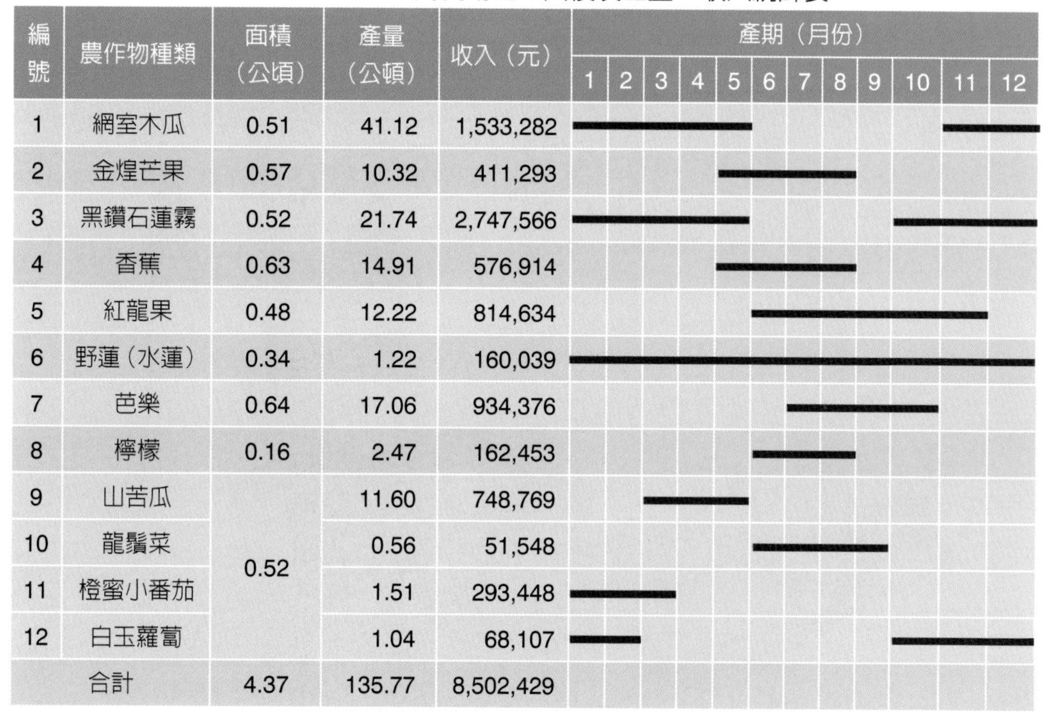

編號	農作物種類	面積（公頃）	產量（公頓）	收入（元）	產期（月份）											
					1	2	3	4	5	6	7	8	9	10	11	12
1	網室木瓜	0.51	41.12	1,533,282	■	■	■	■	■						■	■
2	金煌芒果	0.57	10.32	411,293					■	■	■	■				
3	黑鑽石蓮霧	0.52	21.74	2,747,566	■	■	■	■	■					■	■	■
4	香蕉	0.63	14.91	576,914					■	■	■	■				
5	紅龍果	0.48	12.22	814,634						■	■	■	■	■	■	
6	野蓮（水蓮）	0.34	1.22	160,039	■	■	■	■	■	■	■	■	■	■	■	■
7	芭樂	0.64	17.06	934,376							■	■	■	■		
8	檸檬	0.16	2.47	162,453						■	■	■				
9	山苦瓜	0.52	11.60	748,769			■	■	■							
10	龍鬚菜		0.56	51,548						■	■	■	■			
11	橙蜜小番茄		1.51	293,448	■	■	■									
12	白玉蘿蔔		1.04	68,107	■	■								■	■	■
合計		4.37	135.77	8,502,429												

本場產品銷售及行銷以農會、行口、共同運銷、超市／量販店、直銷／宅配、食品加工廠、企業團體／學校通路爲主。

(五) 場內現有設施現況

本場現有設施爲農業資材室一處（面積 92.215 平方公尺）。

五、發展規劃

(一) 分區土地使用規劃構想及配置圖

主題特色：「十八羅漢山下的綠洲——茏濃百果、健康生活」。

本農場分區規劃（圖 5-16）如下：

1. 鮮採水果區。

2. 設施農業體驗區。

3. 水資源環境教育體驗區。

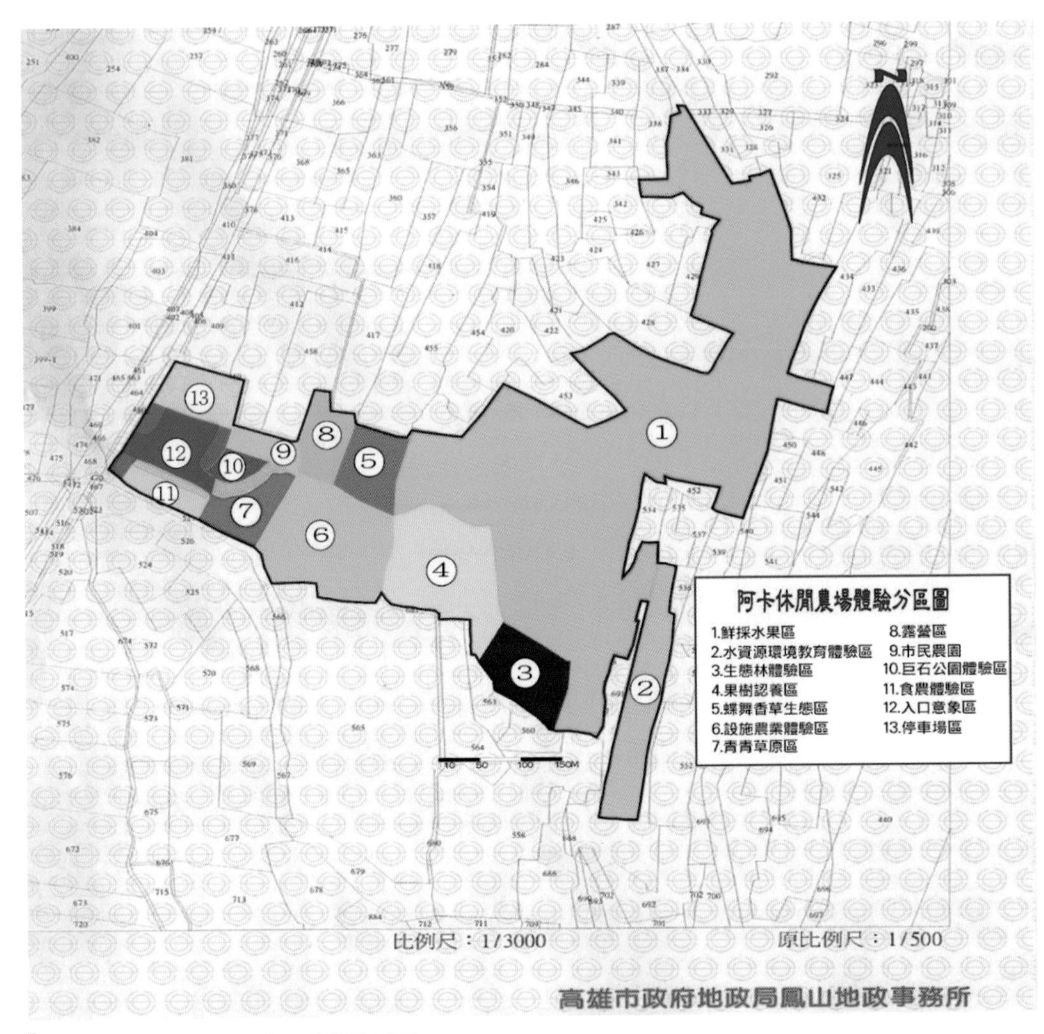

圖 5-16　阿卡休閒農場體驗分區圖

4. 蝶舞香草生態區。
5. 生態林體驗區。
6. 食農體驗區。
7. 露營區。
8. 果樹認養區。
9. 市民農園區。
10. 青青草原區。
11. 巨石公園體驗區。
12. 入口意象區。
13. 停車場區。

(二) 農作項目與規劃面積

本場農作項目與規劃面積如下表：

表 5-7　阿卡休閒農場農業土地利用規劃表

地號	用途	面積（M2）	占農場總面積 %
332 335 336 430 431	黑鑽石蓮霧	3,932.18	6.23
449	香蕉	560.42	0.89
528	市民農園	624.33	0.99
	設施農業生產區 （山苦瓜、龍鬚菜、橙蜜小番茄、白玉蘿蔔）	5,224.92	8.28
530	金煌芒果	5,721.06	9.07
	黑鑽石蓮霧	1,333.08	2.11
	紅龍果	4,834.22	7.66
	芭樂	6,448.40	10.22
	檸檬	1,641.46	2.60
	香蕉	5,783.98	9.17
	綜合果樹生產	4,670.40	7.40

地號	用途	面積（M2）	占農場總面積 %
531 532 533 555 556 557	網室木瓜	5,129.87	8.13
553 554	野蓮（水蓮）	3,000.00	4.76
562	生態林	2,290.73	3.63
合計		51,195.05	81.15

農場總面積為 63,084.62 平方公尺，農產種植面積為 51,195.05 平方公尺，占休閒農場內面積比例為 81.15%，符合規定。

(二) 設施計畫

本場擬申請容許使用之設施有 12 項，項目及面積如下：

(1) 農業體驗設施（體驗教室）1 棟，500 平方公尺。

(2) 農特產品零售設施 1 棟，100 平方公尺。

(3) 農特產品調理設施 1 棟，100 平方公尺。

(4) 衛生設施 3 棟，共 130 平方公尺。

(5) 涼亭（棚）設施 4 座，共 220 平方公尺。

(6) 平面停車場一處，1,800 平方公尺。

(7) 警衛設施（管理室）1 棟，70 平方公尺。

(8) 露營設施（露營區）1 處，1,500 平方公尺。

(9) 景觀設施五式。包含入口廣場、巨石藝術、廣場、景觀植栽、草地等，共計 4,090 平方公尺。

(10) 休閒步道一式，500 平方公尺。

(11) 農路一式，面積 1,500 平方公尺。

(12) 生態體驗設施（生態池）一處，2,000 平方公尺。

(四) 發展目標

1. 建立安全農業的生產模式。
2. 建構農業六級化的經營模式。

(五) 休閒農場經營與營運構想

1. 體驗設計及遊程規劃

(1) 體驗活動設計：本場主要以網室木瓜、金煌芒果、黑鑽石蓮霧、香蕉、紅龍果、芭樂、水蓮等農業生產資源，結合生態林、巨石、動植物生態景觀，以設計體驗活動。體驗活動項目如下：

① 採果樂陶陶：提供遊客採摘場內水果，如網室木瓜、金煌芒果、黑鑽石蓮霧、香蕉、紅龍果、芭樂等。

② 水蓮知識家：藉由解說導覽，了解水蓮生產過程。透過其生長環境，了解水資源的重要性，並設計環境教育體驗活動。

③ 手作體驗課程：提供遊客農產品初級加工製程的樂趣，如果乾、農產品簡易包裝、食物製程 DIY 等。

④ 六龜鮮食探奇趣：提供蔬果採摘、農事體驗。

⑤ 賞味玩家：提供各式香草精油 DIY。

⑥ 頑石科學家：提供遊客了解巨石的形成與構造，及其生態系的關係。

⑦ 生態探險家：透過解說導覽，了解農場全域的生態環境。如生態林、巨石生態公園等。

⑧ 農事體驗導覽活動：宣導農場生產農事工作過程與相關知識。

⑨ 星空夜遊生態導覽：認識農場夜晚環境及生態資源介紹。

⑩ 田野露營：藉由露營方式體驗生活於農場開放空間的感受。

(2) 農場遊程規劃

① 阿卡知性半日遊：

方案一：入園→午餐饗宴→農場參觀→採果樂陶陶／水蓮知識家／賞味玩家→滿載而歸

方案二：入園→農場參觀→六龜鮮食探奇趣→巨石科學家／手作體驗課程→田園晚餐饗宴→滿載而歸

② 阿卡一日遊：入園參觀→水蓮知識家→十八羅漢山生態探險家→午餐饗宴→賞味玩家→巨石科學家→六龜鮮食探奇趣→田園晚餐饗宴→滿載而歸

③ 六龜尋山二日遊：

第一天：入園→露營設備就定位→農場導覽參觀→田園野餐→巨石科學家→六龜鮮食探奇趣→營火晚餐→星空夜遊生態導覽→晚安時間

第二天：蔬果早餐→十八羅漢山生態導覽→手作體驗課程→市民農園體驗活動→午餐饗宴→採果樂陶陶→滿載而歸

2. 預期收益：農場營運將以既有農作物生產爲基礎，開發休閒體驗活動之附加經濟效益；預估農場收入預計有 28,896,000（目標遊客量 3.5 萬人次／年），每年營運成本爲 17,013,000，推估營收淨利約爲 11,883,000。

3. 申請設置前後收益分析：本場尚未設置休閒農場前，每年生產成本爲每公頃 3,556,000，生產收入 8,502,000。

本場休閒農場設置後，其行銷通路、產品皆有改變，收入部分須增加休閒、遊憩、體驗活動、服務、紀念品販售等，成本同時也相對增加，如人力、農場管銷、稅捐等，計每年收入除農產品收入外，亦增加 28,896,975 元，支出 11,883,000 元。

4. 休閒農場經營資金來源與運用計畫：本場營運資金來源由經營者自籌，分別運用於建設休閒農業設施、聘僱人力、購買農機設備、培訓人員能力等，待休閒農場營運上軌道後，增加產品研發經費，以維農場永續營運。

5. 休閒農場人力進修計畫：本場人力進修規劃分二部分。農業生產部分以作物病蟲害管理、果樹嫁接、育苗、農機具操作，及有機農業爲主；休閒農業部分爲休閒農場經營、體驗設計、導覽解說、服務品質，與行銷管理等課程。

6. 休閒農場環境及安全營運管理計畫

(1) 環境管理。

(2) 交通管理。

(3) 安全管理：安全管理 SOP、緊急疏散計畫、災害通報處理系統。

(4) 引用水及汙水處理：引用水來源、廢汙水處理、農場用水與排水計畫。

六、周邊效益

1. 本場周邊的休閒農業區、休閒農場、茂林國家風景區，建立策略聯盟關係，以共同發展東高雄休閒農業的優勢，擴大產業的市場。

2. 本場與六龜區公所、六龜區農會，社區發展協會協調合作，共同促進地方產業的發展。

3. 本場與中小學及幼兒園合作，提供環境教育及生態探索的專業場地。

七、預期效益

1. 本農場定位爲友善環境耕作的農場，藉休閒體驗方式行銷，吸引遊客來場體驗，強化本場品牌，可達促銷安全農產品的目的，而增進經濟效益。

2. 本場以安全農業爲本，結合休閒體驗，對社會產生永續農業推廣的實效。此種發展模式，可啓發在地農場的創新經營。

3. 休閒農場屬農業旅遊服務業。在農業生產活動、園區維護管理、導覽解說、餐飲管理等方面均聘請較多的在地人力，可促進地方人力就業。

4. 本場未設置住宿設施，可輔導社區居民經營民宿，增加住宿業務的收入。

◆個案解析

1. 規劃要凸顯優勢的農業資源

本個案位於荖濃溪畔，在河川疏濬的砂石堆積地，地面僅有簡單的農作物，要塑造一個休閒農業的營運場地，農場規劃要有專業的思路。本地區六龜最著名的水果是木瓜（紅孩兒）、蓮霧（黑鑽石）、金煌芒果。所以本計畫規劃設施農業體驗區、鮮採水果區，及果樹認養區，並設計採果樂陶陶及農事體驗的活動及相關的遊程，以吸引城市遊客，並推廣六龜的精緻農業。精緻農

業是本農場的第一張名片。

2. 休閒農場行銷要借力使力

農場的第二張名片是十八羅漢山。十八羅漢山雖不在農場內，但遊客感受得到，所以也是農場的資源。在規劃設計上，本農場的主題訂為：「十八羅漢山下的綠洲」，所以農場要充分展現自然生命力的特色。本場設計生態體驗活動，及一日遊、二日遊的遊程，包括十八羅漢山生態導覽，目的在活化山下、溪畔的土地。

3. 規劃要能活用資源

本農場第三張名片應屬場內的「頑石」。本農場最普遍的資源就是荖濃溪疏濬後堆置的溪石，規劃的思路係將它「麻雀變鳳凰」，化腐朽為神奇。所以農場規劃一個「巨石公園體驗區」，設計「頑石科學家」探索學習活動，並融入遊程的活動項目，以活用資源，豐富農場的體驗活動。

第三節 屏東縣天使花園休閒農場

本節以「天使花園休閒農場」為個案說明之（天使農業科技股份有限公司，2018）。本農場規劃及申請登記適用為 2018 年 5 月 18 日發布的「休閒農業輔導管理辦法」。

天使花園休閒農場位於屏東縣竹田鄉（圖 5-17），面積 1.1168 公頃。本場屬非都市土地、非山坡地，未在休閒農業區範圍。因農場面積未達 2 公頃，故休閒農業設施僅能申請「休閒農業輔導管理辦法」第 21 條第 5 款～第 23 款之種類。

茲以休閒農場申請籌設與登記所需經營計畫書的項目（籌設申請書影本、經營者基本資料、基地基本資料、現況分析、發展規劃、預期效益）說明規劃內容。

圖 5-17　天使花園休閒農場地理位置圖

一、籌設申請書影本

表 5-8　天使花園休閒農場籌設申請書

<table>
<tr><td rowspan="2">基本資料</td><td>名稱</td><td>天使花園休閒農場</td><td>休閒農場坐落土地是否涉及休閒農業區範圍</td><td colspan="2">□是
■否</td></tr>
<tr><td>坐落土地</td><td colspan="2">屏東縣竹田鄉
○○○段 001、002 地號等 2 筆土地</td><td>總面積</td><td>11,168 平方公尺</td></tr>
<tr><td rowspan="3">申請人（經營主體）</td><td colspan="5">□自然人
■法人／法人名稱：　天使農業科技股份有限公司
□農民團體【□農會、□漁會、□農業合作社（含合作農場）、□農田水利會】
□農業試驗研究機構　　□退除役官兵輔導委員會所屬農場
■農業企業機構　　□直轄市、縣（市）政府</td></tr>
<tr><td rowspan="2">姓名</td><td rowspan="2" colspan="2">天使農業科技股份有限公司
（代表人：○○○）</td><td>身分證明文件字號</td><td>———</td></tr>
<tr><td>法人統一編號</td><td>———</td></tr>
</table>

續表 5-8

<table>
<tr><td rowspan="2"></td><td>聯絡電話</td><td>（住家）———</td><td>（公司）———</td><td colspan="2">（行動電話）———</td></tr>
<tr><td>通訊地址</td><td colspan="2">屏東縣竹田鄉○○村○○路○○號</td><td>E-mail</td><td>———</td></tr>
<tr><td rowspan="14">檢附文件及檢核</td><td>項次</td><td>申請人勾稽欄</td><td colspan="3">應檢附文件</td></tr>
<tr><td>1</td><td>V</td><td colspan="3">休閒農場經營計畫書</td></tr>
<tr><td>1-1</td><td>V</td><td colspan="3">休閒農場籌設申請書影本</td></tr>
<tr><td>1-2</td><td>V</td><td colspan="3">申請人（經營主體）證明文件：
<table><tr><th colspan="2">身分別</th><th>應檢附文件</th></tr><tr><td>法人</td><td>農業企業機構</td><td>1. 負責人身分證明文件影本
2. 公司登記文件影本
3. 農業經營實績文件影本
（■最近半年以上之農業生產、交易紀錄或辦理農業試驗相關佐證資料）</td></tr></table></td></tr>
<tr><td>1-3</td><td>V</td><td colspan="3">土地使用清冊</td></tr>
<tr><td>附 -1</td><td>V</td><td colspan="3">附件一：最近 3 個月內核發之土地登記（簿）謄本：正本乙份，其餘影本</td></tr>
<tr><td>附 -2</td><td>V</td><td colspan="3">附件二：最近 3 個月內核發之地籍圖謄本：正本乙份，其餘影本（比例尺不得小於 1/4800 或 1/5000）</td></tr>
<tr><td>附 -3</td><td>V</td><td colspan="3">附件三：土地使用同意文件併附土地所有權人身分證明文件影本。</td></tr>
<tr><td>附 -4</td><td>V</td><td colspan="3">附件四：地理位置及相關計畫示意圖（以比例尺 1/25000 的地形圖縮圖繪製）。</td></tr>
<tr><td>附 -5</td><td>V</td><td colspan="3">附件五：基地現況使用及範圍圖（以比例尺 1/2500 的相片基本圖縮圖或地籍圖縮圖繪製，休閒農業發展資源之相關計畫亦應一併標註）。</td></tr>
<tr><td>附 -6</td><td>V</td><td colspan="3">附件六：現有設施合法使用證明文件或相關經營證照。</td></tr>
<tr><td>附 -7</td><td>V</td><td colspan="3">附件七：各項設施計畫表</td></tr>
<tr><td>附 -8</td><td>V</td><td colspan="3">附件八：設施規劃構想配置圖</td></tr>
<tr><td colspan="5">茲依據「休閒農業輔導管理辦法」規定，檢附相關證明文件，請准予核發休閒農場籌設同意文件。
此致
屏東縣政府
申請人：天使農業科技股份有限公司（簽章）
代表人：○○○（簽章）
中 華 民 國 107 年 12 月 1 日</td></tr>
</table>

二、經營者基本資料

農場經營者為天使農業科技股份有限公司，須檢附負責人的身分證，及公司的設立登記文件（檢陳經濟部商工登記公示資料）。

三、土地基本資料

1. 土地坐落：本場位於屏東縣竹田鄉鳳明村鳳明地段，計 001、002 等 2 筆地號。

2. 土地種類：本場土地權屬為私有土地；土地使用分區為特定農業區，編定為農牧用地。

四、現況分析

(一) 地理位置及相關計畫

1. 地理位置：本場坐落於屏東縣竹田鄉鳳明村內。本鄉與內埔、萬巒、潮州、崁頂、萬丹、麟洛等鄉鎮毗鄰。

2. 實質環境

(1) 地形地勢：基地為平原地形，地勢平坦。農場周邊皆從事農業經營。

(2) 交通運輸系統：本場周邊道路系統縱橫密布，對外聯絡便利通暢。交通動線以臺 88 線東西向快速道路、國道 3 號，及屏 189 號縣道為主。

(二) 休閒農業發展資源

1. 農業資源：本場種植溫室蘭花及紅豆園，農業資源極富特色。周邊有豐富的農漁牧生產，如檳榔園、雞舍、魚塭，及文心蘭園。四季皆能感受綠意盎然的氛圍。蘭花開花時，還可聞到四處飄散的清香，成為本農場最大的特色（圖 5-18）。

圖 5-18　蘭花是天使花園休閒農場的特色資源

2. 景觀資源：原有經營的蘭花園移入場區，規劃成苗圃花園。生態水塘是田園生態景觀的主體。在不同作物的田塊組合下，塑造區塊景觀之變化，並串聯蜿蜒的綠色步道（圖 5-19）。

3. 生態資源：本場經營注重生態環境維護。北面土地種植萬代蘭，以溫室設施栽培，減少化學藥物使用。南面土地除休閒遊憩外，一部分以有機栽培方式生產園藝產品；一部分作為生態池，以豐富農場生態資源。

4. 經營方式特色：本場之經營理念以環保及健康為出發點，採取低汙染、少衝擊的土地利用方式，為本農場立下良好的環境教育基礎。本場將繼續秉持生態、健康、環境教育之理念，規劃作物生產及農場經營的方式。

圖 5-19　天使花園休閒農場營造水塘的生態景觀

(三) 基地現況使用情形

基地於毛豆收成後休耕，準備籌設休閒農場使用。目前農場有溫室 1 棟，資材室 1 間，水塔 1 座，已辦理建築使用執照。

(四) 農作面積及實績

表 5-9　天使花園休閒農場 2017 年農作面積及產量、收入統計表

農產品	種植面積（平方公尺）	產量（棵）	銷售收入（千元）
文心蘭	1,139	11,636	52.36
萬代蘭	2,506	9,090	40.91
腎藥蘭	179	2,182	9.82
千代蘭	201	2,909	13.10
合計	4,025	25,817	116.19

(五) 場內現有設施

場內現有設施為：蘭花種植溫室 1 座（合計 3,402.00 平方公尺）。

五、發展規劃

(一) 規劃構想及配置圖

本場以「蘭花體驗」為主題，將此特色融入休閒農場規劃。分區規劃如下：

1. 入口景觀綠籬區：本區設置在入口處，作為農場的意象招牌。以喬木、灌木及多年生草花設計覆層綠帶，搭配木藝品、石藝品等裝飾元素，營造溫馨獨特的特殊小景，以表現歡迎遊客的熱忱（圖 5-20）。

圖 5-20　天使花園休閒農場入口主題鮮明

2. 蘭花科技農業生產區：本場以蘭花為主題。為因應全球減碳之趨勢，溫室設計採用最新環保節能型式。溫室內展示

臺灣熱帶氣候的生態環境，結合綠色科技，採智慧型環境控制模式。溫室以自然通風、機械通風、空調系統，引進地冷、噴霧間歇性等技術，達成不同植栽對生長環境的需求。本區爲蘭花生產基地，也作爲遊客參觀及教學場所。

3. 蘭花藝術品賞區：本區設置一座大涼棚，除供遊客遮陽避雨及休息使用外，也利用棚下空間設計擺放各種蘭花藝術作品，不定時辦理蘭花藝術展。提供遊客利用從事花藝設計，做好的成品就地展出，以提升遊客之花藝美學素養，培養利用花卉布置家居環境的興趣（圖 5-21）。

圖 5-21　天使花園提供花藝設計體驗

4. 香草花卉教育區：以不規則曲線設計花圃區塊，不同季節種植不同色彩的花卉，全年皆有花景。花卉種植種類如大波斯菊、萬壽菊、矮牽牛、松葉牡丹、非洲鳳仙花、四季海棠、鼠尾草、一串紅、紫茉莉、長春花、長壽花、美女櫻、孤挺花、吊蘭、美人蕉等；另可搭配具色彩之觀葉植物，如黛粉葉、彩葉草、彩葉芋、彩色甘藍等。

5. 自然生態溝渠教育區：此區利用豐沛的水源種植多樣的水生植物，吸引鳥類、魚類、青蛙、蜻蜓、蝴蝶等聚集，以豐富農場的生態資源。整個水域空間以生態河溪概念設計，利用疊石技巧增加溝渠邊界的變化，營造多孔隙的生態環境供溝渠內生物躲藏。設一個沉澱池，讓園區排水集中滯留，配合水循環系統及噴灌系統，回抽到園區內成爲灌溉用水。池內及河溝邊種植香草植物作爲幼蟲、幼鳥的食草，吸引蜻蜓、蝴蝶、青蛙及小魚等來場棲息。此水域生態區教導遊客認識水生植物，並了解生態環境保育的重要性。

6. 天使花園服務區：本場爲宣導遊客健康飲食概念，提倡正確飲食方式，特於場內規劃天使花園服務區。設置農業體驗教室（圖 5-22）及農產品調理屋，將本場及在地所生產的有機蔬果，讓遊客採摘後在農特產品調理室現煮現嘗，享受眞正新鮮安全的健康飲食。

農業體驗教室提供遊客的體驗活動項目，包括：農家美食調理教學、農產品加工 DIY 體驗、家庭花藝布置 DIY 體驗、插花教學，及手工餅乾、果醬、果茶、水果醋等 DIY 體驗。

圖 5-22　歐式風格的農業體驗教室是天使花園的亮點

7. 停車場區：停車場規劃以自小客車、休旅車爲主，採單一出入口的方式。相鄰停車格間種植常綠喬木如桃花心木，提供車輛遮蔭。

農場分區規劃圖示如下：

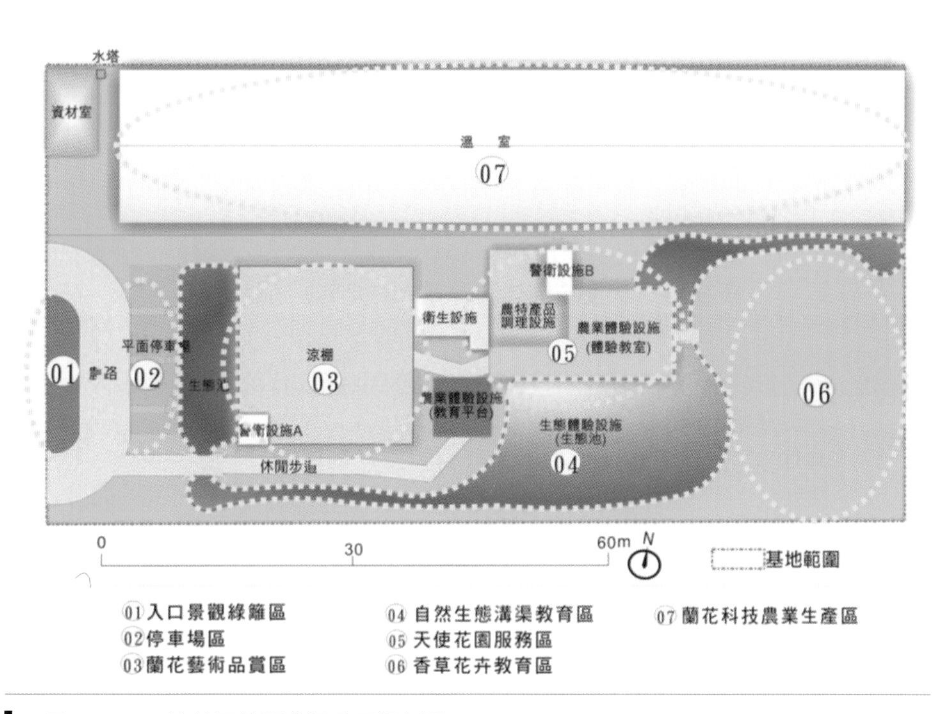

圖 5-23　天使花園休閒農場分區規劃圖

(二) 農作項目及規劃面積

本場轉型經營休閒農業，場內基地的農產品種類及面積未來隨營運需求而調整。農業種植情況如下：

表 5-10 天使花園休閒農場土地農作規劃種類及面積

地號	種植作物	面積（平方公尺）
001	萬代蘭	4,519
002	千代蘭	362
	腎藥蘭	322
	文心蘭	2,054

上表農產種植面積合計 7,257 平方公尺，占農場農業土地總面積 64.98%。

(三) 設施計畫

農場爲遊客休閒體驗之需，配合相關法規，規劃休閒農業設施項目如下表：

表 5-11 天使花園休閒農場休閒農業設施計畫表

分區名稱	經營利用構想	服務設施項目	數量	面積規模（平方公尺）	坐落區位（地號）
入口景觀綠籬區	入口意象呈現。設置管理站以服務進出的遊客	警衛設施	1 棟	24.50	—
停車場	預定容納量：遊覽車 1 輛、小客車 5 輛、機車 + 自行車 20 輛	平面停車場	1 處	259.20	—
蘭花藝術品賞區	作為遊客休息，欣賞花藝與親手製作花藝 DIY 體驗	涼亭（棚）設施	1 式	428.75	—
自然生態溝渠教育區	蓄水、生態維護、水土保護、美化環境、農業灌溉	生態體驗設施（生態池）	1 式	650.13	—

續表 5-8

分區名稱	經營利用構想	服務設施項目	數量	面積規模（平方公尺）	坐落區位（地號）
天使花園服務區	提供遊客農產品調理加工展示教學與餐飲手作體驗	衛生設施	1 棟	95.00	—
		農業體驗設施（解說平臺）	1 式	100.00	—
		農業體驗設施（體驗教室）	1 間	421.20	
		農產品調理設施	1 座	96.26	—
步道及農路	農場內步道及工作道路系統	休閒步道	2 式	274.84	—
		農路	1 式	400.80	—
合計				2,750.68	

上表休閒農業設施面積占農場農業土地總面積 24.63%，未超過 40%（未達部分，留作以後開發利用）。

(四) 發展目標

1. 以自然生態、有機健康、知性教育作為農場發展的主要訴求。
2. 結合農業生產、休閒、養生及教育功能，提供優質的教學體驗活動。
3. 回饋社區，促進在地就業機會，協助社區產業發展。
4. 開發創新產品，建立交流及共同行銷的平臺。

(五) 體驗設計及遊程規劃

1. 農場體驗活動設計：依據本場特性，設計下列體驗活動：

(1) 蘭花生產區為遊客設計蘭花科技解說活動。

(2) 指導遊客花藝設計及插花教學。

(3) 認識香草花卉的教育活動。

(4) 認識水生植物，了解生態環境教育的重要性。

(5) 農家美食調理教學。

(6) 農產品加工 DIY。

2. 農場遊程規劃：規劃農場周邊景點半日、一日、二日的遊程。以一日遊為例說明：

(1) 甲線（產業體驗）：農場廣場出發→不一樣鱺魚生態農場體驗導覽→午餐饗宴→潮州八大森林樂園體驗→萬巒鄉沿山休閒農業區體驗→田園晚餐饗宴→滿載而歸

(2) 乙線（文化體驗）：農場廣場出發→竹田驛站導覽→午餐饗宴→客家文物館導覽→南州糖廠導覽→晚餐饗宴→滿載而歸

(六) 與在地農業及周邊產業之合作

本場規劃之合作措施如下：

1. 本場與屏東縣萬巒鄉休閒農業區，及不一樣鱺魚生態休閒農場、八大森林樂園、南州糖廠、竹田驛站等建立策略聯盟關係，以共同發展屏東中部鄉鎮休閒農業的優勢，擴大產業的市場。

2. 與公所、農會、社區協調合作，共同促進地方產業的發展。

3. 本場與中小學及幼兒園合作，提供環境教育及生態探索的專業場地。

六、預期效益

1. 結合周邊農特產品，發展綠色健康養生餐飲，發揮農業多元化功能，創造農業資源的最佳效益。

2. 利用節能溫室及地下水資源，營造優質生態環境。

3. 農場經營採自然有機的栽培管理方法。

4. 發展花卉主題的休閒農業，具有激勵屏東中部鄉鎮花農轉型發展的效果。

◆個案解析

1. 休閒農場規劃要以農業爲基礎

本農場可說是臺灣休閒農業設置的典範，符合「先有農業，後有休閒農業」，或「先有農場，後有休閒農場」的邏輯。本場主在父輩經營文心蘭有成之後，轉型發展以蘭花爲主題的休閒農場，因此休閒農場特色十足。

2. 規劃以蘭花塑造亮點

爲凸顯特色，場區保留較大面積（0.34 公頃）的蘭花種植溫室。蘭花產銷既滿足法規對農業產銷實績的要求，同時構成體驗設計的核心。針對農業體驗，本場規劃蘭花科技農業生產區，及香草花卉教育區二區，並設計蘭花科技及香草花卉解說等體驗活動。

3. 體驗設計兼含精神面與物質面的活動

如何將蘭花昇華，賦予休閒體驗的功能，這是規劃的任務。爲達此目的，本場規劃設置蘭花藝術品賞區、餐飲及體驗服務區二區。前者將蘭花視爲藝術品，舉辦蘭花特展、傳授花藝設計、家庭花藝布置、插花教學，以培養遊客審美素養，運用蘭花融入家居生活。後者提供農產品加工 DIY（手工餅乾、果茶、水果醋等）活動。規劃設置體驗教室及農產品調理室，以利上述活動進行。

4. 環境生態是規劃的重要資源

本場爲豐富體驗活動，運用環境資源設計生態體驗活動。規劃自然生態溝渠教育區，區內有多樣的水生植物，吸引鳥類、魚類、青蛙、蜻蜓、蝴蝶，以留住小朋友客群。

第四節 屏東縣鴻旗休閒農場

鴻旗休閒農場在屏東縣高樹鄉，係以有機農業體驗爲特色的休閒農場。本農場位於非山坡地，屬非都市土地，土地使用分區爲一般農業區，土地使用編定爲農牧用地。申請休閒農場登記，適用 2002 年 1 月 11 日發布的「休閒農業輔導管理辦法」。茲以「鴻旗休閒農場經營計畫書」（段兆麟，李崇尚，林雅文，2003）說明之。

一、休閒農場籌設申請書

（略）

二、農場概況

(一) 經營主體類別

農場主爲許○○先生，屬自然人農場。

(二) 農場位置

農場位於屏東縣高樹鄉泰山村，居屏東縣正北方，鄰近茂林國家風景區（以行政區域圖、航照圖標示農場位置，本文略）。

(三) 農場總面積

農場位於高樹鄉加蚋埔地段，土地包括 001 等 11 筆土地，總面積爲 6.33 公頃（以地籍圖顯示基地範圍，本文略）。

(四) 農場地籍圖

農場地籍圖（比例尺 1：2,000，本文略）。

三、農場內資源現況

(一) 農業生產種類及規模

本農場土地全數爲農業生產之用。目前最主要作物爲鳳梨（圖 5-24），包括栽培有機鳳梨與鳳梨種苗培育等。其他各類作物包括酪梨、椰子、香蕉等；另有網室木瓜、熱帶水蜜桃及明日葉等。

圖 5-24　有機鳳梨是鴻旗休閒農場的特色資源

(二) 現有農業設施及其利用情形

本基地以鳳梨爲主要的經營項目。除生產鳳梨鮮果之外，亦兼營鳳梨種苗生產，並引進明日葉及熱帶水蜜桃，屬於較專業的經營方式。主要農業設施爲地下水井與管路灌溉系統、木瓜網室以及儲放農業資材及調配肥料之結構物 1 棟。此外，農場栽培管理所需之田間農路系統，形成本農場各作物之分區界線。

本農場現有農業設施完全符合「非都市土地使用管制規則」之規定。

(三) 農場內景觀及生態資源

1. 地形地質景觀：農場範圍爲一片因河川沖積所形成的平坦地，地形上並無明顯可見之變化，僅有 1 座人工營造之土丘，密植樟樹。在休閒農場景觀之營造上，可適度調整地形以營造變化效果，如順勢挖池堆土，及以農塘方式引進水景元素。

2. 田園景觀：農場呈現一片農地景觀，鳳梨田與網室木瓜栽植處皆有椰子間植其中之景象。沿邊界則有檳榔、火龍果園、蓮霧園等圍繞。場內之新興作物，如明日葉、熱帶水蜜桃、網室木瓜等，爲作物景觀添加了變化性。加上園主注重環境觀感，在農路邊栽植了牛樟、象牙樹、竹柏等樹種，以及路旁幾棵杜虹花，皆爲田園景觀增色。

3. 生態資源：本場可見鳥類（如白頭翁、綠鳩、環頸鳩、麻雀）及昆蟲（如蜻蜓）出現於規劃區內。

經過實地調查，本基地野生植物如下：昭和草、咸豐草、莎草、野塘蒿、龍葵、洛葵、霍香薊、水蜈蚣、杜虹花、香果、蔓澤蘭、青芳草、野苦瓜、毛西番蓮、節節花、姬牽牛、扛板歸、血桐、波羅蜜、黃椰子、破布子、三角葉西番蓮、山菸草、風船葛、牛樟、銀葉、竹柏、象牙樹、香蘭、王爺葵、山萵苣、鳳果、榴槤、倒地蜈蚣、冇骨消、大飛揚草、牛觔草、葛鬱金、大甲草、臺灣堯花、七層塔、通泉草、野莧、黃金風鈴木、三腳鱉等等。

4. 特殊經營方式：本基地向來採取低汙染的土地利用方式，為朝向有機農業的生產方向奠立良好基礎，現已採用有機栽培方式生產清潔、衛生、安全、新鮮的鳳梨。新植的網室木瓜及明日葉更是以有機方式栽培。

四、農場外資源現況

(一) 交通動線

1. 地區聯外道路：臺 27 線、屏 6 線。

2. 區域性道路：屏 7 線（沿山公路）、縣 188 線、屏 29 線、屏 2-1 線。

(二) 與休閒農業區之關聯性

本農場所在區域未劃設休閒農業區，但林務局已將本村規劃為「平地造林——高樹鄉森林生態園區」。本地區並有屏東縣地區產業交流中心計畫。周邊農場亦積極規劃發展休閒農業。高樹鄉公所且在 2003 年度休閒農漁園區計畫將本地區列入鄉村旅遊行程。

(三) 與鄰近遊憩資源之關聯性

1. 整體環境資源：本農場所在之區域過去為傳統農業生產區域，雖因地形平坦而較少風景之盛，但也擁有一片廣闊的田野。東面可見屏北山區餘脈，西面可見落日留暉。近來鄰近區域劃入茂林國家風景區，因僅一線之隔，及地緣與交通之便，使高樹鄉觀光遊憩潛力大增。

本農場及周邊農地生產品質佳之鳳梨、木瓜、椰子等水果，呈現熱帶農業之田園景觀。加上新近展開之平地景觀造林計畫，農特產大賣場計畫等等，使原本平凡的農作生產區域，有了轉型發展爲休閒農業之契機。目前高樹鄉在「農業轉型」、「鄉村花園」、「水（美）的故鄉」等願景推動之下，若能將區域內外資源結合，將能產生相輔相成的效果。

2. 宗教寺廟及教堂：高樹鄉居民之宗教信仰，以佛、道教及通俗信仰爲主，登記有案的較大寺廟共有 23 處。

3. 遊憩資源：本地區周邊的主要遊憩資源如下：

(1) 涼山瀑布。

(2) 原住民文化園區。

(3) 霧臺風景區。

(4) 賽嘉航空運動公園。

(5) 德文風景區。

(6) 大路關石獅。

(7) 大津瀑布（阿烏瀑布）。

(8) 海神宮。

(9) 茂林遊憩區。

(10) 十八羅漢山。

(11) 扇平森林生態科學園區。

(12) 彩蝶谷。

(13) 藤枝森林遊樂區。

五、土地利用規劃

(一) 土地規劃原則

考量農場環境資源條件、市場需求及經營目標等不同因素，且有鑑於本場場主對於鳳梨栽培、有機栽培及生化技術研究等專長優勢，可提供遊客在有機科學農業教育方面良好的學習機會，將本農場經營定位爲提供遊客有機農業教育，兼具生機養生及休閒的場所。因此農場土地規劃，特別以呈現鳳梨產業文化爲土地使用規劃的主軸。從不同品種鳳梨的栽培種植開始，一直到最後的產品使用情形，逐一呈現在遊客面前。

圖 5-25　鴻旗休閒農場稻鴨觀摩深受遊客喜愛

(二) 土地使用計畫

本農場土地規劃分區如下：

1. 有機農業教學體驗區：規劃農場舉辦有機農業教育體驗活動（請見第 9 章第 1 節）（圖 5-25）。

2. 鳳梨教學體驗區：鳳梨相關產品系列教學活動，如：鳳梨文化的介紹、鳳梨風味餐製作、鳳梨栽培方法介紹、鳳梨品種與用途、鳳梨手工藝品製作、鳳梨加工品製作——鳳梨酥餅、鳳梨醋、鳳梨酒、鳳梨豆醬、鳳梨冰品、鳳梨精油、鳳梨酵素（圖 5-26）等。

圖 5-26　鴻旗休閒農場開發鳳梨酵素

3. 鳳梨體驗區：農場將有機栽培的鳳梨，利用生物技術加工成酵素，成爲健康食品，提高農產品價值。亦規劃其他體驗活動如下：

(1) 鳳梨採收體驗。

(2) 鳳梨醋釀醃漬體驗，展現農村婦女的生活技藝。

4.鳳梨花觀賞教育區（以下各區說明略）

5.養生作物區

6.養生有機蔬菜區

7.陽光花卉區

8.熱帶水蜜桃生產區

9.椰林休憩區

10.青青草原親子遊戲區

11.森林景觀區

12.農塘生態區

13.入口意象區

14.林蔭停車場區

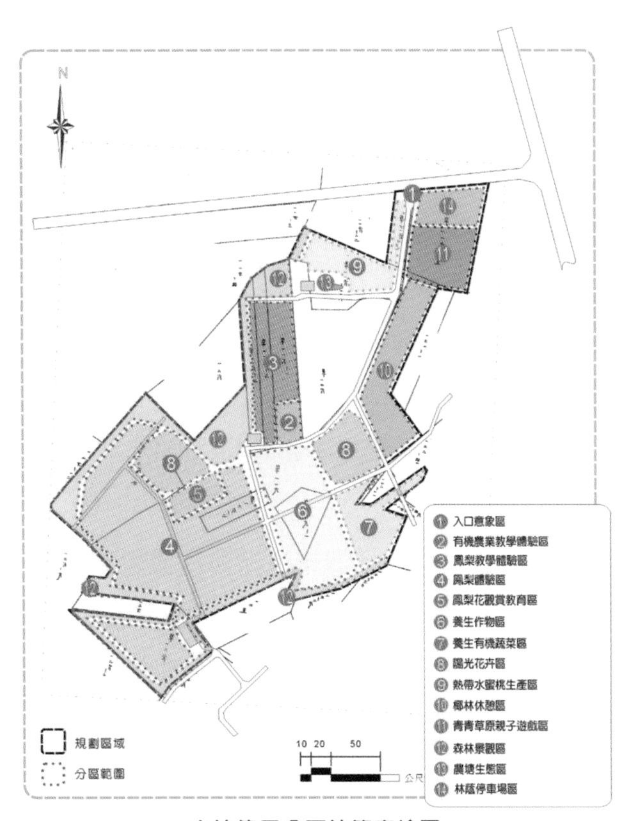

土地使用分區地籍套繪圖

圖 5-27 鴻旗休閒農場土地使用規劃構想圖

六、整體發展目標

場主堅守自然生態教育的理念，比照未滿 3 公頃的農場，僅申請簡易型休閒農場登記。簡易型休閒農場依「休閒農業輔導管理辦法」規定，全部土地面積規劃爲農業經營體驗區。土地作爲農業經營與體驗、自然景觀、生態維護、生態教育之使用，不涉及土地變更編定。本農場衡量內外在資源之特性，及商圈遊憩市場之需求，將本農場整體發展的主題定位爲「農業生態與生機教育農園」。

(一) 農業生產願景

1. 以鳳梨作爲主題作物，提供遊客自然教育及經營的體驗。
2. 種植養生有機蔬菜，提供遊客認識植栽及其養生功能。
3. 種植養生作物，提煉生技產品，使遊客認識自然食品，以增進健康。

(二) 休閒農場經營與發展方向

1. 市場：本農場主要的客層如下：

(1) 喜好農業體驗及生態旅遊的遊客。

(2) 對生機飲食有興趣的遊客。

(3) 對有機農業及自然養生有興趣的團體。

(4) 參加自然生態戶外教學的國中小學生。

(5) 前往茂林、六龜或三地門風景區，途經高樹的遊客。

(6) 一般遊客。

2. 經營與發展方向：本農場以「農業生態與生機教育農園」爲主題，經營活動把握「休閒農業輔導管理辦法」所訂農業經營體驗區的功能及設施要領。本農場訂定經營與發展的方向有下列 3 項，作爲設計體驗活動的主軸：

(1) 提供農業體驗：主要表現在陽光花卉區、鳳梨體驗區、熱帶水蜜桃生產區的活動。

(2) 提供自然遊憩：主要表現在鳳梨花觀賞教育區、椰林休憩區、森林景觀區、青青草原親子遊戲區的活動。

(3) 提供生態與生機教育：主要表現在鳳梨教學試驗區、鳳梨文化及養生教學區、養生有機蔬果區、養生作物區、農塘生態區的活動。

(三) 營運及管理

1. 營運項目

(1) 農業經營體驗活動：包括鳳梨栽培與加工利用體驗、熱帶水蜜桃體驗的營運項目。

(2) 生態與生機教育解說服務：包括鳳梨文化及養生教學、鳳梨教學試驗項目。

(3) 農產品銷售：包括鳳梨、木瓜及熱帶水蜜桃銷售、有機蔬菜銷售、明日葉自然食品及品嘗等。

2. 管理組織：本場管理組織擬置場長 1 人，下設 4 組，職掌如下：

(1) 場長：綜理農場全盤業務，指揮監督所屬員工。

(2) 行銷與活動組：辦理營運企劃，市場分析及行銷、農業生態及生機體驗活動設計與實施，教育解說服務、公共關係等事項。

(3) 農園生產與環境維護組：辦理有機農產品生產、林木維護、土壤及水資源利用、生態環境管理等事項。

(4) 研發及推廣組：辦理農業生物科技產品精煉爲養生食品的研究發展與推廣教育工作。

(5) 總務組：辦理員工管理、安全、採購、會計、出納、財產管理等事項。

(四) 休閒農場與環境、自然、生態維護之關聯性

1. 農產品（果樹及蔬菜）生產採有機栽培方式，無毒耕作，不施農藥及化肥，俾維護生態環境的永續性。

2. 農場以生機健康爲主要訴求，場區規劃鳳梨養生教學體驗區、養生有機蔬菜區、養生作物區等，提供遊客自然生態教育的資源，及對生機飲食正確的處理方法。

3. 農業經營體驗的設施以竹木、稻草、角鋼、鐵絲網爲主要材料，園區整地及各項施作採生態工法，故不會破壞地力。

◆個案解析

1. 規劃有機農產品的六級產業化發展爲主題特色

本農場以熱帶水果有機農業體驗爲主題建立特色。臺灣有機農業結合休閒農業的農場已有若干場。本場發揮區位特色，以熱帶水果（鳳梨、木瓜）爲資源。本案規劃熱帶水果一產、二產、三產 3 個產業層級的體驗活動，在臺灣算是首創。

2. 規劃有機農業教學的體驗活動

本場開發中小學生戶外教學及一般民眾推廣教育的市場。有機農業的操作方法值得推廣普及，所以中小學教師常帶學生來場見習，社會大眾亦常來觀摩。兩者都會帶來消費行爲。

3. 設計加工產品，提高農產品價值以增加營收

本場設計有機鳳梨、木瓜、稻米的粗加工、深加工，及生物技術的產品，結合保健養生概念，以促進遊客採購需求，增加農場收益。鳳梨酵素與木瓜酵素就是招牌產品。此例是休閒農場實踐「體驗經濟」理念的典範。

第五節　南投縣武岫休閒農場

武岫休閒農場位於南投縣鹿谷鄉，係以孟宗竹資源爲主的農場。農場使用分區主要爲山坡地保育區。本農場申請登記適用 2004 年 2 月 27 日發布「休閒農業輔導管理辦法」的規定。茲以「武岫休閒農場經營計畫書」（段兆麟、李崇尚、林雅文，2004）說明之。

一、休閒農場籌設申請書

（略）

二、經營主體類別

農場主為林○○先生，屬自然人農場。

三、農場位置

農場位於鹿谷鄉竹林村石門農路。農場位置處於鹿谷鄉的西南方，距離臺 151 號公路約 4 公里，距離小半天筍市場約 900 公尺。

以行政區域圖及航照圖呈現（略）。

四、農場總面積

農場包括小半天地段 001 地號等 6 個地號土地，合計 0.8861 公頃。

五、農場地籍圖

農場地籍圖（比例尺 1：1,200）（略）。

六、農場內資源現況

(一) 農業生產種類及規模

農場主要生產孟宗竹（圖 5-28），及經深加工生產竹炭。農場內主要之生產設施為竹炭窯（圖 5-29），共有 3 座，位於農產品展示中心之後方。生產原料是農場經營者由鄰近約 10 公頃的孟宗竹林所提供。產品加工皆由農家自行經營管理。

圖 5-28　武岫休閒農場以孟宗竹為特色

圖 5-29　竹炭窯是武岫休閒農場主要的農業加工設施

(二) 現有農業設施及利用情形

1. 農產收藏竹棚。
2. 竹炭窯。
3. 簡易網室。
4. 蓄水槽。
5. 農塘。

以上農業設施皆符合土地使用規定。

(三) 農場內特殊景觀

1. 地形地質景觀：農場附近之凍頂山南望，綿延的山巒自左向右緩緩傾斜，層巒疊翠中。兩屏山景一高一低前後相倚，以陡峻的山崖隔著北勢溪和此邊的坪頂，遙相呼應。兩屏山之山脈行自溪頭上方，也就是從東邊的鳳凰山主脈轉折而來，橫立成鹿谷鄉的南方屏障，其名爲大半天山。前緣山勢略緩的山，隆起於溪頭的西側，從大半天山脈的樟空崙山緩緩趨前，這就是小半天山。兩山之間，幾戶人家，聚集於東埔蚋溪中游。

本農場位於鹿谷鄉境內，屬於阿里山山脈之杉林溪支脈；亦介於溪頭與杉林溪等遊樂景點的中間，海拔約 600 公尺。

2. 田園景觀：本農場是以竹爲主題的農場，農場位於山谷中，兩旁皆爲質感細緻之孟宗竹。往下俯視可見幾戶人家交織成的農園景觀，背面是綿延山脈。於農場往上望去，是一片青鬱的雜木林。豐富的植被與自然形成之堆石與水池，蘊含了各種自然生態（圖 5-30）。

圖 5-30　武岫休閒農場遠眺山區田園景觀

3. 杉林溪谷生態資源

(1) 動物：農場鳥類豐富，較常見的有藪鳥、青背山雀、棕面鷹、五色鳥、冠羽畫眉等，數十種保育鳥類悠遊在園區內。在 5 至 8 月的夜晚更是滿園一閃一閃亮晶晶的螢火蟲，閃爍於夜空中，生態資源甚爲豐富。

(2) 植物：農場以杉木類爲主要樹種。間植原生喬木、矮灌樹叢與豐富之地被植物。

(四) 特殊經營方式

「竹炭燒窯」是本場的特殊經營方式。農場經營者林先生擁有近 10 公頃的孟宗竹林，由行政院農委會、南投縣政府、鹿谷鄉公所、鹿谷護林協會、鹿谷鄉農會觀光農園產銷班第一班聯合輔導。應用屏東科技大學研發技術，不斷精進傳統人工製窯燒炭技術，生產高品質的孟宗竹炭原料及製品。並同時研發其附加產品，如竹炭鞋墊、孟宗竹炭等（圖 5-31）。

「武岫孟宗竹炭」燒製係以 4 年生以上的孟宗竹爲材料，採用高溫炭化技術，歷時 10 多天，以傳統窯手工精心燒製而成。其中竹炭的炭質結構非常緻密、比重大、孔隙多，且礦物質的含量也十分豐富。由於竹炭是含有多孔質的天然有機材料，對硫化物、氮化物、甲醇、苯、酚等有害化學物質，能發揮強大的吸附分解作用，也有調節溼度、分解異味、消除臭味等功能。

圖 5-31　武岫休閒農場生產高品質的竹炭加工

七、農場外資源現況

(一) 地理位置及交通動線

1. 區域性道路：縣 151 線、投 58 線、投 55 線。

2. 地區聯外道路：鹿谷鄉鄰近中二高交流道有南投交流道、名間交流道、竹山交流道。主要的聯外道路爲省道，貫穿全南投縣市。對外連結國道 3 號、國道 1 號、中投快速道路、中彰快速道路。

(二) 與休閒農業區之關聯性

農場所在地未劃定休閒農業區（註：農場所在地區於 2006 年劃定爲「小半天休閒農業區」）。

(三) 與附近遊憩資源之關聯性

1. 整體環境資源：小半天是山名，也是庄名，位於南投縣鹿谷鄉西南方，包括和雅、竹林、竹豐三村。秋冬之際雲霧繚繞，村落分散較平坦之臺地，村民居住其中，有如仙境。本區因地形及氣候條件優厚，故鳥類資源十分豐富，尤其是國內僅有之保育鳥類藍腹鷴，散步林間偶可不期而遇。

本區開發甚早，明鄭時代參軍 200 人赴斗六門開墾拓地。清初逐漸向東，先後拓成大坪頂七庄，小半天即是其中之一。乾隆 51 年林爽文決戰福康安，小半天古戰場爲重要一役，古戰場，貓東墓，跌死馬，大崙山等傳奇故事尚流傳於地名中。

2. 產業文化：本地是凍頂烏龍茶之故鄉，更是休閒觀光的綠色山城。地方產業有下列幾項：凍頂烏龍茶、茶酒、竹筍、山芹菜、鱒魚、鄉土茶宴等。

3. 廟宇名剎：開山廟、鳳凰山寺。

4. 登山步道：溪頭賞鳥步道、竹林步道。

5. 古蹟遺址：萬年亨衢、林鳳池舉人墓、德遍山碑。

6. 自然景區：溪頭森林遊樂區、麒麟潭、鳳凰瀑布、清水溪魚蝦保護區、鳳凰谷鳥園、和雅谷、小半天雙瀑等。

八、土地使用規劃

(一) 土地規劃原則

本場考量環境資源條件、農家生產技術、現有生產設施利用、市場需求及經營目標等不同因素，發揮本場特有專長優勢，將本農場經營定位爲提供遊客學習傳統竹炭製作，兼具養生運動及休閒的場所。因此，農場之土地規劃，特別以呈現竹炭產業文化爲本休閒農場之經營主軸。從不同的竹子品種認識開始，到不同的竹子製作竹炭產品辨識、選擇適當的竹炭材料、整個竹炭製作步驟與過程，竹炭的功能與使用方法等等，讓遊客眞正了解竹炭產業文化的全貌，及其與人類生活的密切關係。

除了竹炭主題外，同時運用原有優良環境，讓遊客在此從事賞景、登山、健行、森林浴、賞螢火蟲、認識自然生態環境等休閒活動。

(二) 土地使用計畫

本農場因面積在 3 公頃以下，故土地利用將作爲農業經營與體驗、自然景觀、生態維護、生態教育之用。本農場衡量內外在資源之特性，及遊憩市場之需求，將本農場整體發展的主題定位爲「竹鄉與竹炭體驗」。

茲將本農場之土地規劃分區及規劃構想（圖 5-32）說明如下：

1.竹炭生產教育區：本農場經行政院九二一震災災後重建推動委員會、中華林產事業協會、屏東科技大學及南投縣政府等單位協助，在地號田 80-2 號土地上，設置改良式的竹炭窯。擁有傳統竹炭窯外觀，而內部燒製設施則爲現代化科技控制設備，可有效控制溫度變化，製作出高品質又穩定的竹炭，此炭窯結合傳統炭窯與現代科技，兼具知性與感性特質，融合製炭文化、教育解說與休閒多種功能。遊客從參與活動過程中，不但可以了解竹炭的製作過程，學習竹炭製作技術，體驗製作竹炭的樂趣，也可更進一步認識竹子的重要性，人類與自然的密切關係。

本分區面積計畫爲 250 平方公尺，地上設施除炭窯外，同時配備竹造的解說教室平臺，提供產品解說空間，與水域生態教育區接鄰處，以植栽美化之。

2.竹炭冷熱泉親水區（以下各區說明略）

3.花卉休憩區

4.水域生態教育區

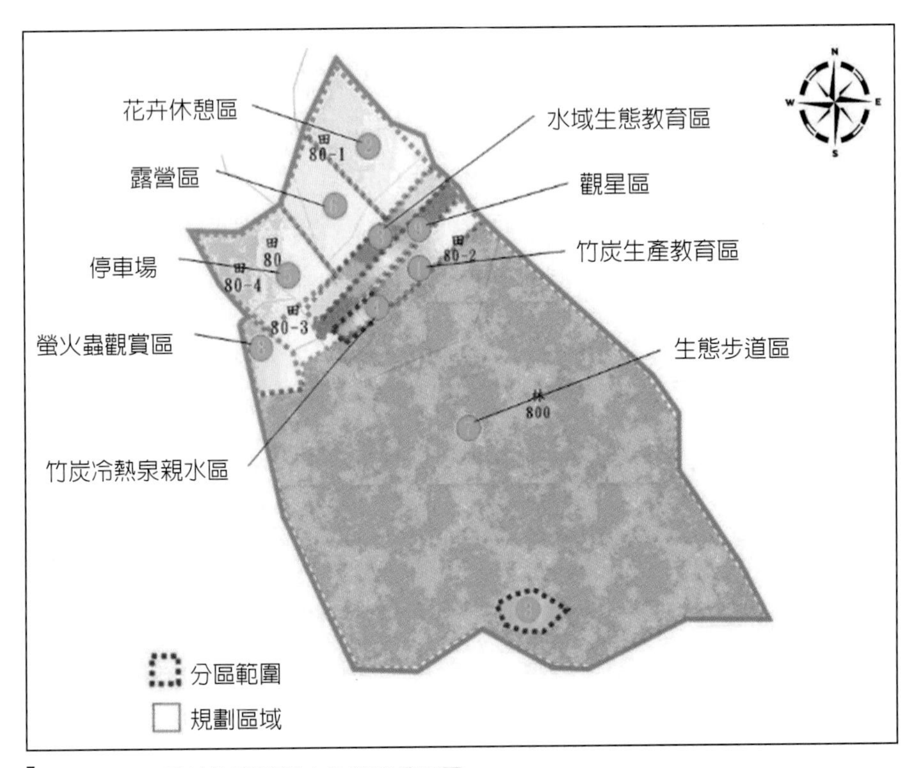

圖 5-32　武岫休閒農場土地使用分區圖

5.生態步道區

6.螢火蟲觀賞區

7.觀星區

8.露營區

9.停車區

九、整體發展目標

(一) 休閒農場經營與發展方向

1. 發展農業經營體驗活動：本農場將運用小半天最具特色的天然資源——竹，設計極爲精緻的體驗活動。除了引導遊客觀賞孟宗竹的美姿外，尙造窯燒竹成炭，透過教育解說提供遊客認識竹資源，燒製竹炭的方法，及竹炭在生活上及工業上的用途等等。故本農場規劃竹炭生產教育區及竹炭冷熱泉親水區。

2. 發展生態教育體驗活動：本場位於竹林園區之內，野生動植物豐富。白天牆角草花常見蝴蝶、蜻蜓飛舞，夜間水溝邊則見成群的螢火蟲。本場擬運用此生態資源設計生態教育體驗活動，以發揮自然教育的功能。故本場規劃水域生態教育區、螢火蟲觀賞區、生態步道區。

3. 發展自然遊憩體驗活動：本場竹林美景自然天成，所以擬發展自然遊憩活動。本規劃案中花卉體驗區、觀星區的功能屬此。

(二) 擬達成的目標

1. 以本場的旗艦產品「竹炭」爲核心資源，除生產相關產品，提高孟宗竹的經濟價值外，並設計體驗活動，提供遊客農業體驗的機會，以開創源源不絕的客源。

2. 藉著本場特殊的生態環境，設計生態教育活動，營造成戶外自然教室，以提供中小學生自然教育的機會。同時，規劃生態體驗的遊程，以吸引以生態旅遊爲旨趣的客層。

3. 場內花草栽植不施農藥，設施以木、竹爲主要建材，以達到環境保護及資源保育的目標。

◆**個案解析**

1. 規劃特色產品竹炭爲體驗的核心

武岫休閒農場以竹炭作爲體驗的核心，在全臺的休閒農業是絕無僅有的，規劃計畫要凸顯此亮點。運用農業六級化的原理，規劃重點放在 3 個產業層次：一產設計孟宗竹體驗；二產解說竹炭窯燒製的過程，使遊客明瞭竹炭生成的原理；三產則將竹炭結合器物、餐食、環保、衛生等機能，以提升價值。

2. 規劃應因地制宜，選取優勢資源發展體驗及營運活動

本農場位處中低海拔的山地，生態資源豐富，所以宜規劃生態體驗活動。本場有兩種生態體驗特別受注目，一是賞鳥，有數十種鳥類；二是賞螢，每年 5～8 月辦理活動，本計畫書特別規劃一個賞螢的分區。

第 6 章

海外休閒農場規劃實例與解析

第一節　中國大陸廣東省佛山市鳳凰谷休閒農場

第二節　中國大陸四川省成都市國林休閒農場

第三節　中國大陸海南省三亞市布魯休閒農場

第四節　中國大陸海南省三亞市天涯鎮休閒農場

第五節　中國大陸承德、濟南、紹興、廣州、臨高休閒農場規劃構想

第六節　中國大陸休閒農場規劃的思維

第七節　印尼休閒農漁牧度假村規劃構想

中國大陸廣東省佛山市鳳凰谷休閒農場

本規劃係應臺北市鳳磐實業股份有限公司之委託，進行休閒農場規劃及可行性研究。規劃報告旨在向中國大陸廣東省及佛山市相關單位報批，以取得土地作爲休閒農業營運之用。

「廣東省佛山市鳳凰谷有機生態農經示範區可行性研究報告」（段兆麟、李崇尚、洪仁杰、蕭志宇，2014）計分：緒言、基地範圍與特性說明、基地資源調查與分析、環境與市場分析、示範區發展規劃基本構想、示範區項目發展與空間規劃、示範區發展可行性分析、可行性綜合評估與後續計畫建議等 8 章，共 150 頁。茲要述之。

一、基地位置與範圍

(一) 基地位置

鳳凰谷有機生態農經示範區（以下簡稱本園區）位於廣東省佛山市高明區楊和鎮（圖 6-1），處於珠江三角洲西部腹地。

圖 6-1　鳳凰谷休閒農場地理位置圖

(二) 基地範圍

基地範圍包含楊和鎮田心村、坪岡村、邊頭村、田咀村、桂村等經濟社。基地南北距離最長約 2,300 公尺，東西最寬處有 1,260 公尺。基地有計畫道路通過，隔爲南北兩區。

土地面積爲 2,710.5 畝（約合 180.7 公頃）。以種植生產金煌芒果爲主，約占全部土地面積的 1/3。

二、計畫目的與思路

(一) 計畫依據

國家十二五規劃（2011 年～2015 年）第 6 章「拓寬農民增收管道」，第 1 節「鞏固提高家庭經營收入」：利用農業景觀資源發展觀光、休閒、旅遊等農村服務業，使農民在農業功能拓展中獲得更多收益。

(二) 土地開發利用的方向

1. 使用有機農法，生產無毒有機的農產品。

2. 建立有機農產品產銷運輸中心，集合鄰近有機農產品銷往城市，提高有機農產品競爭力。

3. 建立鄰近家庭式農戶聯絡網，推廣有機農產品產銷。

4. 示範區內依據減量開發的原則，保存本區原始生態環境，打造生態綠廊，發展生態旅遊。

5. 發展休閒觀光農業旅遊，打造體驗經濟體質，以提高農業價值。

6. 培育社區農民現代農業的知能與技術，以提高農民收入。

(三) 計畫目的

本計畫目的在於評估土地開發利用下列面向的可行性：

1. 市場可行性。

2. 法律可行性。

3. 土地可行性。

4. 技術可行性。

5. 社會可行性。

6. 環境可行性。

7. 財務可行性。

本計畫將在各項可行性分析後，進行綜合評估，以提供總體規劃的建議。

(四) 計畫的思路

本計畫以「體驗經濟」作爲評估與規劃的思路。休閒農場須依據資源特性，設計體驗活動，引導遊客參與而產生美好的感覺；並提供商品與服務項目，滿足遊客的消費，以獲取收益，而達到營運的目標。

三、基地資源調查與分析

(一) 自然資源

調查與分析地質、土壤、氣候、水資源等自然資源。

本園區屬於海洋性亞熱帶季風氣候。

(二) 生態資源

1. 植物資源：自然生長植物有蕨類、昭和草、油桐、血桐、劍筍、竹、火炭母、百香果等。

2. 動物資源：大自然中蟬、鳳蝶、果子狸、竹雞、石虎、水鴨、水蛇、大頭鰱、鱸魚、羅霏魚、蜻蜓、螢火蟲、大乙鳥（燕）、黑頭翁、斑鳩、八哥、鵪鴣、藍鵲、白鷺鷥等動物，具有一定的生物相。

(三) 產業資源

產業資源以農業爲主，基地內可耕地大部分都用於農作物生產，主要種植金煌芒果（圖 6-2），部分凹地種植火龍果（圖 6-3），梯田種植木瓜、玉米等作物，不可耕地則種植桉樹，區內有數處自然形成的水塘（圖 6-4），水塘中養殖有數種淡水魚，如草魚、吳郭魚、大頭鰱、鯉魚等，在畜牧部分，園區內也有小規模的經營，圈養海南黑豬、當地土山羊與當地土雞（圖 6-5）等。

圖 6-2　金煌芒果是農場主要的水果

圖 6-3　農場火龍果可設計果樹體驗活動

圖 6-4　農場廣大的水塘提供漁產、水源與生態環境

圖 6-5　農場果樹下常見野放土雞

(四) 景觀資源

本區屬丘陵低山地形，地勢高低起伏多變，山、林、水塘俱全。區內數處山頭高點，均可鳥瞰鄰近村落景觀與欣賞本區梯田與凹谷交縱風貌（圖 6-6）。

綠美化景觀植物種植羅漢松、龍柏、松樹、大王椰子、馬纓丹、小葉南洋杉、茄苳、蘇鐵、華盛頓椰子、羅比親王海棗、棕櫚樹、變葉木、黃椰子、月桃、九重葛、月橘、朱蕉等（圖 6-7）。

圖 6-6　農場梯田形成特殊景觀

圖 6-7　農場廣植桉樹形成高層景觀

四、環境與市場分析

(一) 廣東省農產品生產與消費市場現況

（略）

(二) 佛山地區旅遊資源特性

1. 人文薈萃。
2. 歷史建築及藝術。
3. 豐富的民俗文化底蘊。
4. 優美的景觀與具特色的休閒農業場域。

(三) 農產品與休閒市場客源潛力

（略）

五、規劃基本構想

(一)SWOT 分析

優勢分析
1. 基地有農、林、漁、牧業的營建基礎
2. 基地地形多元化，自然景觀優美
3. 基地生態場域維護良好，具生態多樣性
4. 基地地形不險峻，場地交通可及性高
5. 基地歷來低度開發，適於經營有機農業
6. 業主機構具有豐富的土地營運管理經驗

劣勢分析
1. 場內資源尚待精確盤點
2. 廠內道路及設施不足，將增加建設成本
3. 目前粗放經營，轉型經營精緻農業，開發需增加投入
4. 農業人力較缺乏

機會分析
1. 珠三角社會經濟發展良好，國民所得高，將樂於從事自然生態旅遊
2. 基地周邊交通便利
3. 自然生態體驗經濟產業尚有發展空間
4. 中高所得民眾將偏好綠色有機農產品
5. 基地保護生態的開發型態與政府環境政策切合
6. 政府政策鼓勵發展自然生態旅遊

威脅分析
1. 周邊廠區及民宅環境凌亂，恐影響基地整體景觀
2. 周邊工業區林立，有空氣汙染之虞
3. 附近地區同質性的旅遊景區漸多，恐造成競爭態勢

(二) 發展模式

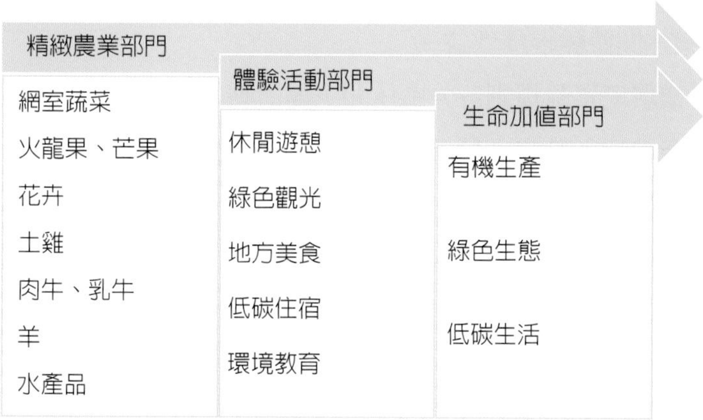

精緻農業部門	體驗活動部門	生命加值部門
網室蔬菜	休閒遊憩	有機生產
火龍果、芒果	綠色觀光	綠色生態
花卉	地方美食	低碳生活
土雞	低碳住宿	
肉牛、乳牛	環境教育	
羊		
水產品		

圖 6-8　鳳凰谷休閒農場發展模式圖

(三) 發展策略

1. 發展有機芒果與火龍果等農特產品，透過體驗活動與知識傳遞，爲自有農產品加值，推廣有機農業栽種與特色。

2. 發展精緻農業，改良農產品生產技術，提升農特產品價值。

3. 以基地內的有機「芒果」與「火龍果」爲行銷主體。創造本基地的品牌，與其他同質農產品相抗衡，並與鄰近家庭式農戶鏈結形成有機生產帶，開發共同行銷市場，創造農業新價值。

4. 基地內規劃大量綠地與賞景步道，栽種多種引鳥、引蝶植物與景觀植物，強化本區的生態資源。

5. 強化農業資源與生態環境資源的連結，結合農業體驗活動與解說活動，提升農業與生態環境的價值，改善農家收益。

6. 建立低碳迴圈的綠色新農村，推廣能源、廢水利用極大化，建置基地內廢水循環系統。

7. 建立一個有機生產、綠色生態與低碳生活三度空間的永續發展示範基地。

六、示範區項目發展與空間策劃

(一) 計畫發展目標

1. 建置多元化經營的企業型生態農業示範區。

2. 提升產業休閒體驗經濟效益。

(1) 利用農業環境資源規劃各分區休閒主題活動。

(2) 實現地產地消所帶來之最低生產成本及節能減碳效果。

3. 建構綠能環保生活示範農村之典範。

4. 建構自營環境生態平衡與保育研究知識工坊。

(二) 整體發展計畫的原則

1. 以現有農業及自然環境資源爲基礎。

2. 依農業生產的適地適用性、維護生態多樣性及發展綠色生態旅遊等目標劃分不同產業發展區。

3. 採分期分區投資開發方式。

4. 從傳統農業轉型成專業生產複合休閒產業發展。

5. 建構區域新型生態綠色農村社區。

園區發展計畫架構圖如圖 6-9。

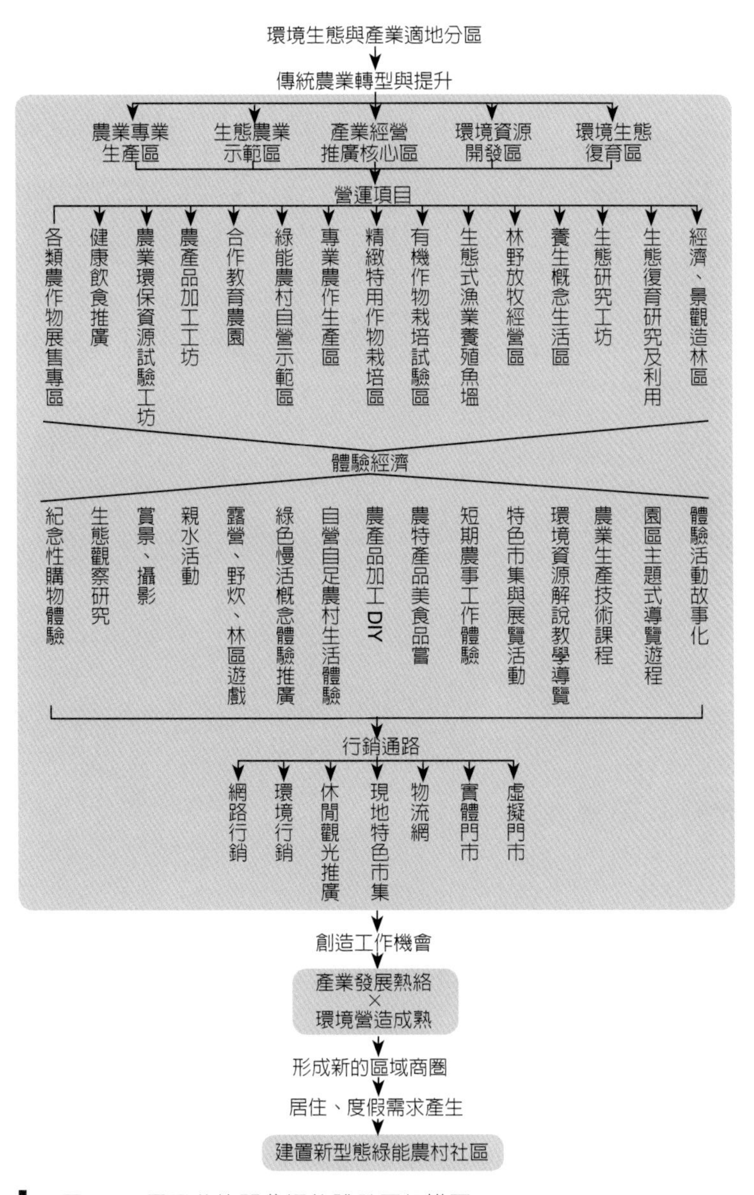

圖 6-9 鳳凰谷休閒農場整體發展架構圖

(三) 全區發展規劃構想

基地總面積爲 180.7 公頃（約 2,710.5 畝）。以 60 米計畫道路爲界，分南北兩區，規劃 9 個機能空間（南區塊 6 個區，北區塊 3 個區）。規劃分區圖如圖 6-10。

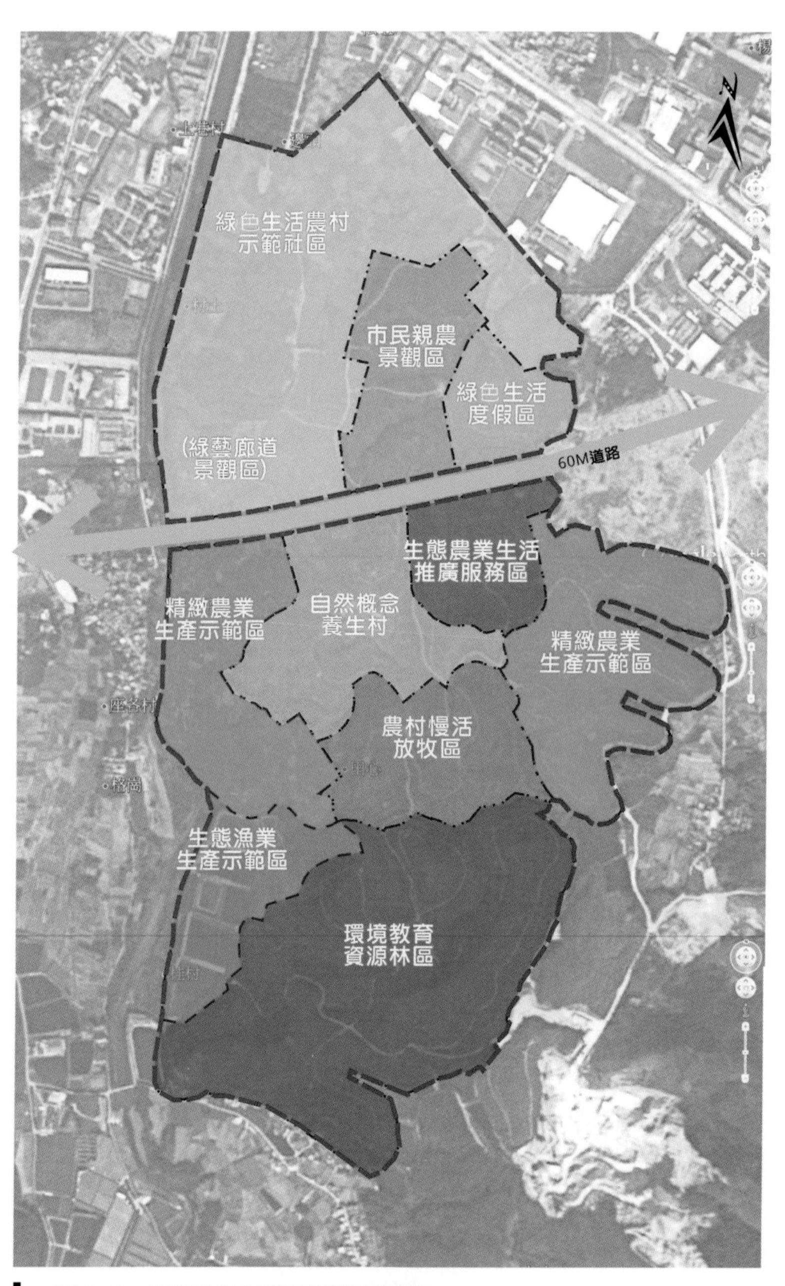

圖 6-10　鳳凰谷休閒農場規劃分區圖

1. 南區塊

(1) 精緻農業生產示範區（圖6-11）：由生產設備的提升及生物防治法的有效運用，提升農業生產效益。

分區發展目標與主題：

① 農業有機生產專業精緻化。

② 成立露天農作博物館。

③ 維持既有生態環境發展機制，發展經濟造林。

圖 6-11 規劃精緻農業生產示範區呈現高效優質農業（示意圖）

④ 產業技術交流示範：以農業生產解說爲主，包含各類農業生產區之發展、農產加工區設置、及體驗農場之規劃。

(2) 生態漁業示範區：引進生態養殖概念，打造一處專業生態養殖生產示範區。

分區發展目標與主題：

① 建立漁業生態養殖生產示範區：以現有 7 座大型農塘爲基礎，引進生態養殖概念。

② 休閒漁業體驗經濟發展。

③ 在區內的特色餐飲區品嘗最健康的鮮魚料理。

(3) 環境教育資源林區（圖 6-12）：重新復育本區各類生態資源，作爲環境教學導覽教材。

分區發展目標與主題：

① 生態營林：以發展景觀生態保育教學示範區爲主題。

② 重新導入環境自營系統，以時間及技術重新營造具有經濟、環境價值的景觀林區。

③ 開發環境體驗資源：重新復育各類生態資源，作爲環境教學導覽教材。

圖 6-12 規劃環境教育資源林區將現有森林生態資源結合教育體驗（示意圖）

④ 利用高地建置生態解說眺望臺、賞景涼亭、登山步道、野地遊戲設施等。

(4) 自然概念養生村：示範型農家度假區。

分區發展目標與主題：

① 推廣簡單、健康的養生生活概念。

② 善用水域資源，增加水域的遊憩體驗經濟價值。

③ 開發環境生態教學資源，增加環境教育體驗價值。

④ 打造親水度假空間：設置親水度假木屋及野營露營場地。

(5) 生態農業生活推廣服務區：本示範區經營、管理、行銷的核心區域。

分區發展目標與主題：

① 現代化生態農業自營示範及推廣。

② 區域農作物商品集貨轉運行銷站。

③ 聯合物資創造在地品牌。

④ 各項遊客服務設施設置。

(6) 農村慢活放牧區：利用廣闊的丘陵地進行放牧養殖。

分區發展目標與主題：

① 以低人爲管理、少量設施爲基礎，利用廣闊的丘陵地進行放牧飼養。

② 藉由自然演進機制讓動物適應環境至平衡、穩定、健康生長的狀態，以養育出品質最優良、健康的農畜產品。

③ 農村動物也是生物防治工法中的一環，能幫忙除去蟲害、雜草，作爲生態農業畜牧生產教學示範區。

2. 北區塊

(1) 綠色生活農村示範社區：規劃多功能現代農村示範區，增設綠藝廊道景觀區。

分區發展目標與主題：

① 新型態生態環保農村之建置。

② 塑造森林生態、綠能環保新型農村集合住宅示範區。

③ 打造地景式生活空間，並提高環境綠化率。

④ 分期建置不同機能屬性的生態農村社區。

(2) 市民親農景觀區（圖 6-13）：利用山丘地打造成市民休閒健身、務農的後山花園區。

分區發展目標與主題：

圖 6-13 規劃市民親農景觀區可達到體驗農業與勞動健身的目的（示意圖）

① 依循地形地貌建置能自然生長、低維護管理的健康蔬果園。

② 讓周邊的居民到此從事休閒健身活動，一邊打理小型田園、摘採新鮮蔬果回家。

③ 讓本區成為周邊居民最喜愛的後山廚房花園。

(3) 綠色生活度假區（圖 6-14）：設施建置上，將融合休閒農業、觀光遊憩、商業交易、生活居住等功能，作為北區塊發展的核心區域。

分區發展目標與主題：

① 全區生活、產業、休閒觀光、商業營運核心區。

圖 6-14 規劃綠色生活度假區作為崇尚自然的度假小築（示意圖）

② 作為各項遊客服務設施設置的重點區域。

③ 以生態概念設置各項遊客服務設施。

④ 均採生態建築工法，高綠覆率是本服務區最大特質。

(四) 安全農業生產發展亮點

1. 各類型生產區

(1) 精緻農業生產區：各類農作物專業生產區，分爲短期作物栽培區、四季果樹經營區、季節性作物栽培區、高經濟收益作物栽培區。

(2) 有機特用作物栽培區：以有機無農藥方式栽培環保、科技、醫藥、養生需求之農作物；並建立研究工坊記錄相關生產研發資料。

(3) 經濟、景觀造林區：調整現有環境資源分布情形，進行景觀造林，並種植部分具有經濟效益的樹種，進行林業經營。

(4) 農產品加工工坊：針對區域內生產的各類農產品進行分類包裝，並針對部分產品進行再製加工，以提高作物的經濟價值。

2. 生態農業經營示範區

(1) 有機作物栽培試驗區：藉由溫網室設備進行各類特殊生產示範，如立體栽培、水耕育苗、產期調整等。

(2) 林野放牧經營區：以遊牧方式放養農村經濟動物，使其回歸自然生態體系，減少人爲飼養所成的環境破壞及生長干擾，以培養出健康優良的生態畜牧產品。

(3) 生態式養殖魚塭：利用地區充沛的水資源，進行生態式魚塭養殖，降低傳統養殖漁業對環境的破壞，並展現新的生態魚塭建構概念。

(4) 合作教育農園：成立農作技術教學農園，提供鄰近的農民藉由參與生產機制學會更多專業知識，擴大區域農業發展效益。

(5) 綠能農村自營示範區：展示各類綠能、環保、減碳概念在生活中應用的相關設計理念，作爲未來在地農村社區建設發展的概念雛形。

(五) 體驗經濟發展亮點

1. 農業體驗故事化

(1) 園區主題式導覽遊程：以發揚在地農村文化爲重點，規劃設計農村相關的體驗活動，如手工藝品 DIY、木炭燒製、農村童玩技藝、農村風味餐等，使旅遊活動與農村文化結合。

(2) 農業生產技術課程：園區不論農業生產、動植物生態，或農村文化展示，均注重教育解說；透過媒體或人員的解說服務，使遊客獲得深度的知性體驗。

(3) 特色市集與展覽活動：遊客可參與本示範區不定期舉辦的各類展覽活動及市集消費，增加知識吸收、增廣見聞，以尋寶式的從市集中買到本示範區獨家的限定商品。

(4) 短期農事工作體驗：讓短期農事體驗活動成爲度假休閒的一個行程，遊客可藉由體驗活動，了解務農工作的辛苦與滿足感。

(5) 農特產品美食品嘗：推廣在地自產自製的各類健康、有機美食，讓飲食文化成爲示範區內的消費亮點。

(6) 農產品加工 DIY 體驗：提供農作原物料讓遊客可自製手工產品，並當作紀念品帶回家，增加體驗內涵。

2. 綠色慢活概念體驗推廣

(1) 養生概念生活區：設置林園生態農家式度假區，讓遊客可以體驗身居農村的簡樸感，回歸簡單養生的快樂生活模式。

(2) 健康飲食推廣：園區闢設藥草園區、香花園區及有機蔬果園區，藉由實際的運用、解說或親自使用，提供遊客健康的飲食概念。

(3) 自營自足農村生活體驗：強調本示範區生產自足的農村自營概念，使到訪遊客能從各類活動、產品、環境中，深刻的學習感受自給自足生活的幸福感。

(4) 親水體驗活動：善用在地水域資源發展各類親水、賞景、漫遊活動，增加體驗活動的豐富度。

3. 生態復育研究利用：以自然生態環境之維護保育爲主軸，結合生態林、景觀林、遊憩林等植生方式的運用，加上地形與水體的導入，營造出豐富的森林生態環境，能從事賞景、攝影、生態觀察研究、環境資源解說教學導覽、露營、野炊、林區遊戲等體驗活動。

4. 體驗經濟行銷通路

(1) 紀念性體驗行銷：利用教學導覽及各類活動體驗，提供遊客新鮮的知識與美好的回憶，藉由回憶紀念性的口碑力量，成爲推廣更多人到訪的動力。

(2) 環境行銷：營造優質美好的休閒環境，讓愛好自然、悠閒氛圍的遊客能爲了景色而再次造訪。

(3) 休閒觀光推廣系統：加入各類休閒光觀推廣系統，增加園區曝光度與知名度，促使成爲區域休閒觀光的新亮點。

(4) 網路行銷：藉由網路旅遊、美食行銷等推文，破除地理界限，將本示範區推廣至廣大的旅遊潛在市場。

(六) 農特產品行銷通路建置

1. 實體門市：利用鄰近地區農產品銷售門市，展售本示範區所生產的各類相關產品。

2. 虛擬門市：利用網路行銷通路，成立專屬有機農作物購物網，讓遠端消費者也能買到本區產品。

3. 物流網：增加產品型錄的索取分布點，消費端可利用電話、網路下單方式，提供商品宅配到府服務。

4. 現地特色市集：設置於示範區內的特色商品展售區，專門販賣示範區的獨家限定版商品，增加遊客到訪的吸引力。

5. 農特產品展售專區：陳列展售本示範區所生產的各類農特產品、加工品及紀念品。

(七) 動線設計

1. 車用動線：主要爲車用道路，作爲遊客接駁、農產品運輸等專用道。

2. 慢活次動線：主要爲人行、自行車、農村動物專用路線。

七、鳳凰谷示範區發展可行性分析

(一) 土地可行性分析

本區土地資源與利用的特性：

1. 自然生態環境多元。
2. 休閒遊憩資源豐富。
3. 土地管理政策符合上位需求。
4. 土地利用發展具前瞻性。
5. 生態環境保育。

從以上不同層面探討，本基地之利用朝休閒農業發展的方式，應是最能兼顧環境生態、土地效能、經濟收入、區域發展、國家政策等方面要求。若只是單純農業生產，受限現況條件，很難讓土地利用效益達到最大，生態環境維護工作也不易落實。故建議本基地轉型做休閒農業發展。

(二) 技術可行性分析

1. 具有高水準的農業技術經驗。
2. 具有充盈的資金投入新技術與開發創新。
3. 企業經營優勢。

本區未來需要的技術專業包括農漁牧技術、農企管理技術、休閒農場營運技術。技術來源包括：基地管理人員、臺灣專家團隊、廣東本地技術人員等。所以技術可行性評估沒有問題。

(三) 法律可行性分析

農業類與土地類型的法規皆屬規範性法規，營建類、環境評估類、旅遊服務業屬技術性法規。本區在農業利用與土地利用規劃已依循相關法令進行，未來開發與營運的同時將會遵守現存的法令基礎進行開發。

因此本區在法律上應無窒礙難行的空間。簡言之，本區與國家、地方規劃皆屬同一向度，一切開發行爲皆遵守現行之法律規範，應屬可行。

(四) 社會可行性分析

1. 綠色有機農業特色：本區是一個複合型經營的有機農經示範區，發揮有機農業六級產業化特色，提供都市居民安全鮮食的有機農產品、公園性的綠地環境，及休閒體驗活動。不僅可提高農產品收入，藉由解說導覽、體驗活動設計，創造地方工作機會，提高社區居民及地方農民收入。未來更建置有機農產品交易平臺，增加社區農產品的行銷通路；及籌辦有機農業相關技術課程，促進本區永續發展。

2. 保護社區生活環境：本區發展以低量開發、保護現有生態環境爲原則，提供社區居民休閒遊憩空間與友善的居住環境。未來擬設置管理委員會，建置社區基金，協助社區居民生活所遭遇之問題，並在管理委員會下籌組環境志工隊，維持本區現有的生態環境。

社會可行性方面，符合國家對鄉村社會的期待，本區的設置能有效地提升鄉村收益，提高鄉村生活的居住品質，增加居民待在原鄉的吸引力，縮短城鄉差距。總言之，示範區的社會回饋主軸符合當地社區、政府與國家的需要，應屬可行。

(五) 環境可行性分析

本區於開發過程中奉行「低度開發創造綠地農業、保育區內生物多樣性、遵從環境倫理」的環境保護思路。在農業生產方面實行有機農業，不使用農業和化肥避免環境負擔。

在休閒遊憩方面，本區土地規劃開發考慮人爲與自然的和諧性，避免濫伐濫墾。保持區內環境景觀，避免遭受破壞。衡量環境負載量，避免環境資源過度利用。由此可知，在生態環境保育方面將比目前現況要好很多，因此具有一定的環境可行性。

(六) 市場可行性分析

在有機農業產品市場可行性方面，經由上述之需求及競爭分析，特別考慮臺灣有機農產品發展歷程及現況，我們認爲基本上以「有機」作爲本計畫農產品生產之主要要求有其市場之潛力，也可與其他相關競爭者做出有效區隔。

在休閒農業及農業觀光方面，以目前離本計畫 1 小時車程城市範圍人口高達 2,400 萬人，與臺灣人口相當，但相較於臺灣休閒農場家數及提供住宿者之狀況而言，本區仍有相當發展潛能。特別是本計畫休閒農場以「低碳生態」、「體驗」、「有機」及「健康餐飲」爲主要訴求，應能與其他競爭者有效區隔。

(七) 財務可行性分析

1. 基本假設與參數設定。
2. 開發時程與資本支出。
3. 營業收入與成本估算。
4. 成本效益分析。
5. 風險分析。

本計畫整體淨現值達 12 億 8,079 萬元（人民幣），內部報酬率 26.09%；在不考慮「綠色生活農村示範社區」下，淨現值亦達 1 億 1,521 萬元（人民幣），內部報酬率 16.28%。經敏感度分析結果，基本上亦屬強韌（robust）。故在上述假設下，基本上本計畫具財務可行性。

本計畫之風險因數，除本身之市場風險（營收風險）及成本風險外，包括是否能順利取得「綠色生活農村示範社區」的土地，並順利完成變更，以及本計畫各項收入成本等目標導向之假設是否能順利達成等，均是重要因數。

八、可行性綜合評估與後續計畫建議

(一) 可行性綜合評估

本區消費市場以「有機生產」、「綠色生態」、「體驗活動」及「地方健康餐飲」爲主打，力求市場區隔性。未來開發與行銷願意遵守法律規範，並恪守農地農用的原則，避免移用及過度開發。

本區擁有豐富的臺灣農業經驗與充裕的資金投入，在執行精緻農業轉型，休閒農業營運等方面門檻較低，更可以帶動地方農民收入與就業機會。因此本案綜合所有可行性分析後，認爲本區開發實屬可行。

(二) 計畫效益評估

1. 可量化估算之效益項目

(1) 產值之增加。

(2) 消費之增加。

(3) 稅收之增加。

(4) 就業人口之增加。

2. 未可量化估算之效益項目

(1) 結合地區產業特色，創造觀光景點，帶動周邊觀光產業發展。

(2) 促進農產品及生態旅遊之發展，提升國民生活品質與健康。

(3) 帶動相關產業之發展，促進地方繁榮、提高土地資源利用及價值。

(4) 提升地區國民所得、降低失業率，活絡地方經濟。

(5) 促進農業生產技術提升與轉型。

(三) 後續計畫建議

本區開發計畫完成可行性分析後，即可進行總體規劃。後續總體規劃計畫建議就下列面向研擬：

1. 項目概況及分析。
2. 專案規劃。
3. 專案總體布局。
4. 設施規劃與經營管理。
5. 產品開發策略。
6. 產品經營發展策略。
7. 品牌推廣策劃。

8. 活動推廣策劃。

9. 專案管理。

(四) 績效控管

本計畫績效控管做好下列項目工作：

1. 有機農業的環境維護完善。
2. 體驗活動規劃有效設計。
3. 營業專案管理切實。
4. 行銷策略有效規劃。
5. 完善人員訓練。
6. 實施整體效益評估。

九、鳳凰谷休閒農場規劃解析

1. 規劃須熟悉農場所在區域的外部環境因素：本個案規劃的基地在中國大陸廣東省佛山市，所以必須對基地的環境因素深入了解。環境因素可分爲外部環境與內部環境。先說外部環境，遠的是中央發展休閒農業的政策與原則，近的是佛山市甚至珠江三角洲的經濟社會狀況，休閒農業發展的情形。規劃團隊召集人段教授經常受邀在中國大陸講述及考察，對中國大陸休閒農業政策及產業運營非常了解，所以就規劃所需的宏觀認知，有足夠的專業基礎。

2. 規劃須能掌握農場的內部環境因素：就基地內部環境的了解而言，委託公司原來就在基地從事農業生產。業務人員提供規劃團隊所需基地特性的資料，引導規劃人員踏勘基地環境。規劃團隊亦留置 1 人（蕭助理）以 1 週的時間，實勘農場基地及探訪周邊旅遊市場特性。

3. 規劃須考察休閒農業同業的發展，以建立本場的獨特性：了解鄰近地區休閒農業發展，以區隔特色。鄰近地區的休閒農場相近的產業有：荷花世界（三水）、南國桃園（佛山）、花卉世界園區（佛山）、西樵山（佛山）、清暉園（佛山）、長鹿農庄（順德）、鳳飛雲風景區（江門）等。基地所在地高明區有金谷朗旅遊度假區、皀幕山、泰康山生態旅遊區、盈香生態園等。本基地規劃必將依照資源特性及市場需求，創新核心特色，避免同質性。

4. 本案建立有機農業爲主題特色：本區爲貫徹「有機生態農經示範區」的主題，訂定「綠色金三角」爲規劃的原則，發展「有機生產、綠色生態、低碳生活」三大主軸。因基地屬農業用地，所以上述規劃的主題、原則及主軸都符合「三農三生」的精神：農業生產、農民生活、農村生態的要求，而以永續生命作爲基地發展的宗旨。

5. 規劃分區布局以支撐主題特色：本區地理位置極佳，地形地貌豐富多變化，加上既有良好的農業生產基礎與環境，適宜發展精緻農業、有機農業與休閒農業。本區以「綠色金三角」爲發展定位，規劃「生態農業生活推廣服務區」、「綠色生活度假區」、「自然概念養生村」、「精緻農業生產示範區」、「農村慢活放牧區」、「生態漁業生產示範區」、「環境教育資源林區」、「市民親農景觀區」與「綠色生活農村示範區」等 9 個分區，以體現本區發展的核心價值。

6. 本區發展休閒農業通過七項可行性的評估：本區可行性研究以市場、法律、土地、技術、社會、環境、財務等七個面向進行分析。結果顯示本案發展「綠色永續新經濟」的核心主軸在市場可行性、法律可行性、社會可行性、環境可行性上屬可行。在土地可行性面謹守農地農用的規範；在技術可行性面，本區具有臺商投資的背景，可以引進臺灣先進的農業技術與人才，進行傳統農業的轉型；在財務可行性面，本區規劃以分期投資的方式來開發，以維持健全的財務發展與管控。總體而言，本區建設及運營通過可行性評估。

7. 本農場營運將產出諸多外溢效果：本區休閒農業營運後可帶來實質的效益，如產值的增加、消費之增加、就業人口的增加、政府稅收之增加。同時帶來非實質的效益，如提升農民生產技術，帶動周邊觀光產業的發展，健全居民的生活品質，促進地方繁榮，提高土地利用價值等輻射的效益。

第二節 中國大陸四川省成都市國林休閒農場

國林休閒農場位於成都市龍泉驛區。本農場已有休閒農場營運的基礎，新任經營者擬創新經營，故委託重新規劃。

本案例係以「國林生態農場規劃書」（段兆麟、李崇尚、林雅文，2005）爲本。全文內容分爲：緒言、規劃理念、場區發展潛力分析、場區整體規劃、生產與景觀規劃、經濟效益等六部分，全文 51 頁。本節擬就場區整體規劃、生產與景觀規劃兩部分分述之。

一、場區整體規劃

(一) 農場現況

1. 農場面積 808 畝（53.86 公頃），規模適中，土地有適當之變化性；與鄰相接之界限明確，有利於發展與管理。

2. 成都屬亞熱帶溼潤季風氣候。夏涼冬暖，氣候宜人，故農場適合休閒度假。

3. 農場保留大面積的蔬菜種植土地，供應農場內部消費及外部市場實踐休閒農場以農爲本的原則（圖 6-15）。

4. 農場的水塘帶來豐沛的水資源，使農場顯得生趣盎然，爲魚與鳥奠立溫床（圖 6-16）。

圖 6-15　休閒農場經營以農為本

圖 6-16　農場水資源豐沛孕育生態資源

5. 在農場較高的一側有松樹林，白鷺在此棲息。地形漸次遞降，視野條件極爲良好。

6. 在到達低地、凹池之前，廣大平緩的丘頂平野地，與寬闊的水域達成了平衡；也在農漁生產地之外，提供了休閒的可能性。

7. 飼養在圈內的馬匹、犛牛、彎角羊等，是農場的另類資源，既能討遊客歡心注意，也具有繁殖生產的價值。

8. 場內的果樹正進入結果期。坡地上的冬青、長葉烏心石等苗木，已脫離幼苗期，邁向青壯。

9. 寬闊的水域，顯示景觀發展的潛力，也提供生產及遊憩活動之基礎。

(二) 發展主題

主題訂爲「水與鳥的世界」。

(三) 整體規劃構想

本場依據資源特性，劃分爲 6 個分區：大門入口區、農業教育體驗區、餐飲休憩區、蓮花教育區、遊憩體驗區、自然體驗區等。分區規劃如圖 6-17 及圖 6-18。

(四) 土地分區利用

1. 大門入口區

(1) 停車場區：本區將鋪面改成植草磚，這樣當車行通過時可以減低對草坪的破壞；並可以在停車場內種植一些低矮灌木以區分停車位。

(2) 入口收費區：本區建設以大格局劃分的磚鋪面，並做小型的造景，設置簡易休息座椅便於遊客等待休息之用。

(3) 農村美食餐廳：本區設置一個精緻的中大型農村美食餐廳，提供遊客及成都市市民聚餐、宴客、聯誼之優良場所，餐飲服務須具農場獨有特色。在此設置簡易販賣部，販賣農場內紀念品與農場內農產品等。

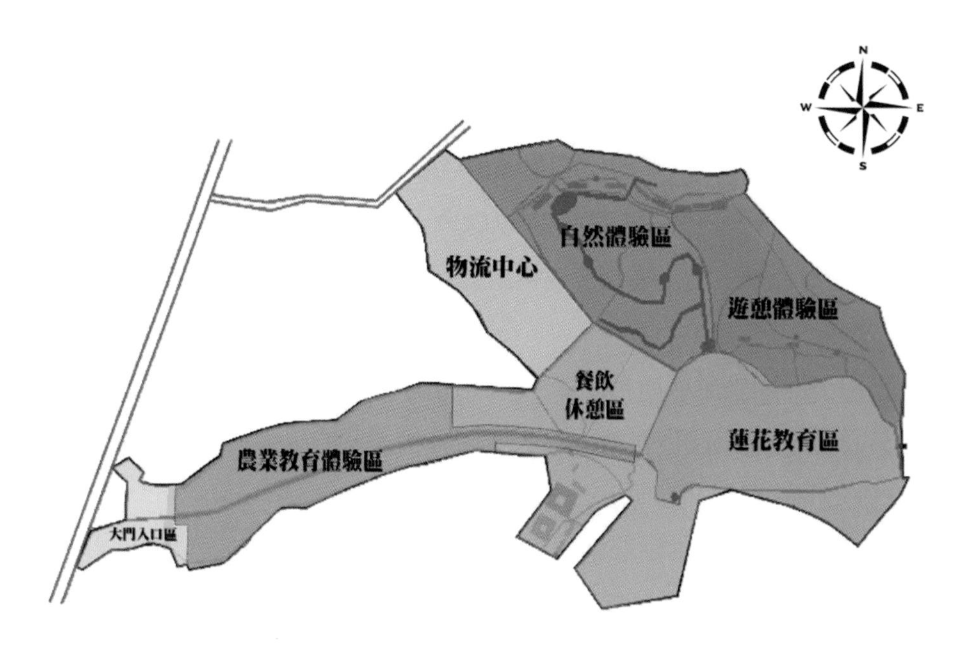

圖 6-17 國林休閒農場分區規劃圖

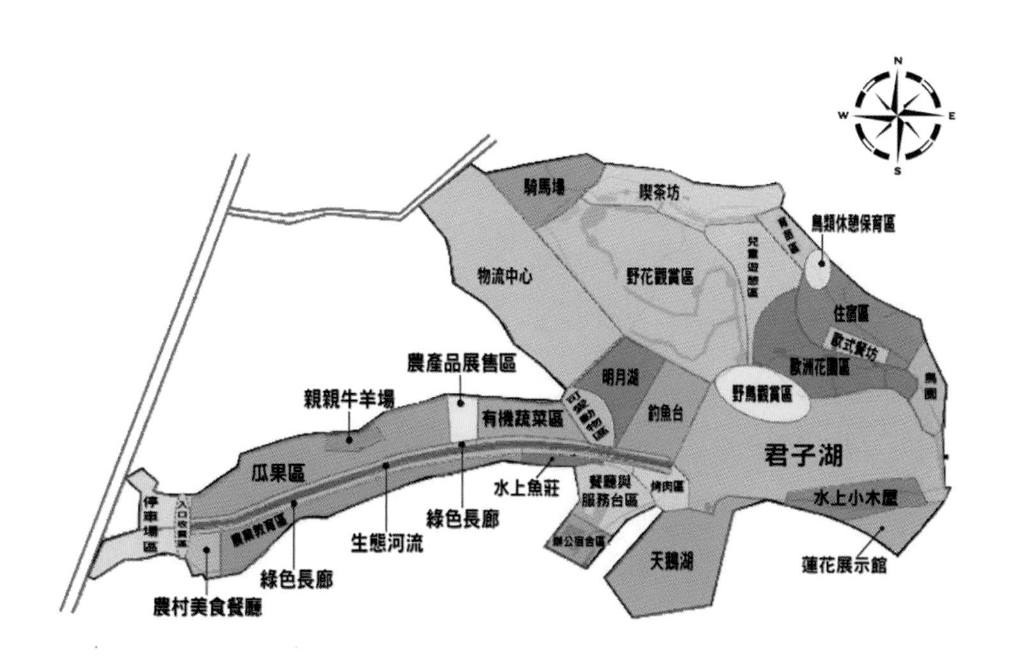

圖 6-18 國林休閒農場細部分區規劃圖

2. 農業教育體驗區

(1) 綠色長廊：長廊上方種植開花性植物，如紫藤、素馨花藤等，並可將道路較小的一方規劃為腳踏車道，可讓遊客體驗騎腳踏車遊園（圖 6-19）。

(2) 生態河流：本區用生態的手法加以處理，一方面符合生態，另一方面也可讓遊客親水。搭建涼亭，藉以連接左右兩條綠色長廊。在此河流復育魚類並種植水生植物（圖 6-20）。

(3) 瓜果區：農場果樹種植相當多，每年可配合結果時間舉辦瓜果節，吸引遊客來採水果。規劃先將果園內雜草清除，並將種植過密的果樹移除，以避免果樹生長不良，並做定期的施肥、修剪。

(4) 農產品展售區：在本區販售農場生產的農產品。另一方面舉辦瓜果節時，教導遊客如何將農產品加工或是舉辦果雕大賽、水果大餐比賽等。

(5) 農業教育區：區內種植各種不同教育植栽，如藥用、香花、花生、玉米等植物，配合導覽解說與解說牌，以達到農業教育的目的。舉辦各式農業教育活動，如採花生、剝玉米、野炊、壓花、拓印等。

(6) 親親牛羊場：將原本的豬場改建為親親牛羊場。此區飼養乳牛、乳羊，可提供新鮮的牛、羊奶，也可讓遊客體驗擠牛奶、羊奶的樂趣。

圖 6-19　規劃綠色長廊讓遊客漫步其中（示意圖）

圖 6-20　規劃生態河流復育水生生態系

3. 餐飲休憩區

(1) 有機蔬菜區：遊客可以親手採菜，再交由餐廳烹煮。規劃四季種植不同種類有機蔬菜讓遊客採食。

(2) 水上魚庄：設置一個戶外餐廳，幫民眾處理採來的蔬菜與釣來的魚。將前方的魚塘加以整理美化，讓遊客有一個飲食環境。

(3) 餐廳與服務臺區：服務臺可以出租釣具，並供遊客諮詢。餐廳提供精緻的餐點，或採美食廣場的方式營運。

(4) 釣魚臺：將魚塘部分地點設置木平臺，以供遊客垂釣。讓遊客可享受垂釣的樂趣，且可享用自己親手釣起來的魚。

(5) 可愛動物區：將原本的兔場改爲可愛動物區。規劃多個飼養動物的空間，飼養不同的可愛動物。

(6) 天鵝湖：將原本的經濟型魚塘加以整理，養殖天鵝。每年可配合情人節舉辦情人划船比賽等活動。

(7) 明月湖：魚塘周邊規劃設置木平臺與涼亭。此處販賣魚飼料，讓遊客享受餵魚的樂趣。

(8) 烤肉區：設置烤肉臺，提供遊客烤肉活動。規劃種植常綠性喬木，可達到綠蔭的效果。

4. 蓮花教育區

(1) 君子湖：配合每年 4～11 月蓮花開花的季節，舉辦蓮花節吸引遊客。規劃設置賞花平臺與座椅，供遊客賞花之用。

(2) 蓮花展示館：蓮花展示館可以介紹不同品種的蓮花，且販賣以蓮花作成的產品，也可舉辦蓮花美食饗宴活動。

(3) 水鳥觀賞區：本處水鳥甚多，故可設置賞鳥地。農場可以出租望遠鏡，供遊客賞鳥之用。由於農場內冬天氣溫過低，許多植物無法生長，所以賞鳥將可成爲冬天農場一大景點。

(4) 水上小木屋：在君子湖的下方搭建水上小木屋，提供遊客住宿服務。

5. 遊憩體驗區

(1) 兒童遊憩區：設置一些簡易的兒童遊戲設施，偏向於體能活動訓練等遊戲設施。

(2) 住宿區：以當地的建築特色發展成住宿區，可提供遊客住宿與各機關單位開會租用所需。

(3) 鳥類休憩保育區：規劃將此區加以復育整理，提供水鳥良好的群聚場所，以供遊客賞鳥之用。設置餵鳥器增加鳥類來此休憩，本區功能在於爲鳥類保育，規劃不作大規模開發，保留原有狀態，提供鳥類良好休憩環境。

(4) 歐洲花園區：設置歐洲風味的庭園造景，讓遊客感受異國風情的景觀。

(5) 育苗區：以簡易溫室培育賞花區所需的花卉，以達到農場四季皆可欣賞到開花性植物。

(6) 歐式餐坊：以歐式建築提供簡易的餐飲服務，可分室內與室外用餐。

(7) 鳥園：以網狀方式圍繞成一個鳥園。飼養各種不同品種的鳥類供遊客賞鳥、餵鳥。

6. 自然體驗區

(1) 野花觀賞區：規劃種植大量開花性植物。每年舉辦野花節。規劃四季大量種植不同的開花性植物，整片的薰衣草、鬱金香、風信子等等，造成花海般的效果，吸引遊客來此處照相留念。

(2) 棋牌喫茶坊：提供遊客一個良好的泡茶、打麻將等休閒活動空間。規劃種植一些開花性喬木，讓遊客可以一邊泡茶、打麻將，一邊賞花。

(3) 騎馬場：爲原本的牛馬場，規劃改建爲騎馬場。飼養馬匹提供遊客騎馬活動，體驗塞外兒女騎馬奔馳的快感。設計一些活動如騎馬比賽等。

(五) 體驗活動設計

本場設計體驗活動的種類如下：

1. 教育性活動設計

(1) 民俗植物認識活動。

(2) 自然生態觀察體驗活動。

(3) 水鳥觀察、認識活動。

(4) 蓮花欣賞、觀察體驗活動。

(5) 遊園資訊簡介。

2. 欣賞性活動設計

(1) 生態攝影、風景寫生。

(2) 賞鳥、賞花（圖 6-21）、賞魚。

(3) 觀景、觀星、看日出。

(4) 動物觀察體驗活動。

圖 6-21　夏季荷塘挺綠是農場的盛事

3. 體驗性活動設計

(1) 採花、採果樂。

(2) 擠牛、羊奶。

(3) 騎馬。

(4) 烤肉。

(5) 划船、遊湖、釣魚、戲水。

(6) 草原活動。

(7) 餵食動物。

(8) 農產品 DIY。

(9) 用農村風味菜。

(10) 住宿體驗。

(11) 泡茶、打牌、弈棋（圖 6-22）。

(12) 自行車道漫遊。

(13) 體能活動。

圖 6-22　農場提供市民優雅的棋牌場所

4. 文化性活動設計

(1) 瓜果節。

(2) 蓮花節。

(3) 野花季。

(4) 水鳥季。

(六) 遊憩設施設計

1. 遊憩設施規劃與設計：遊憩設施爲一個遊憩區必備的設施，遊憩設施的好壞影響遊客遊園的意願。

2. 公共設施設置項目

(1) 涼亭觀景臺。

(2) 座椅。

(3) 遊園步道。

(4) 兒童遊戲設施。

(5) 餐飲設施。

(6) 住宿服務。

(7) 展覽館。

(8) 衛生設施。

(9) 解說設施：

①標示系統。

②路線指引系統。

③生態資源解說系統。

(10) 停車場。

二、生產與景觀規劃

(一) 農業生產規劃

1. 魚塘：目前經濟型魚塘可加以區隔，分別放養不同魚種，如鯉、鯽、鯁魚、曲腰魚、泰國鯰、鱺魚、黑鱸、鱸鰻、白鰻、塘虱、鱉、福壽魚、吳郭魚等。藉以開發特色菜式，成爲本場風味餐之主要項目，以及垂釣、溪邊烤魚之資源。

2. 大湖：大湖放養大頭鰱，烏鰡（青魚）、草魚、鯉魚等魚種，並管制其收穫期與魚齡，以大魚、肥魚、鮮魚概念生產，作爲宣傳賣點。

同時可以設置淺水區，種植水生植物，如睡蓮、荷花皆可切花出售。蓮花心用於生產蓮花茶，另於成熟期收穫蓮子，以供販售。部分淺水水域種植茭白筍、菱角、水蕹菜等水生蔬菜。

3. 坡地：坡地目前造林樹種較爲單調。規劃局部區域改爲種苗生產，提供庭園、家庭裝飾、盆景用材。其較爲野放之空間，結合花色明顯之喬木與野生性木本果樹。

4. 緩丘草原：草原花海可闢設專區，養殖氂牛、肉牛、山羊、乳牛等。量不必大，而採取少量多樣。部分草原栽植歐式香草，供採收、泡茶及壓花等體驗活動，有擴增農業遊憩體驗之作用。

5. 平地果蔬區：農場入園後，圳溝左側之枇杷、梨、柑橘，規劃予以保留，稍做疏植。果樹下空間栽植香草類，並闢一區爲漢方生藥區，由枸杞等一般藥材至較特殊罕見之藥種，一方面爲展示之用，一方面也可入菜。設置牧草區與雜糧區，以有機栽培爲目標，可以提供有機牧草汁，作爲生機飲料。玉米雜糧類可供食用，玉米梗及枝葉爲很好的堆肥原料。

6. 右側帶狀農作地：右側帶狀區域，規劃闢爲有機蔬菜區，供應餐廳部需要之萵苣、青花菜等。以可採摘鮮食之小番茄、草莓等爲招徠，如在番茄品種方面就可蒐集不同形色、大小之番茄。另外如刻字南瓜（福瓜）、刻字葫蘆等可生產作爲禮品、紀念品。巨大之刀豆、有趣之翼豆等皆可在本區生產。胡瓜、苦瓜等利用籬架或平棚栽培之瓜果類，也可以少量多樣的方式種植展示。

7. 右側坡地：右側坡地之植栽重新整理。蒐集各類竹種，如毛竹、剛竹、淡竹、早竹、哺雞竹、桂竹、水竹、苦竹、箬竹、慈竹、料慈竹、梁山慈竹、硬頭黃竹、鳳凰竹等，成爲教育解說之竹主題。

8. 簡易溫室：本場現有簡易隧道棚溫室，提供冬季寒冷期間育苗及生產，目前此區爲一平坦地，可加蓋數座蔬菜、花卉溫室。

9. 有機生態農場：有機栽培是未來之目標，現階段至少達到「綠色食品」之等級，爲農場之品質形象加分。

(二) 景觀規劃

1. 農場景觀元素：本農場包含湖池、凹地、淺丘、平野等地形。有一圳溝貫通本農場，帶來了以水爲重要景觀發展主題的機會，也因爲地形上的相對變化，增加了迂迴曲折的動線以及多變化的視點，在整體地形地勢景觀架構上是優越的。

在此一景觀型態架構下，可以順勢發展與強化，同時在各個景觀元素與區位上加以營造。分述如下：

(1) 如「水」，區內的水可概分爲四部分，即入口圳溝的水，養魚池的水，底端大塘的水，沿邊坡段與緩丘平臺上的人造流水等。

(2) 現有植被部分，包括停車場植栽及入口區裝飾植物、果園植物、水生植物、水邊造景植物、坡地造林植物、原有松林等等。

(3) 建築及構造物部分，包括入口票亭與管理室，主軸線上之棚架、動物欄舍、餐飲區棚架、水邊竹木草屋等。在其他生物的部分，包含雞、兔、馬、犛牛及水鳥、水生生物等。

2. 景觀改造例示

入口意象已老舊破損，應重新設計修復

圖 6-23 入口應顯現農場的主題特色

曲橋過於粗糙，且缺少安全考量

圖 6-24 曲橋設施要兼顧景觀與安全

草原景觀廣闊明朗，但缺少層次及焦點，略加改善即有良好表現

圖 6-25　以大地為畫布落實園區主題

部分獨立的水灣、池塘，具有觀景優勢，可作為未來景觀發展中節點

圖 6-26　園區宜發掘具有魅力的景觀資源

三、國林生態農場規劃解析

1. 作好「水與鳥」世界的文章：本基地多埤塘及水渠，水資源豐富，容易吸引水鳥棲息，所以形成水與鳥融合的環境。此不僅有生態的意義，水鳥靜止與飛翔的景觀，皆有美學的意象。本計畫規劃水鳥觀賞區及鳥類休憩保育區。

2. 凸顯龍泉驛的瓜果特色：龍泉驛區是成都的瓜果之鄉，本基地既爲休閒農場自當行銷特產。本案規劃農業教育體驗區，區內包括瓜果區、農產品展售區、農業教育區等分區，以推介瓜果特色。

3. 提供優質的休閒遊憩場所：成都人重休閒，其休閒文化全國知名，本基地宜將農場資源與成都人的休閒生活緊密結合。故本農場劃設餐飲休憩區、區內設置農村美食餐廳、有機蔬菜區、水上漁產、烤肉區、歐式餐坊、棋牌喫茶坊等分區。

4. 改善景觀是本農場規劃的要務：成都人文化水平高，對環境景觀要求較爲精緻，故本規劃要發揮園林景觀與農業美學的效果。規劃從兩方面著手，一是劃設景觀區，如美化大門入口區，設置綠色長廊，活化生態河流，美化天鵝湖及明月湖，君子湖植蓮花，水鳥觀賞，水上木屋，歐洲花園，野花觀賞等區。二是改善農場的窳陋景觀，從分析彙整農場基地的景觀元素，到檢討現存的景觀缺失，最後提供改善的建議。原規劃報告提出 64 個待改善的點，本節選取 10 個點供參考。

第三節 中國大陸海南省三亞市布魯休閒農場

布魯休閒農場位於海南省三亞市天涯鎮，面積491畝（32.73公頃），臺商承包土地經營。本節擬依三亞市「天涯鎮布魯休閒農場規劃報告」（段兆麟、李崇尚、黃靜怡，2012）說明之。報告全文分10章，計68頁。

一、項目概況及分析

本節敘述規劃個案的地理位置、農場範圍及面積、三亞市社經概況、農場資源特色。

海南省屬海洋性熱帶季風氣候，故本場農業生產及休閒體驗設計以「熱帶」爲主題特色。

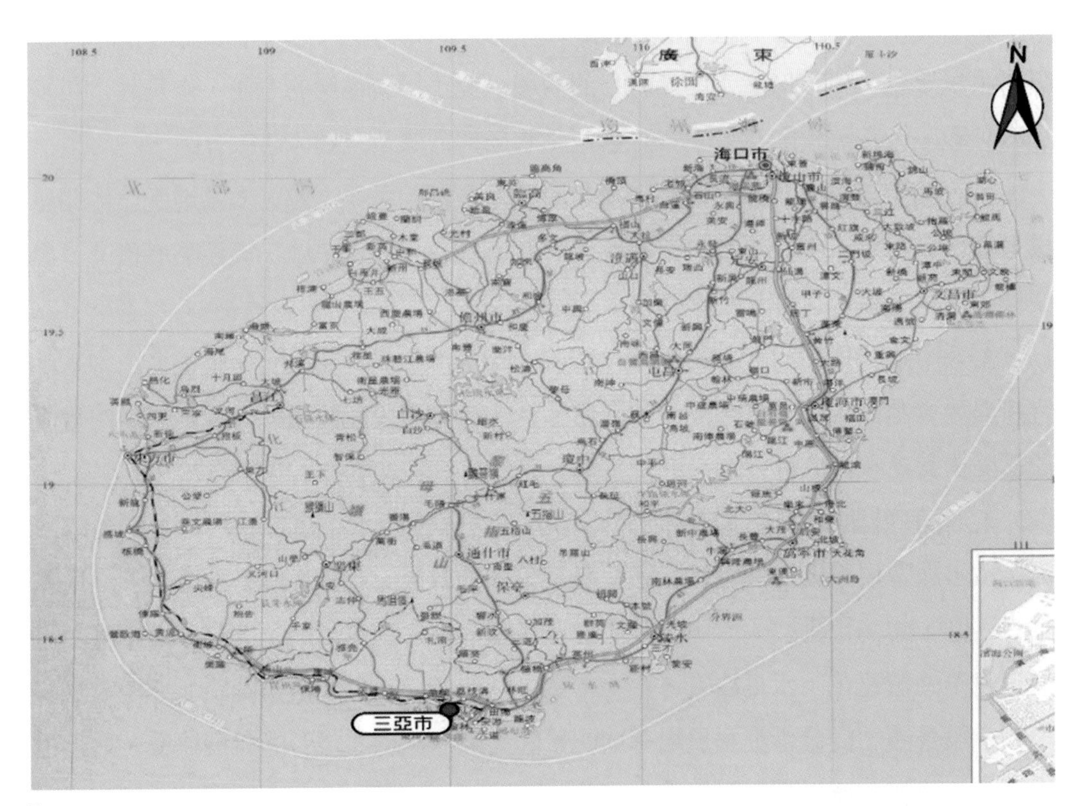

圖6-27 海南省三亞市地理位置圖

圖 6-28　天涯鎮布魯休閒農場地理位置圖

二、專案規劃

本節包括規劃依據、規劃目標、規劃原則。

(一) 規劃依據

1.「十二五規劃」第六章「拓寬農民增收管道」：第一節「鞏固提高家庭收入」宣示：利用農業景觀資源發展觀光、休閒、旅遊等農村服務業，使農民在農業功能拓展中獲得更多收益。

2.「海南國際旅遊島區域規劃」：海南省要「積極發展服務型經濟、開放型經濟、生態型經濟，形成以旅遊業爲龍頭、現代服務爲主導的特色經濟結構」。

(二) 規劃目標

1. 提供空間給遊客休憩。

2. 營造花草繽紛的場域。

3. 提供一處優質清涼消暑且具臺灣味的休閒場所。

4. 建構天涯鎮文化、生態解說，引導遊客體驗天涯鎮文化風情。

5. 創造就業機會，改善地方經濟。

(三) 規劃原則

1. 突出特色，打造具有特定文化內涵的旅遊品牌原則。

2. 傳統特色與現代理念相結合的原則。

3. 統籌規劃，分步實施的原則。

4. 提供良好餐飲與休憩服務爲本場特色的原則。

5. 功能布局重點突出、服務設施配套完善的原則。

三、專案總體布局

本節包括園區規劃主題、園區規劃布局。

(一) 園區規劃主題

1. 發展主題：「熱情三亞，天涯漫活」。

2. 目標客群：社會中上階層之企業人士、遊客團體、青年朋友、夫妻情侶、親子家庭、親友團體。

(二) 園區規劃布局

園區規劃分爲 5 個區帶，圖示如圖 6-29。

圖 6-29　天涯鎮布魯休閒農場園區規劃圖

1. 農場入口區

(1) 迎賓花園廣場：

① 服務項目：展演、產品展售。

② 規劃面積：12 畝。

(2) 林蔭停車場：

① 服務項目：遊客停車空間。

② 規劃面積：15 畝。

(3) 入口庭園景觀（圖 6-30）：

①服務項目：以熱帶園藝塑造遊客第一印象。

②規劃面積：8 畝。

圖 6-30　設計入口庭園景觀（示意圖）

2. 遊客休憩服務區

(1) 水上遊樂世界（圖 6-31）：

①服務項目：水上漂流、划船、滑水、沖水、泡水、水上球賽、水 SPA、游泳、水上滾球、戲水等。

②規劃面積：45 畝。

(2) 湖邊冰品美食館：

①服務項目：用餐、品茗、聚會活動等

②規劃面積：6 畝。

圖 6-31　因應天熱設置水上遊樂世界（示意圖）

(3) 經典伴手禮品館：

①服務項目：農特產品展售、伴手禮採購、紀念品採購、農特產品試吃推廣、農業生技產品試用推廣等。

②規劃面積：5 畝。

(4) 水晶沙灘遊戲區：

①活動項目：沙灘越野、沙灘排球、沙雕、日光浴、沙灘海岸演唱會、烤全羊慶典、BBQ 星光晚餐等。

②規劃面積：12 畝。

(5) 水漾生態湖：

①活動項目：餵魚、賞魚、釣魚、抓魚、撈魚、摸蜆、水生植物生態教學、划船等。

②規劃面積：15 畝。

(6) 草原飆車區（圖 6-32）：

①活動項目：大地遊戲、玩卡丁車、滑草、放風箏、草地日光浴、運動、打球（槌球、高爾夫球）、草地生態觀察、營火晚會、露營等。

②規劃面積：30 畝。

圖 6-32　設置草原飆車區遊客可玩卡丁車（示意圖）

(7) 親子歡樂遊戲區：

①活動項目：滑草、坐小火車、玩直排輪、騎越野車、盪鞦韆、溜滑梯、爬網、玩沙、坐蹺蹺板、玩益智遊戲、走迷宮等多種兒童遊樂設施。

②規劃面積：10 畝。

3. 休閒養生遊憩區

(1) 漫活河畔住宿區：

①活動項目：住宿休息、泡溫泉、影視欣賞等。

②規劃面積：30 畝。

(2) 養生保健館：

①活動項目：泡湯、游泳、SPA 按摩、足浴、理容按摩、下棋、打牌等。

②規劃面積：5 畝。

4. 農業生產體驗區

(1) 本土特有植物園區：

①服務項目：本土植物保育解說、植物認養、植樹、本土植物應用等。

②規劃面積：10 畝。

(2) 棕櫚科植物公園：

① 服務項目：植物教學、導覽解說、植物觀賞等。

② 規劃面積：10 畝。

(3) 熱帶花卉及植物公園：

① 服務項目：熱帶花卉教學、熱帶植物解說導覽、特產品展售等。

② 規劃面積：15 畝。

(4) 動物體驗區：

① 活動項目：動物餵飼如餵雞、餵鴨、餵鵝、餵豬、餵羊、餵牛、餵兔、餵鱷魚、餵鴕鳥等，互動體驗如擠羊奶、擠牛乳、釣青蛙、釣鱷魚、站鴕鳥蛋、彩繪雞鴨鵝蛋等。

② 規劃面積：15 畝。

(5) 農業科技普及教育基地：

① 服務項目：農業科技推廣教學、新品種栽培與推廣、農民教學、種苗培育及推廣、設施農業推廣等。

② 規劃面積：15 畝。

(6) 熱帶果樹體驗區（圖 6-33）：

① 活動項目：果樹辨認及栽培教學、採果、果樹認養、水果品嘗、水果加工製作體驗、水果餐品嘗及教學、水果的營養教學、水果彩繪、水果染布、拓印等。

② 規劃面積：60 畝。

圖 6-33　設置熱帶果樹體驗區提供遊客體驗芒果的實境

(7) 昆蟲生態區：

① 活動項目：賞鳥、賞蝶、賞螢火蟲、昆蟲生態觀察與教學、夜間生態觀察、植物教學、釣蛙等。

② 規劃面積：15 畝。

(8) 森林廣場：

① 活動項目：泡茶、聽蟲鳴鳥叫、運動、跳舞、下棋、打牌、品茗、喝咖啡、散步、露營、射箭等。

② 規劃面積：15 畝。

(9) 有機蔬果生產區：

① 活動項目：農業導覽、種蔬果、採蔬果、農業栽種教學、耕作體驗、有機生態教育、焢土窯等。

② 規劃面積：45 畝。

(10) 策馬入林運動區：

① 活動項目：騎馬、坐馬車、馬術教學、採果、體能運動（滾球）等。

② 規劃面積：36 畝。

5. 環境景觀帶

(1) 環園健康林蔭步道：

① 活動項目：散步、健走、跑步、騎自行車、採果等。

② 規劃面積：30 畝。

(2) 生態造林示範區：

① 活動項目：生態觀察、自然教學、冥想、靈思、修心養性、禪坐、露營、野外求生訓練等。

② 規劃面積：15 畝。

四、設施規劃及永續經營管理

本節包括設施需求項目、設施設置及管理、環境與衛生管理、人力資源管理、遊客安全管理。

(一) 設施需求項目規劃

1. 住宿設施。
2. 餐飲設施。
3. 農產品與農村文物展示（售）及教育解說中心。
4. 門票收費設施。
5. 警衛設施。
6. 涼亭設施。
7. 眺望設施。
8. 衛生設施。
9. 農業體驗設施。
10. 生態體驗設施。
11. 安全防護設施。
12. 平面停車場。
13. 標示解說設施。
14. 露營設施。
15. 休閒步道。
16. 水土保持設施。
17. 環境保護設施。
18. 農路。
19. 農產品銷售設施（圖 6-34）。
20. 其他休閒農業設施。

圖 6-34　農場美化賣場促銷農特產品（示意圖）

(二) 設施設置及管理

1. 野外的生態體驗設施，包括種植蜜源植物誘蝶、引蜂、誘鳥；設置生態池觀察魚蝦蟹類及水面的蜻蜓、青蛙。設施管理要注意維護園地的環境，確保生態資源永續成長。保護遊客不誤入特定的園地，以免受到有毒生物的侵害。

2. 專業的展館容易吸引遊客參觀體驗，營運收入較佳。但投資成本較高，也需要專業人員維護，所以設施營運須經財務評估。

3. 生態體驗設施應重視解說的功能。電子技術可應用於生態體驗的解說設施，如建置自動化解說系統，讓遊客反覆聽解說內容，以增益生態知識。

4. 水塘中常設木棧道，以利遊客近距離賞蓮、荷、水草，或餵食錦鯉。棧道在水中易腐，農場應注意維護；且爲防範落水，應準備救援器具。

5. 昆蟲及植物有明顯的季節性變化。若能將場地及設施隨季節做彈性運用，則設施在不同季節都可發揮體驗的功能。另方面應用電子視聽設備播放，讓遊客在任何季節都可觀察生物完整的蛻變過程。

(三) 環境與衛生管理

針對植栽處理、廢棄物處理、汙染防治、衛生設施等事項，提出管理要項。以植栽管理爲例的管理要項如下。

爲了維持農場綠意盎然的特性，應配合整體環境的美化、綠化以及農場周邊植栽的配置，讓整個環境看起來有一片生機的感覺，使遊客在此有另一種都市所見不到的清新感。

植栽提供軟化硬體設施僵硬的功能，因此在進行配置時必須配合農場環境特性，利用植栽的顏色、質感、大小、尺寸、形狀之變化，塑造不同的景觀意象。將各類植物混合栽種，利用不同的樹形、色彩及質感形成視覺變化，並增加生態的多樣性及穩定性。管理方面，定期的澆水、病蟲害防治、修剪、雜草管理以及施肥等，都是不可缺少的工作。

(四) 人力資源管理

管理綱要如下：

1. 以當地居民爲人力的主要來源。

2. 服務人員應接受服務的專業訓練。

3. 建立一套包括任用、訓練、考核、薪資、福利、退休之人力管理制度。

(五) 遊客安全管理

休閒農場影響安全的因素，可分為五大類：生物因素、自然因素、地形因素、設施因素、人為因素等。對於不同原因的事故，分別擬訂事前、事中、事後的安全管理對策。

五、產品開發策略

包括產品開發構思、餐飲開發構思。

(一) 產品開發構思

1. 提供休憩空間的策略。
2. 走向優質餐飲服務品質的策略。
3. 特色開發的策略。

(二) 餐飲開發構思

本場餐飲以「地方特色餐飲」、「速食」、「臺灣小吃」等為主要推廣點。為滿足大量遊客湧入的需求，本場以快速供餐的餐飲服務為主軸。

六、產品經營發展策略

包括經營發展指導思想、經營發展理念、行銷策略。

行銷策略如下：

1. 環境及產品規劃，注重形象塑造。
2. 堅持特色，注重品牌建立。
3. 品質為本，注重長期發展。
4. 合作雙贏，注重社會效益。

七、形象推廣計畫

包括形象推廣理念、推廣策略與方式、初期市場推廣建議。

初期市場推廣建議如下：

1. 在瀏覽量較大的旅遊網上，發布專案資訊。

2. 在出入三亞主城區的門戶和對外交通幹道，流動性強的汽車站、火車站等場所實施整個布魯休閒農場的形象傳播策略。

3. 依託媒體轉播、邀請美食節目到農場體驗宣傳。透過電視提高布魯休閒農場的知名度。

4. 聯繫省內外大型且信譽好的旅行社，將布魯休閒農場納入銷售線路。

八、活動推廣策劃

包括指導思想、常態性活動策劃。

常態性活動項目如下：

1. 定期排定表演。
2. 農產冰品體驗。
3. 觀光採果活動。
4. 賞花活動。
5. 農村風味餐品嘗。
6. 打牌趣。
7. 舒爽足浴。
8. 自然生態解說。
9. 觀星、觀賞螢火蟲。
10. 賞鳥、賞蝶。
11. 垂釣、餵魚、抓魚。
12. 草原電動車、放風箏。
13. 水上遊樂活動。

14. 騎馬體驗。

九、專案管理

包括經營思路、管理組織、管理措施、專案進度管理。

管理組織規劃如下：

(一) 組織形式

布魯休閒農場實行公司集團化管理規劃「分權事業部制」的管理制度。

(二) 組織機構

1. 產權組織機構：集團董事會和監事會。

2. 經營管理組織：總裁辦公室、人力資源部、財務部、工程建設修繕部、行銷部、演藝部、餐飲部、販賣部、休憩環境管理部、安全管理部等。

具體的組織機構依據農場營運需求而調整。

十、預期效益

預期效益按農場經濟效益、社會效益、環境效益等三部分推估。

十一、天涯鎮布魯休閒農場個案解析

1. 規劃報告的內容要能滿足送審的規定與營運的需要：中國大陸大多數地方政府對申請休閒農場登記所需的營運計畫書，並未規定內容大綱，所以本件規劃報告的綱要，是規劃團隊在專業的基礎上，與農場經營者（委託規劃單位）商洽訂定的。目的在使規劃報告順利送審外，還供作爾後營運的藍本。

2. 規劃報告要實踐業者的經營理念：三亞是一個國際性的旅遊城市，旅遊景點非常多。業者希望農場能爲遊客提供戶外遊憩、運動型的休閒活動。所以本場規劃遊客休憩服務區，舉辦水上遊樂世界、水晶沙雕遊戲、草原飆車、親子歡樂、策馬入林運動等活動，以滿足遊客休閒運動的需求，而建立品牌特色。

3. 本場體驗活動彰顯農業的特性，以符合休閒農業的本質：規劃設置「農業生產體驗區」，包含本土特有植物園區、棕櫚科植物公園、熱帶花卉及植物公園、可愛動物園區、農業科普教育基地、熱帶果園體驗區、有機蔬果生產區，以及入口處的熱帶園藝景觀等。其中農業科普教育基地主要對社區農民培訓，以提升農業技能，增產增收。

4. 體驗經濟的目的在於促進營收：本場規劃營利的項目，包括：遊客休憩服務區（湖邊冰品美食館、經典伴手禮品館）、休閒養生遊憩區（慢活湖畔住宿區、養生保健館），以及各項體驗活動的收入。本案規劃要滿足 2 個主要對象的需求：遊客滿意與經營者獲利。

第四節 中國大陸海南省三亞市天涯鎮休閒農場

本農場基地爲臺商承包經營。本節擬以「三亞市天涯鎮休閒農場規劃報告」（段兆麟、李崇尚、黃靜怡，2010）說明。全文分 10 章，54 頁。

一、項目概況及分析

(一) 地理位置

天涯鎮休閒農場位於海南省最南端的天涯鎮。「天涯海角」是此地具有盛名的旅遊景點，本農場即在天涯海角風景區不遠處。農場處於西線高速公路與 S314 道路的交叉處，交通十分便利。周圍緊鄰天涯海角風景區、西島、南山寺、海山奇觀等知名景點（圖 6-35）。

三亞市屬於海洋性熱帶季風氣候，影響本場農業生產及體驗設計，凸顯「熱帶」的特色。

圖 6-35　天涯鎮休閒農場地理位置圖

(二) 農場範圍及面積

農場基地面積計有 100 畝，合 6.67 公頃（圖 6-36）。

圖 6-36　天涯鎮休閒農場基地現況

(三) 文化介紹

1. 黎族文化：黎族人民世世代代在海南島上繁衍生息，傳說黎族的女始祖黎母，出生在海南省瓊中縣的黎母山。千百年來，黎族在編織美麗生活的同時，也編織出美妙絕倫的黎錦。黎族人採用木棉花蒴果內的棉毛或其他種類的棉花做緯線，苧麻纖維做經線，再用天然植物色素為顏料染色，然後織成一種特色花棉布——黎錦。從宋代到清代，黎錦極品都是向朝廷進貢的珍品，被譽為「東粵棉布之最美者」。

2. 流放文化：自古以來，海南島就是流放罪臣的地方，文化落後，蠻荒閉塞，疾病流行。蘇東坡在紹聖 4 年（1097），因政治迫害，一再南貶之後，於當年 4 月從廣東惠州任所再度貶至海南。朝廷任命蘇東坡爲瓊州別駕。雖被發配邊疆，蘇東坡卻不因此抑鬱墮落，反而在海南島能將自我的悲苦放置，藉由他的文字來抒發。他在島上講學、鑿井、教百姓製墨、釀酒，教百姓耕田、和黎（黎族）、辦學堂等。蘇東坡的事蹟在海南成了一番佳話。深刻不在於地理風光，在於人文精神，海南讓人駐足的，正是這些千古不朽的人物精神。

(四) 飲食特色

三亞的飲食特色主要有 8 項：魚翅、海參、鮑魚、大排檔、燒烤、椰汁芒果糯米飯、風味獨特芋頭飯、甜蜜蜜民間小吃等。

二、專案規劃

(一) 規劃依據

1.「十一五規劃」：第五章「增加農民收入」，第一節「挖掘農業增收潛力」，「發展休閒觀光農業」。

2.「海南國際旅遊島區域規劃」

(二) 總體構想

將天涯鎭休閒農場建成一個以休閒花園餐廳爲基礎，提供餐飲服務、休憩場所，且位於中國最南端的第一個休閒農場。

(三) 發展目標

本休閒農場主要的經營方向將以「清涼消暑、休閒體驗」爲主軸，以優質的「休閒花園餐廳」爲經營型態。因此整體環境的規劃及經營主軸呈現熱帶風情，以提供遊客體驗在地文化差異，享受不同的飲食文化；並藉由場區內不同的熱帶植物體驗分區及解說達到教育的目的，且達到寓教於樂的目的。

三、專案總體布局

爲落實「體驗經濟」的理念，本農場將產品及服務，按其功能分爲三線。營運項目分爲三線：

1. 一線：農產品展售、冰品飲品部、美食部、伴手禮部，爲本農場最主要營運項目。

2. 二線：休閒保健、棋牌等休閒活動，爲第二重要營運項目。

3. 三線：藝術文化表演、熱帶植物（室內、室外）體驗、生態體驗、水草體驗、水族體驗、高科技農業體驗等，爲輔助營運項目。

此三線營運項目以 14 個蜂巢型單元設計爲構思，並配合農場資源現況及發展目標，以下爲園區規劃架構並舉例說明規劃情形。規劃圖示如圖 6-37。

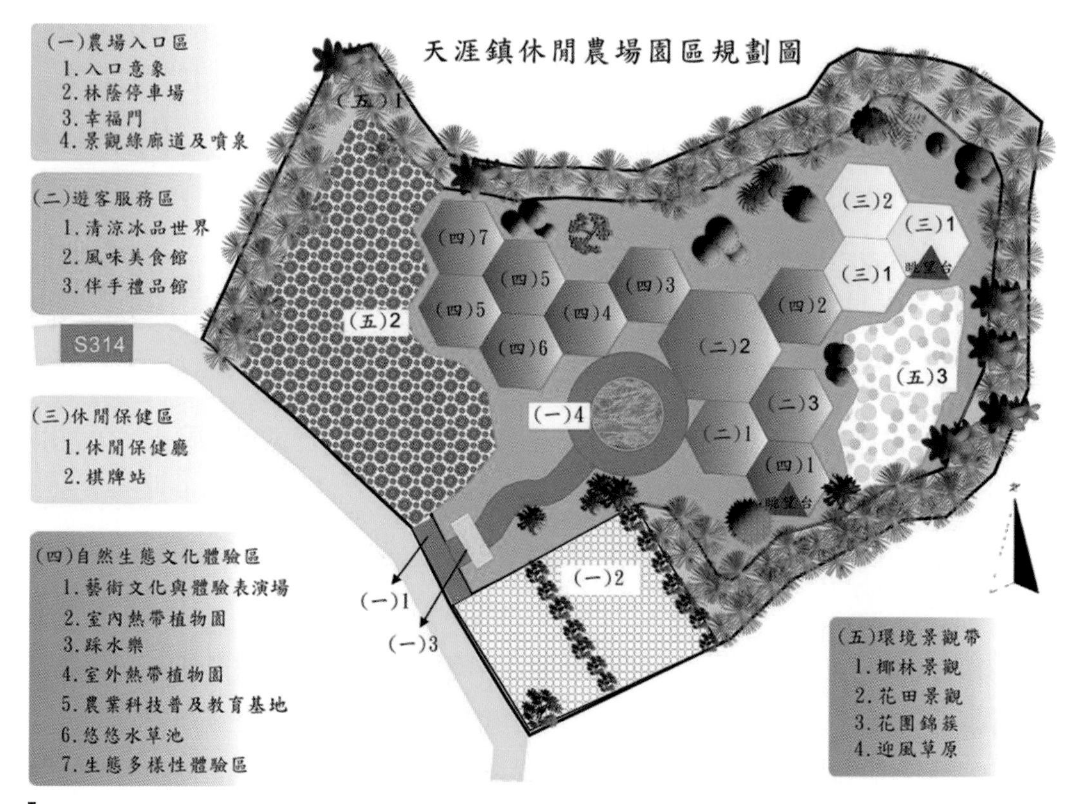

▌圖 6-37　天涯鎮休閒農場園區規劃圖

(一) 農場入口區

1. 入口意象。
2. 林蔭停車場。
3. 幸福門。
4. 景觀綠廊道及噴泉。

■以「幸福門」爲例說明：

入口處架設一幸福門，附有噴水霧設施，噴霧中可加入精油，如薰衣草、茶樹精油等，讓遊客可以神清氣爽、滿身香氛地進入場區（圖 6-38）。想提供一個消暑解渴的歇腳處概念，要從入口就開始。

圖 6-38　設計幸福門歡迎遊客進場（示意圖）

(二) 遊客服務區

1. 清涼冰品世界。
2. 風味美食館。
3. 伴手禮品館。

■以「清涼冰品世界」爲例說明：

冰品世界館內將劃分成世界特色冰品（如夏威夷彩虹冰、日本哇沙米冰淇淋、義大利冰淇淋）、中國大陸特色冰品、臺灣特色冰品、農場特色冰品等區塊。提供各式不同的冰品，如冰水、冰棒、冰淇淋、冰沙、碎冰、剉冰、刨冰等種類，而各式冰品也可進一步開發出更多不同種類（圖 6-39）。例如冰淇淋可以有不同口味，如花生、草莓、芒果、鳳梨、釋迦、牛奶、櫻桃、海鮮等。在臺灣冰品中出了名的，如臺中刀削蜜豆冰、四果冰、潮州冷熱冰、雪花冰、月見冰、芒果冰、芋圓冰、仙人掌冰、八寶冰、草湖芋仔冰、關西仙草刨冰、愛玉冰、黑糖剉冰等，都在臺灣冰品區現場販售。農場特色冰品區則結合當地水果如椰子、波羅蜜、鳳梨、芒果、香蕉、咖啡等入味，作成不同冰品，讓遊客品嘗最鮮的現作冰品。冰品加工也可促進當地農產品的銷路。除了可以將各式各樣水果入味冰品，還可以外淋各式各樣的果醬或外加新鮮水果。

芒果冰

雪花冰

仙草刨冰

八寶冰

圖 6-39　設計各式冰品滿足遊客消暑需求

(三) 休閒保健區

1. 休閒保健廳。
2. 棋牌站。

■以「休閒保健廳」爲例說明：

本場內設置休閒保健二個館，二個館可相通，提供按摩、足浴等服務。按摩服務有經絡按摩、肩頸按摩、腳底按摩、精油按摩等。本場聘僱數位專業按摩師爲顧客消除疲勞。足浴屬於中醫足療法，身體有疾病或異常時，都會反映在足部反射區，泡腳能調整腦部神經傳導，提高睡眠品質。本場除了可提供中藥足浴，亦可提供芳香足浴，加入薰衣草精油，對健康更有幫助。在本館上方亦設置一眺望臺，供遊客眺望天涯鎮的農村景致與山景，甚至遠眺海岸線。

(四) 自然生態文化體驗區

1. 藝術文化體驗與表演場。
2. 室內熱帶植物園。
3. 踩水樂。
4. 室外熱帶植物園。
5. 農業科技普及教育基地。
6. 悠悠水草池。
7. 生物多樣性體驗區。

■以「藝術文化體驗與表演場」爲例說明：

本場設置一個表演舞臺（圖 6-40）。本場設置演藝部表演活動策劃人員若干名，負責尋找合作舞者、表演者、樂團等，排定豐富的表演時間。表演內容可從當地少數民族舞蹈表演至現代流行歌曲演唱等多元表演活動安排，以附加活動來吸引遊客。

圖 6-40 設置表演場地供遊客體驗海南少數民族文化藝術

(五) 環境景觀帶

1. 椰林景觀。
2. 花田景觀。
3. 花團錦簇。
4. 迎風草原。

■以「椰林景觀」爲例說明：

海南景觀以椰林爲特色（圖 6-41）。在本農場周圍種植不同品種的椰樹，並且在椰樹沿途設立解說牌，解說椰林生態、椰子加工利用，椰林文學藝術等相關知識，可讓遊客環繞場區一圈後，對椰樹有進一步的認識。

圖 6-41　以椰林景觀凸顯海南農業特色

四、設施規劃及永續經營管理

(一) 設施需求項目

1. 休閒遊憩設施規劃

(1) 涼亭（棚）設施。

(2) 眺望設施。

2. 動線景觀設施規劃

(1) 平面停車場設施。

(2) 休憩設施安全設施。

3. 解說導覽設施規劃

(1) 入口意象設施。

(2) 分區指標設施。

(3) 定點解說設施——滿足遊客教育解說的需求。

4. 環境衛生設施規劃

(1) 廁所：滿足遊客衛生的需求。

(2) 垃圾桶：滿足遊客環保的需求。

(二) 設施設置及管理建議

1. 整體性設施設計及設置。
2. 停車場設計及設置。
3. 解說標誌系統設計及設置。
4. 涼亭設計及設置。

(三) 設施維護管理計畫

1. 設施維護管理之目標。
2. 設施管理及維護單位。

(四) 環境衛生之管理

1. 廢棄物清理。
2. 汙染防治。
3. 整潔管理。
4. 植栽管理。

(五) 遊客服務之管理

滿足遊客之基本服務。

(六) 人力資源之管理

1. 以當地居民爲主。
2. 服務人員應接受服務訓練。
3. 建立一套完善之人力資源管理制度。

(七) 旅遊安全之管理

1. 事前預防。
2. 緊急應變。
3. 事後處理。

五、產品開發策略

(一) 開發原則

以「休閒花園餐廳」爲主軸，規劃設計餐飲、冰品、飲品、購物、戶外休憩爲主體。結合本場市場的需求，在景區間設置一個供遊客休憩的中繼站，以當地特色營造熱帶風情、少數民族文化融入農場氛圍，從而實現中國最南端的休閒農場——「天涯鎮休閒農場」。

爲遊客提供休憩空間、提供快速餐飲爲設計原則，與政府及社區建立合作關係，以促進地方經濟發展。

(二) 產品開發策略

1. 提供休憩空間的策略：本場提供休憩空間，供遊客在景區活動時有不一樣的休憩空間，更結合中國全民運動——「打牌」，讓親友可坐下享受共同娛樂的時分。

2. 走向優質餐飲服務品質的策略：本場規劃成立以「休閒花園餐廳」爲經營型態的休閒農場，並且提供優良品質與服務的用餐環境。

3. 特色開發策略：結合當地少數民族文化及海島生態文化，將熱帶風情融入本場建築風格布局；結合當地特色餐飲、速食餐飲、臺灣小吃，並展售當地農特產品、臺灣知名伴手禮，以及具有地方意象的紀念品，以塑造本場經營特色。

(三) 餐飲規劃

本場餐飲以「地方特色餐飲」、「速食」、「臺灣小吃」爲主要推廣點。爲滿足大量遊客湧入的需求，以快速供餐的餐飲服務爲主軸。

六、產品經營發展策略

(一) 經營發展理念

1. 永續發展的經營理念。
2.「共繁榮」的經營理念。

(二) 行銷策略

1. 以形塑神，注重意境營造。
2. 堅持特色，注重品牌建設。
3. 品質爲本，注重長期發展。
4. 合作雙贏，注重社會效益。

七、形象推廣策劃

(一) 形象推廣理念

1. 外向化的傳播視野。
2. 全方位推廣。

3. 農場形象推廣與三亞旅遊產業發展互動。

(二) 推廣策略與方式

1. 推廣策略

(1) 文化策略：強調「海島生態文化」、「熱帶風情」等概念，樹立農場個性的文化概念。

(2) 拉引策略：通過運用政府推廣、新聞影響和廣告傳播，直接向目標市場展開強大的攻勢，使消費者產生強烈消費欲望，以形成急切的市場需求。

2. 推廣方式

(1) 藉天涯鎮休閒農場 Logo 的公開徵集活動，以達到擴散名聲的效果。

(2) 與電視臺美食節目聯合舉辦美食體驗活動，並邀請媒體到場體驗拍攝。

八、活動推廣策劃

1. 定期排定表演。
2. 農產冰品體驗。
3. 觀光採果活動。
4. 賞花活動。
5. 農村風味餐品嘗。
6. 打牌趣。
7. 舒爽足浴。
8. 自然生態解說。
9. 觀星、觀賞螢火蟲。
10. 賞鳥、賞蝶。
11. 垂釣、餵魚。

九、專案管理

(一) 經營思路

本農場「以提供優質餐飲服務品質」爲核心經營理念，採取「政府引導，公司運作，農民合作，滾動開發」的形式操作。

(二) 組織措施

1. 組織形式：實行公司集團化管理，採用「分權事業部制」的組織形式。

2. 組織機構：產權組織機構：集團董事會和監事會。

(三) 管理措施

管理措施的樣態：

1. 創新公益性服務。
2. 旅遊市場行銷和管理。
3. 日常綜合管理。
4. 旅遊危機管理。

十、前景預測分析

(一) 三亞旅遊現況與未來預測

三亞市 2009 年平均每月遊客過夜人天數約爲 100 萬（人天）。三亞市 2010 年前三季度，旅遊業平穩較快發展，接待過夜遊客人數 663 餘萬人次，旅遊總收入超百億元。

(二) 設施大小及消費單價評估

1. 設施大小預定：本休閒農場的設施大小預定如下：

(1) 林蔭停車場：6,000 平方公尺。

(2) 景觀綠廊道及噴泉：400 平方公尺。

(3) 風味美食館：600 平方公尺。

(4) 清涼冰品世界：450 平方公尺。

(5) 伴手禮品館：450 平方公尺（圖 6-42）。

(6) 藝術文化表演場：450 平方公尺。

(7) 休閒保健館（2 個館）：450 平方公尺 ×2 ＝ 900 平方公尺。

圖 6-42　設置伴手禮品館供遊客選購農特產品（示意圖）

(8) 棋牌站：450 平方公尺。

(9) 熱帶植物園（室內）：450 平方公尺。

(10) 熱帶植物園（室外）：450 平方公尺。

(11) 踩水樂：450 平方公尺。

(12) 悠悠水草池：450 平方公尺。

(13) 生物多樣性展示區：450 平方公尺。

(14) 農業科技普及教育基地（2 處）：450 平方公尺 ×2 ＝ 900 平方公尺。

2. 消費單價評估：針對農場內提供的餐飲、禮品購買，以及各類休閒活動等主要服務，略估以下消費單價（以人民幣為單位）：

(1) 伴手禮：約為 200 元／人。

(2) 休閒保健館：約為 100 元／人（包含按摩、足浴與打牌）。

(3) 冰品及飲品：約為 60 元／人。

(4) 餐飲：約為 80 元／人。

3. 促進農民就業機會，增加農民收入：農業由一級產業轉型為三級產業，將新增了許多就業機會，如餐飲、銷售、解說、活動帶團、招待等各類的工作機會。休閒農場將網羅足夠的服務人員擔任工作。隨著遊客增多，將增加對餐飲及伴手禮的需求，可大量促進當地農產品之銷售。

本農場人力來源，主要僱用當地居民。連同作業人員與管理人員，本場人力需求估計為 94 人，等於創造 94 個就業機會。

十一、海南省三亞市天涯鎮休閒農場規劃解析

1. 本農場因應氣候特性建立「吃冰」的主題特色：海南地處熱帶，終年高溫，如果有避暑趨涼之處，當受遊客喜愛。臺灣消暑驅熱的冰品極多，已建立飲品的特色。個案主人是臺商，於是想到將臺灣的冰品引進本農場。本個案的總體規劃乃在遊客服務區中設置「清涼冰品世界」，將臺灣極負盛名的冰品，如冰棒、八寶冰、蜜豆冰、芒果冰、芋仔冰、雪花冰、芋圓冰等，在農場重現。讓中國大陸遊客邂逅臺灣冰品，也讓臺灣遊客在三亞巧遇故鄉冰品。

2. 本場建立南國景觀及快速供餐爲餐飲服務的特色：農場布置生態優美的環境供應餐食，塑造「休閒花園餐廳」的主軸。個案同樣在遊客服務區設置「風味美食館」。餐食內容包括當地特色餐飲、速食、冷盤，及臺灣小吃等。椰子是海南特產，因此將椰果各部位如椰肉、椰汁、椰油入菜，將是極具特色的料理。本文多處提及「速食」，乃因本場以一般遊客爲主要客群。這類遊客大概要逛很多景點，行程較匆忙，不太可能細細品嘗。因此餐飲服務要快速供餐，縮短等候時間，簡易取餐。餐廳可增加翻桌次數而廣收客源。

3. 休閒農場服務宜順應遊客生活習性：因應中國大陸遊客生活習性，規劃休閒保健區，設置休閒保健廳及棋牌站。休閒保健餐廳提供按摩、足浴服務、可鬆弛旅途疲勞，應能滿足遊客需求。棋牌站供下棋打牌喝茶，提供三亞市民以棋牌會友的好所在。外地遊客亦可在場裡摸幾圈，以拉近感情。

4. 規劃因地制宜，凸顯地區的生態與文化特性：三亞毗鄰樂東、五指山、保亭、陵水等市縣，周邊自然生態及民族文化資源豐富，適合外國或外省遊客參與體驗。特別是國務院積極發展海南爲國際旅遊島，三亞爲最大的海港城市，客源絕無問題。故本個案規劃自然生態文化體驗區，區內設置 7 個體驗項目，都在凸顯三亞周邊地區的生態與文化特色。

第五節 中國大陸承德、濟南、紹興、廣州、臨高休閒農場規劃構想

本節休閒農場規劃構想，係應農場老董、老總請託，就休閒農場的經營與發展，提出總體規劃、資源評估、分區設置、體驗設計、預期效益等項目的構思。雖不是縝密周延的規劃，但可參考其發展思路、主題建構，及體驗與營運活動部署。本節由北往南，共臚列 6 個個案：河北承德、山東濟南、浙江紹興、廣東廣州（2 個）、海南臨高等，都是作者領導團隊研擬的規劃構想。

一、河北省承德市七家鎮溫泉休閒農場

本案例以「承德市隆化縣七家鎮溫泉休閒農庄規劃構想」報告（陳昭郎、段兆麟，2011）說明之。

(一) 基地位置

基地位於河北省承德市隆化縣七家鎮，253 省道東側，東茅溝（武烈河上游）河畔。以承德市區為中心，位於正北面約 60 餘公里處。地理位置圖如圖 6-43。

基地面積 1,447 畝，與溫泉酒店區（500 畝）毗鄰。

(二) 基地現況

規劃地區是典型的農村區域（圖 6-44）。周邊山地環繞，中間地勢平坦。基地屬溫帶大陸性季風氣候。農作以玉米、小麥、高粱、穀子、莜麥為主。食用菌是新發展的經濟作物。

周邊山地森林茂盛，政府設置森林公園，是個生態旅遊的景點。村庄有一家頗具規模的磚廠，是本鎮代表性的工業。

本地區溫泉蘊藏豐富，已有數家溫泉賓館（圖 6-45），帶來旅遊的榮景，所以溫泉是七家鎮發展農業旅遊的核心資源。

▍圖 6-43　承德市隆化縣七家鎮溫泉休閒農庄地理位置圖

▍圖 6-44　規劃區是典型的華北農村地區

▍圖 6-45　規劃區蘊藏溫泉資源已有數家賓館

(三) 規劃目的與思路

1. 規劃目的

(1) 發展精緻農業，提高農地利用效率。

(2) 發展設施農業及安全農業，增進農產品質量，以增加農業收入。

(3) 發展休閒觀光農業，引進城市遊客，以帶動農產品消費。

(4) 建構溫泉城的綠色體質與農業環帶，設計農民分享溫泉產業發展成果的機制。

(5) 提升村內農民的農作技術，增加農民農業外的就業機會，並維護農村的自然環境。

2. 規劃的政策依據

(1)「十二五規劃」：第六章「拓寬農民增收渠道」，第一節「鞏固提高家庭收入」：利用農業景觀資源發展觀光、休閒、旅遊等農村服務業，使農民在農業功能拓展中獲得更多收益。

(2)「承德市十二五規劃」。

(3)「隆化縣七家鎮十二五規劃」。

3. 規劃的思路

(1) 體驗式經濟的實踐。

(2) 以農業價值與鄉村體驗豐富溫泉城的內涵。

(四) 資源與環境分析

1. 資源優勢

(1) 擁有溫泉資源，建構旅遊發展的核心。

(2) 東茅溝流經本基地，水資源豐沛，灌溉便利。

(3) 地形相對平坦，開發容易。

(4) 北側有樹木植栽，形成優良的景觀背景。

(5) 基地東側廢置的磚窯遺跡，是難得的農村產業文化資源。

2. 資源劣勢

(1) 基地有部分面積跨行水區，開發須注意安全管理。

(2) 秋冬結霜期不能露天種植，農業生產與體驗活動需靠溫棚。

3. 環境有利性

(1) 本基地開發的方向符合中央及地方十二五規劃發展農業觀光旅遊，增加農民收入的政策指導。

(2) 承赤高速公路經過七家鎮，將本鎮與承德、北京快速連結，交通便捷，擴大旅遊市場範圍。

(3) 基地位於溫泉城的門口，位置優越，利於導入溫泉城的遊客。

(4) 城市居民對安全、有機農產品的需求漸增大。

(5) 周邊景點多，如承德避暑山庄及周圍古蹟、茅荊壩森林公園、圍場、赤峰等，形成觀光旅遊景點的集聚效應。

4. 環境不利性：溫泉城發展進入成熟階段後，將吸引眾多商家進駐，形成競爭局面。本農庄規劃須建立特色互補性。

(五) 發展主題定位

本農庄結合溫泉休閒體驗的精緻農業經營，創造樂活、健康、美麗的價值。

(六) 發展項目

以農業一、二、三產融合作爲設計的思想基礎。說明如下：

1. 一產層次

(1) 溫泉蔬菜：

① 以溫泉水培植蔬菜，質細可口；因創新而具行銷力。

② 溫泉水可種植蕹菜、番茄、絲瓜、茭白、芋頭、藤三七等蔬菜。

(2) 有機蔬果：以設施（溫室、溫棚）方式，採用有機農法種植蔬菜、水果。

(3) 景觀農業：種植觀賞用的林木、草坪、花卉，發揮植物觀葉、觀花、觀果的作用，以保護環境，美化景觀。美麗景觀可吸引新人來場拍攝婚紗照。

(4) 設施農業：爲維持秋冬季節農業生產與體驗照常進行，將以設施（智能溫室、溫棚）栽培蔬菜、水果（如番茄、草莓、瓜果等）及花卉。

2. 二產層次：將基地農產品粗加工或深加工，以增加價值。運作方法如下：

(1) 加工製成烘焙食品、脫水食品、醃漬食品，並可製粉、製汁、製醬、製醋等。草莓、番茄加工製品極受歡迎。

(2) 應用生物科技，經萃取、煉製而成酵素、精油及其他保養品、健康食品。因爲使用有機農產品爲原料，故品質高人一等。

以上特色農產加工品，將以伴手禮品的型態陳列於本基地禮品部銷售。

3. 三產層次：體驗活動及營運項目如下：

(1) 農業體驗：設計農業體驗、生態體驗活動、農村產業文化體驗活動（如參觀傳統農具、磚窯）等。

(2) 餐飲：以生態屋方式布置用餐環境。

(3) 住宿：溫泉酒店或溫泉民宿區（圖 6-46）。

圖 6-46　規劃區可發展溫泉民宿區（示意圖）

(4) 購物：禮品屋供銷本基地自產的一、二級產品，及基地周邊農民的產品。

(5) 開會：提供舒適而寧靜的會議場地。

(6) 教育學習：吸引中小學學生及成人來場教學體驗及學習。

(7) 農民研習：設計現代化的農業生產技術、農家樂經營等課程培訓農民。

(8) 休閒康體活動：體能運動、棋牌、推拿等休閒健康活動。

以上營運或服務的地點分別設置於農庄區與溫泉酒店區：

(1) 農庄區：農業體驗、餐飲、購物、教育學習、農民研習、休閒康體活動等。

(2) 溫泉酒店區：餐飲、住宿、購物、開會、休閒康體活動等。

(六) 分區布局

1. 神奇溫泉菜園：溫泉蔬菜種植。

2. 有機蔬果之家：以智能溫室或溫棚種植有機蔬菜、水果。

3. 花田喜事幸福世界：景觀農業美化環境，吸引新人來場拍婚紗照。

4. 陽光草原的音符：親子活動、騎馬、放風箏、體能運動等。

5. 科技農業加値工坊：特色農產品加工製造。

6. 四季生態美食屋：風味餐飲美食。

7. 伴手禮精品店：販賣禮品、紀念品、有機蔬菜等。

8. 新農培訓及農業科普學園：實施現代化農民培訓及學生教育學習。

9. 農村生活輕鬆遊：傳統農家生活器物、童玩、磚窯遺跡體驗。

(七) 預期效益

1. 帶動七家鎭農民參與農業旅遊，分享溫泉城開發的經濟效益。

2. 促進農業產業化發展，提高農業資源（土地、勞動）的利用效率，以增進農業生產力。

3. 吸引遊客，增加農場及周邊農民的營收，繁榮地方經濟。

4. 提高農民栽培管理的技術，蓄積農民增收的潛力。

5. 生態環境得到保護，人力資源充分利用。

6. 作爲承德市發展休閒觀光農業的示範樣板。

二、山東省濟南市玉龍山休閒農場

本案例以「山東省濟南市玉龍山生態休閒園區規劃構想」（段兆麟、李崇尙，2007）說明之。

(一) 基地現況

濟南玉龍山生態休閒園區位於濟南市西部新城重點規劃區——市中區黨家庄

鎮境內的鳳凰山北麓。農場建於 2003 年底，占地面積 1,480 畝。其中山地面積 700 畝。基地屬暖溫帶大陸性季風氣候。

本區是應當前生態農業發展需要，集園區生態建設、特優果品種植、珍稀植物繁育，及名貴花卉培育爲一體的現代化新興產業園區。形成獨具特色的「苗木繁育推廣基地」和「新優品種果樹栽培基地」。

「特色苗木繁育推廣基地」占地 160 畝，共引進栽培美國紅櫨、日本櫻花、玫瑰、雪松、雲杉、車樑木等 60 多個品種，20 多萬株。

「新優品種果樹栽培基地」占地 300 多畝，栽種近年市場看好，品質優良的柿子、梨、杏、桃、核桃、石榴、山楂、葡萄、板栗、棗等 20 多個品種。完成了全園區荒山綠化，700 畝荒山已全部營造成風景林（圖 6-47）。

圖 6-47　規劃區種植果樹已成優美的風景林

園區發展戰略定位於「居民休閒，長清大學城 40 萬師生的後花園」，因應資源的特性及市場的需求，走向生態旅遊、娛樂、休閒多元化發展的道路，以實踐「新農村、新旅遊、新體驗、新風尚」的目標。

(二) 體驗分區規劃構想

本區依據基地資源特性，規劃以下 17 區，各分區配置如圖 6-48 所示：

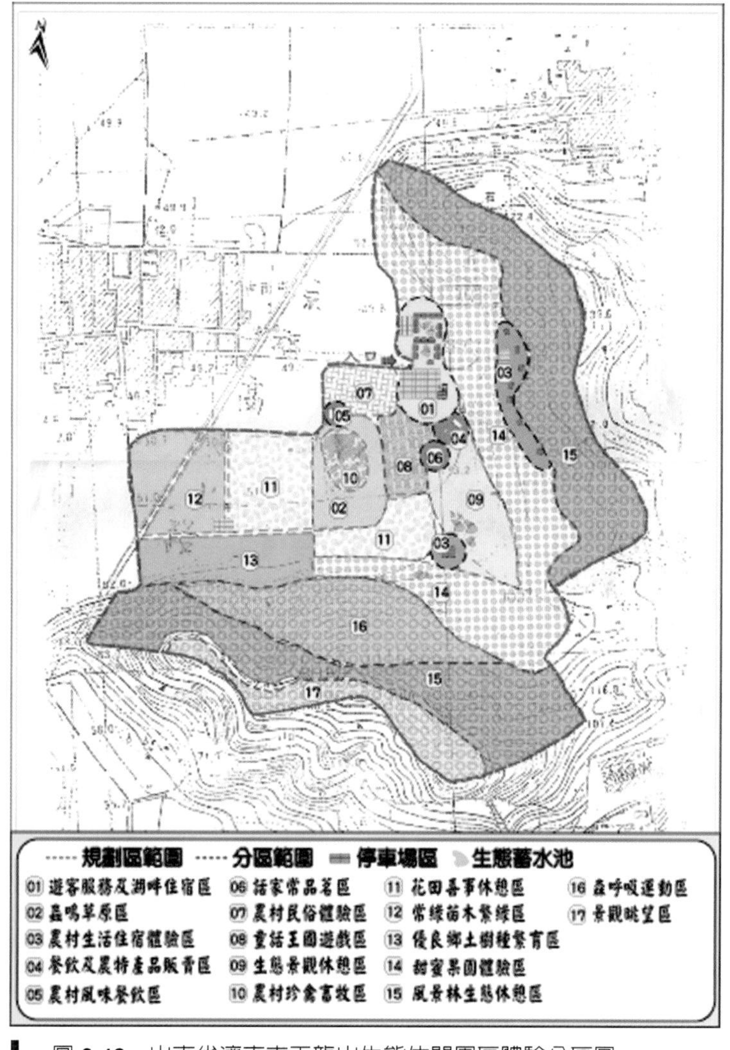

圖 6-48　山東省濟南市玉龍山生態休閒園區體驗分區圖

1. 遊客服務及湖畔住宿區。

2. 蟲鳴草原區。

3. 農村生活住宿體驗區。

4. 餐飲及農特產品販賣區。

5. 農村風味餐飲區。

6. 話家常品茗區。

7. 農村民俗體驗區。

8. 童話王國遊戲區。

9. 生態景觀休憩區。

10. 農村珍禽畜牧區。

11. 花田喜事休憩區。

12. 常綠苗木繁育區。

13. 優良鄉土樹種繁育區。

14. 甜蜜果園體驗區。

15. 風景林生態休憩區。

16. 森呼吸運動區。

17. 景觀眺望區。

(三) 甜蜜果園體驗區——草莓經營規劃

1. 一產：提升經營績效

(1) 分級：按草莓質量或大小分級。不同等級有不同的價錢。

(2) 包裝：現在手提盒的包裝已經很好。不過還是可設計更小盒的包裝。包裝盒有一部分是透明，讓消費者可以看到裡面的草莓。包裝盒上要有協會或農戶的名字及電話（圖 6-49）。

圖 6-49　草莓包裝清楚標示

(3) 實施安全用藥，發展無公害或綠色食品。

(4) 在主要公路旁設亭或設攤銷售草莓。

(5) 加強草莓協會的運作。

2. 三產：發展觀光休閒草莓園

(1) 生產管理

■ 環境：整理溫室周圍環境，使遊客有舒適的遊憩場所（圖 6-50）。

圖 6-50 草莓溫室整潔提供遊客舒適的遊憩場所

■ 溫室裡爲遊客設置採摘、解說、照相的動線及空間，動線要有美感。

■ 設計一個立體栽培園，可供遊客站著採摘。

■ 採摘前絕不可噴灑農藥。

■ 可將草莓溫室移置到路旁，並用玻璃屋以吸引過路人注意。

■ 溫室開放採摘要注意輪替性。

(2) 行銷管理

■ 每個草莓園都取個美麗的名字。

■ 每個溫室都取個動人的名字。

■ 與中小學校合作，作爲草莓的教育農園。

■ 設置草莓電腦網站。

■ 設計宣傳折頁材料。

(3) 教育解說

■ 溫室牆上有草莓品種、生長特性、營養價值的解說。

■ 要有人員解說。

■ 教育遊客辨別草莓質量好壞，可不可採的方法。

■ 解說人員穿特別設計的草莓上衣或背心。

(4) 體驗設計

■ 溫室牆上可貼（畫）一些草莓卡通人物，以吸引遊客。

■ 提供草莓盆栽，遊客回家可栽種實用，又有美感。

■ 銷售草莓圖案衣物（帽子、手巾、襪子）的紀念品。

■ 銷售草莓糖果、餅乾的紀念品。

■ 教育遊客關於草莓的知識。

■ 製作草莓飲料、草莓蜜、草莓冰。讓遊客在溫室裡享用。

■ 蒐集有關草莓的文學、藝術、文化或地方傳說故事。

(5) 協會組織運作

■ 加強草莓協會的共同運作。

■ 規劃草莓主題的休閒農業區。

■ 舉辦草莓節慶，請領導或明星為代言人，以廣宣傳。

■ 規劃鄉村旅遊行程。讓遊客採完草莓後，尚有其他的遊程，以增豐富性。

三、浙江省紹興市綠味休閒農場

本案例以「紹興綠味休閒農場規劃構想綱要」（段兆麟，2010）說明之。

(一) 園區簡介

紹興綠味生態農業科技示範園位於浙江省紹興市越城區（圖 6-51）。園區南靠「江南人才名鎮」陶堰鎮，這裡是近代名人陶成章、陶行知的故里。北包富有水鄉風光的孫端鎮皇甫庄，這裡是文豪魯迅兒時的外婆家。西臨越城區東湖鎮。園區總面積 5,000 畝，擬建成集工廠化育苗，生態蔬菜、水果、畜禽、水產養殖為一體的都市菜籃子保障基地，和具備農產品生產加工、先進技術示範推廣、科普教育培訓、休閒觀光體驗四大功能的現代農業科技示範園區。園區目前是浙江省無公害農產品生產基地，紹興市「菜籃子」工程核心蔬菜基地。

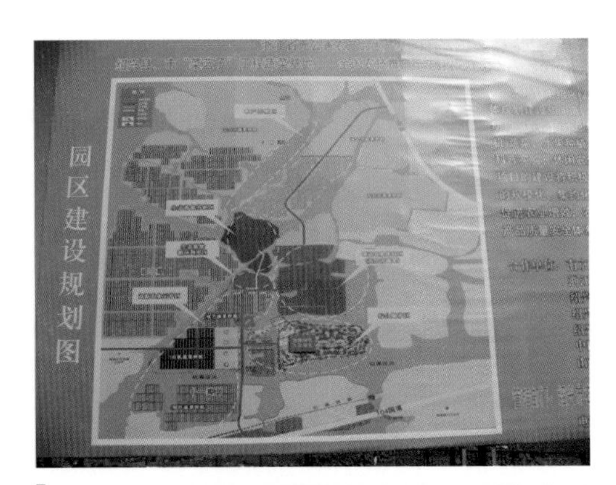

圖 6-51　綠味休閒農場是綠味生態農業科技示範園的重要營運主體

示範園由紹興綠味生態農業科技有限公司投資建設。園區建設、生產和管理充分體現循環經濟的理念。蔬菜菌菇水果生產、畜禽水產養殖、農業休閒觀光之間，將實現資源共享和循環使用。產品以新鮮、安全、優質、健康爲主要特點，以實現產品的溯源爲目標，努力建設從田間到餐桌的可溯源農產品品質安全體系（圖6-52）。

圖 6-52　綠味公司溫室蔬菜融合二產、三產發展

休閒觀光體驗功能區面積 1,300 畝，列爲園區的第三期工程。這是本案規劃的標的。

(二)SWOT 分析

1. 資源優勢

(1) 基地屬亞熱帶季風氣候，四季分明，光照充足，適合發展農業及旅遊。

(2) 水域面積廣大，水資源豐沛（圖6-53）。

(3) 廣大的農業（蔬菜）基地，有生產及景觀的效果。

(4) 生產綠色食品及有機農產品，具有安全健康的概念。

圖 6-53　規劃區水資源豐沛具有景觀與設計體驗活動的功能（示意圖）

2. 資源劣勢

(1) 島（杭甬運河沖積島）上是傳統農業生產基地，尚無景觀植栽。

(2) 地勢平坦，景觀較單調。

3. 環境有利性

(1) 面向杭州及大上海地區旅遊市場，發展潛力大。

(2) 鐵公路及水路交通便利。

(3) 頂著紹興文化旅遊品牌的光環。

4. 環境不利性

(1) 周邊農村社區環境待改善。

(2) 水域環境須淨化。

(三) 主題定位

樂活有機生態島。

(四) 體驗設計與營運的策略

1. 一線主產品／服務

(1) 建置水岸酒店提供養生餐飲服務。設計保健菜譜，利用自產安全、有機蔬菜食材，搭配特殊的料理方式，供應精緻的餐食。

(2) 銷售有機蔬菜及綠色食品。遊客在有機農場體驗之後，確信本場的安全作業，進而產生購買的意願。現場銷售之外，還可利用本場物流系統，宅配到消費戶，以發揮由現地消費延伸到非現地消費的功能。

(3) 搭配有機農產品，提供安全鮮美水產品，以豐富餐飲內容。園區規劃一個區隔的水域，潔淨水質，利用循環水原理，養殖綠色水平的魚蝦蟹貝類，以搭配建構本場的綠色食品世界。

(4) 以綠建築原理，建造水岸賓館及別墅區（圖 6-54）。以 Villa 方式，選擇景觀優美，地質穩固的水岸，建造親水性的賓館供遊客度假，或規劃為別墅區讓售。

圖 6-54　建造水岸賓館提供特殊的住宿體驗（示意圖）

2. 二線次產品／服務

設計下列收費的體驗活動，增闢園區運營收入的途徑：

(1) 設計蔬菜採摘、草莓採摘，水塘垂釣的體驗活動。

(2) 遊客搭乘傳統的烏蓬船巡遊水域，體驗紹興特有的水鄉文化。

(3) 將紹興文化創意產業化。規劃藝術表演場，提供地方文學、戲曲、美術、工藝、表演的平臺，使遊客體驗紹興的深層文化。同時將紹興的地方藝術品商品化，展售供遊客採購的紀念品，以滿足遊客對紹興文化品牌的嚮往。

(4) 將園區有機蔬菜粗加工或深加工、銷售精緻的生技產品（如醬、汁、粉、酵素等）。

(5) 建造百畝花卉園，形塑美麗的繽紛世界，以吸引遊客來園婚紗攝影拍照，舉行結婚典禮及喜宴。百畝花圃，可以單色，數大就是美；亦可以彩繪圖案，設計遊客穿梭的花徑。惟花卉品種應隨四季變化。

(6) 在優美雅緻的自然環境下，提供推拿按摩的保健服務，及棋牌室的休閒活動。

(7) 藥草浴。

3. 三線體驗活動

(1) 在智能溫室高科技示範區，設置一個展示間，對遊客提供示範解說服務，並爲中小學學生設計教學體驗活動，以觀摩學習有機農業操作的過程。

(2) 規劃水域生態體驗區，展示水與動物、水與植物的關係。譬如種植水生植物（蓮、荷、水草）、水岸植物（如柳、水杉、落羽松等），復育水禽與水鳥（如綠頭鴨、鴛鴦、天鵝、水雁、鷺鷥等），建構一個活化生動的水域生態世界，以豐富生態體驗的資源。

(3) 綠化美化景觀，建造一個優質、自然的休閒遊憩環境。種植矮灌木、喬木及花卉、草坪，塑造具有層次性的立體及平面的自然環境；淨化水面，搭配水體的靈動性，將形成一處讓人流連忘返的水島天堂。

(4) 規劃觀賞用的、趣味性的特殊植物主題區。譬如南瓜主題區、番茄主題區、仙人掌主題區、香草主題區、藥草主題區、花卉主題區、蓮荷主題區、水草主題區等。

(五) 規劃重點

1. 藉發展休閒農業，將農業科技示範園開發的一產及二產與休閒體驗結合，以提升價值。

2. 打「安全、有機農業」的品牌。

3. 拿「水資源、水鄉」作文章。

4. 與紹興文化掛鉤。

5. 環境整潔，改善景觀最重要。

6. 設計水域活動，須注重遊客安全。

四、廣東省廣州市好又多休閒農場

農場基地位於廣州市白雲區江高鎮勤星村，面積 14,300 畝（953.33 公頃）。以「廣州市好又多公司精緻農場規劃構想報告」（段兆麟、李崇尚、林雅文，2004）休閒農業園區規劃部分說明之。

(一) 基地特性——都市農業

1. 供應城市生鮮副食品。

2. 綠化與美化都市景觀。

3. 提供自然生態的鄉村休閒旅遊。

4. 基地屬亞熱帶海洋性季風氣候。

(二) 規劃目的

1. 增加蔬菜供應數量。

2. 提高蔬菜品質——無公害認證、綠色食品。

3. 穩定蔬菜貨源。

4. 培訓農民耕種技術。

5. 觀光休閒農場提供自然生態旅遊、鄉村旅遊。

6. 促進多角化經營，增長營運績效。

(三) 規劃農產品生產面積結構

1. 蔬果種植區，約 10,500 畝。

(1) 一般蔬菜區 9,500 畝（圖 6-55）。

(2) 有機蔬菜區 1,000 畝。

2. 水產養殖區，約 3,000 畝。

3. 花卉生產區，約 200 畝。

4. 休閒農業區，約 600 畝。

面積合計 14,300 畝。

圖 6-55 廣大的蔬菜種植區提供農業生產與綠美化景觀的功能

(四) 休閒農業園區規劃

休閒農場規劃為以下 4 個區，圖示如圖 6-56。

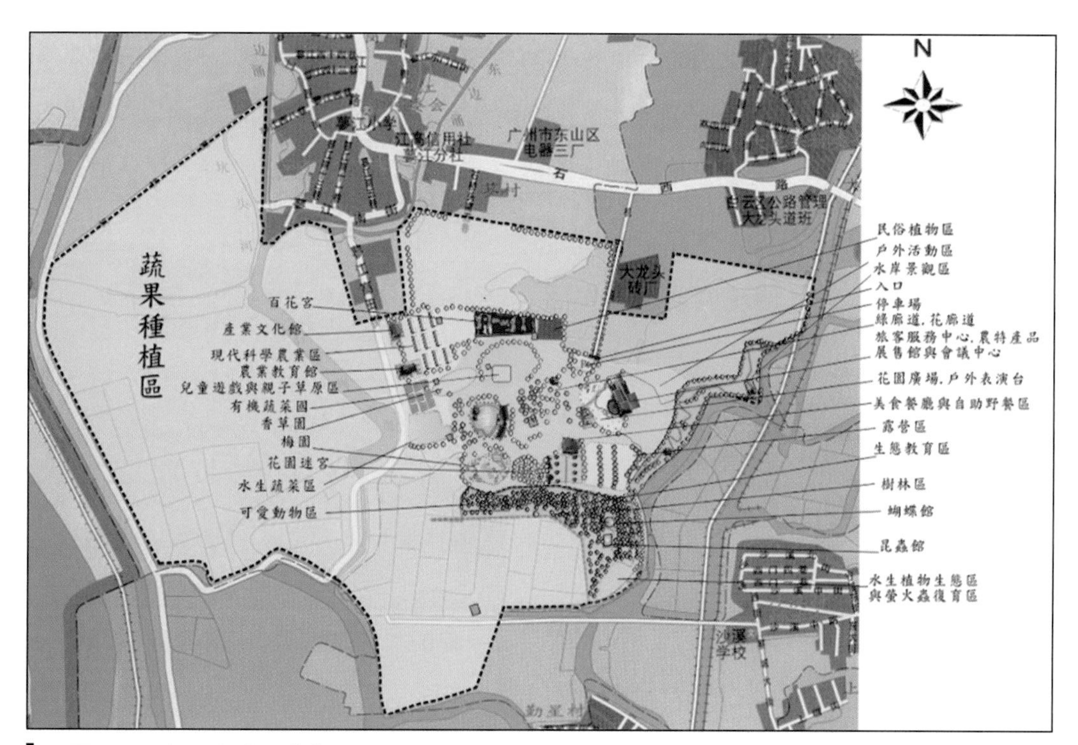

圖 6-56 好又多休閒農業園區規劃圖

1. 遊憩區

(1) 入口（大門意象景觀、入口大道）、收費亭。

(2) 停車場。

(3) 遊客服務中心、農特產品展售館與會議中心。

(4) 花園廣場（遊客服務中心前）。

(5) 戶外表演臺。

(6) 美食餐廳。

(7) 自助野餐區（設於美食餐廳旁）。

(8) 兒童遊戲及親子草原區。

(9) 湖濱住宿區（小湖泊以砌石工法構建，設置環湖步道、亭臺、草地、樹群、花卉植栽、蓮花）。

(10) 景觀休憩亭。

(11) 綠廊道、花廊道（種植蔓性果樹或花卉）。

(12) 花園迷宮。

(13) 戶外運動區（迷你高爾夫球場、騎馬場、滑草場、射箭場、漆彈場）。

(14) 露營區。

(15) 水岸景觀區（沿溪流邊植樹、設置亭臺、步道、小水塘）。

2. 農業教育區

(1) 產業文化館（傳統農器具、生活器具等展示）。

(2) 農業教育館（各種教學活動、動手做體驗場所）（圖 6-57）。

(3) 戶外解說教室（綠廊、花廊及解說平臺）。

(4) 現代科學農業區（溫室、網室栽培區，挑選各式新品種及廣東省少見之品種）（圖 6-58）。

圖 6-57　設置農業教育館舉辦教學體驗活動（示意圖）

(5) 有機蔬菜國（臺灣蔬菜區）（圖 6-59）。

(6) 百花宮（蒐集各類花卉種植，含蘭園、玫瑰園）。

(7) 梅園（含小湖泊、小橋、涼亭等景觀）。

(8) 香草園。

(9) 民俗植物園。

(10) 水生蔬菜區（茭白筍、水菜）。

(11) 可愛動物區（鴨、鵝）。

3. 生態教育區

(1) 蝴蝶館。

(2) 昆蟲館。

(3) 樹林區（樹林步道）。

(4) 螢火蟲復育區。

(5) 水生植物生態區（溼地生態、水鳥、水生植物、青蛙、蜻蜓、淡水魚等）。

4. 作物生產區

(1) 蔬菜區（小分區）。

(2) 花卉區（小分區）。

(3) 果樹區（小分區）。

圖 6-58 現代科學農業區呈現新式農業品種與技術

圖 6-59 設置有機蔬菜園傳播安全農業信念

(五) 基地景觀規劃

1. 本基地明顯缺乏喬木，缺少具景觀效果的群團，亦沒有具有視覺地標效果的單株。土地使用長期以蔬菜農作與水產養殖爲主，呈現平坦開闊但較無變化之景觀型態。現有水邊之水杉及鄰近地區生長良好作爲行道樹之桉樹，爲目前可資參考之重要樹種。考慮本基地之地形因素與水位型態，未來之樹木植栽計畫應注意樹性、根系型態，並配合地形整造而爲之（圖6-60）。

圖 6-60　美化大地塑造休閒環境

2. 基地內溝渠迴繞且有大面積之魚塘，於景觀上大有助益。但目前水質欠佳，部分池水含泥量高影響水色。靠近村落之水邊則有浮聚垃圾之現象，有待改善。養鴨池爲親切性之農村景觀，但須避免汙染水質。

3. 現有交通路線局部穿越村落，但寬度不足，應配合未來基地分區調整動線，以滿足遊客移動、管理服務、農地經營之所需，並避免對村落造成困擾。建議區分道路功能與型態，適當設計配置之。除了生產性田區之外，應儘可能設計出適當遊園路線之柔和曲線。

4. 未來整體地景之營造，應採取就地平衡土方之原則，塑造調和而富有變化性之景觀，並配置農藝、園藝作物田野、草原、水澤、溼地、土丘、池塘、溪流、樹群、庄院等景觀單元。

5. 適度運用常綠及落葉樹種以突破景觀單調性，明確空間單元，帶入季節韻律。適地建立野生草花景觀，及諸如熱帶風情之棕櫚科或芭蕉科主題植物景觀單元，以強化特色並深化內容。水生植物特區亦爲有效之景觀單元，除了具學習性、觀賞性植物之外，也可以設置茭白、菱角、野蓮等區，兼具生產銷售之利益。

6. 沿水邊帶狀區域可善加利用，形成水岸景觀區，提供散步、賞景、休息、攝影、騎單車、垂釣等功能，並可成爲園區之迴遊式遊賞動線。面狀水域可擇優改造池形，設置凹凸及寬窄部位，以利配置優形樹、船屋、亭臺、小橋等添景物。現有浮船碼頭爲有效之設施，也可以之發展水上動線。

7. 有關本基地內之建築及構造物材料與形式，可適當運用不同之策略，包括：

(1) 凸顯骨架結構，創造俐落美感。

(2) 活潑利用木竹材與當地磚材，形成融合而不失趣味之視覺效果。

(3) 導入異國風味以產生新鮮與對比。

(4) 運用單純明亮的色系組合，以映襯建築物和背景天空及綠景。

(5) 把建築物與水面做適當之結合。

(6) 利用綠壁、綠拱廊、棚架等，塑造具機能性之半戶外空間與建築結合。

8. 村落外圍建立林帶或樹群，以改善視覺整體，並且可以在平原景觀上產生近、中、遠景的層次效果。

9. 塑造基地之方位感，利用太陽方位變化及氣象景觀，以增進整體地景效果。在基地內強化明暗光影及立體感，以避免平坦地景觀之過度沉緩現象。

10. 設施園藝區（現代科學農業區）在合乎生產管理的原則下，可採取較具彈性之配置方式，以獲得較佳景觀之效果。

11. 在建立全區之基礎景觀架構下，可依土地使用分區原則，在核心景觀區設立不同主題景觀分區，以創造更大之吸引力。

五、廣東省廣州市天盛休閒農場

規劃基地位於廣州市南沙區萬須沙鎮（七冲），面積 956 畝（63.73 公頃）。以「廣州市南沙區天盛農場經營可行性分析」，及「休閒農場規劃構想報告」（段兆麟、徐華盛、李崇尚、林雅文，2008）說明之。

(一) 農場基地特性

1. 面積 956 畝，地形平坦，長條方整。

2. 灌溉便利，水利豐富。

3. 性屬「都市農業」，面向珠三角。

4. 農場定位爲「名優水果體驗園區」。

(二) 農場資源

圖 6-61 規劃區位於珠江沖積平原，水資源豐沛

1. 自然資源：本基地位於珠江沖積平原「七冲」的位置（圖 6-61）。寬廣的珠江沖積平原、肥沃的土壤、和緩的江流、清淨的水塘。基地屬亞熱帶海洋性季風氣候。

由實地踏勘，當地自然環境優美，面臨出海口，水陸交通方便，水產魚類來源不缺，陸地植物多樣性。除了一般栽種作物外，尚有山茼蒿、美人蕉、牧草、馬纓丹、七里香、竹子、蘆葦、樟樹、桑椹、香茅、菖蒲、布袋蓮等。本農場尚有河流資源，在渠道中充當載運工具的小木舟，及架設在江邊古早式捕魚設施，大排抽水站，閘門及環繞村庄的步道，更是朝向生態旅遊發展的基礎條件。

2. 農業資源：農場地勢平坦，水源充裕，灌溉排水系統縱橫密布，抽灌方便，採高畦面積栽培方式。目前種植旱地作物爲主，例如香蕉、絲瓜、苦瓜、玉米、甘蔗、洋香瓜、小黃花、落花生、金桔、甘藷、菜豆、芋頭、南瓜、木瓜、番茄、荔枝等。水田作物有水稻及蓮荷，以直播方式種植。此外尚有約 10 公頃森林保護區（非造林），植栽樹種如臺灣欒樹、扶桑、黑板樹、羊蹄甲、千層皮、橡皮樹、桃花心木等林林總總，結合水流，構成生態環境。

3. 生態資源：農地因長期施用化學肥料、農藥、除草劑等，不僅使土地酸化劣變，影響農田昆蟲如蚯蚓、泥鰍、馬陸等及微生物的生存；並且經滲漏分布於土地深層或流入溝渠，因此田間除了老鼠外，少見蛾蝶、蜜蜂、蜻蜓、鳥類飛舞穿梭，環境生態嚴重失衡。惟基地臨近港口，擁有天然的溪流與林岸，豐富的魚鮮資源及沿江的小徑，適合發展親水賞魚的生態旅遊活動。可培養沿岸居民對河流保育，生物調整，美食餐飲等工作專長，進而投入經營生態旅遊的事業。

農場生態資源包括：彈塗魚、螃蟹、水草、蘆竹、水蠟燭（香蒲）、布袋蓮、吳郭魚、大肚魚、羊蹄甲（豔紫荊）、鳳凰木、茄苳樹、臺灣欒樹、黑板樹、橡皮樹、鐵刀木、雞冠刺桐、相思樹、桃花心木、白千層、苦楝、雀榕、水杉、蒲葵、山茼蒿、龍葵、咸豐草、酢漿草、七里香、竹、黃椰子、朱蕉、馬纓丹、朱槿、香茅、蜻蜓、昆蟲、鳥類、青蛙、螺類等。

4. 農村文化資源：灌排水溝、水閘口、橋、傳統農舍、廟宇、耕作文化、產業活動、小漁船、竹筏、胥家文化等。農村文化是一個很重要的元素。因文化對於一個族群的生活習性型塑力很大，所以食、衣、住、行、宗教信仰都是文化的表徵。例如：沿岸之同安街住有百餘戶人家，有許多門戶前種有香茅及多刺麒麟，據說可以避邪。

村民與江流爲伍，有著重要的依存關係，於是「魚、親水、捕魚、林蔭小徑」的居民生活文化，就是發展農村文化觀光休閒的資源。建議將水岸景觀加以改善爲休憩平臺，從在地人文、歷史、聚落、地景及特殊資源勾畫出屬於當地之意象及特質，以達到文化扎根之目的。

(三) 農場種植環境分析

農場目前種植旱地作物爲主。以經驗判斷土壤反應偏酸化，pH 值在 5.5～6.8 之間，影響養分有效性。惟據觀察結果，長期大量使用化學肥料、農藥及殺草劑結果，土壤劣變酸化，影響土壤微生物生存，種出來之農作物品質口味均差。加上施肥量不足，與栽培管理不當，致產量偏低，應補充有機質肥料，或鼓勵農民種植綠肥作物，如田菁、太陽麻、大豆、埃及三葉草等，以提高地力，進而活化土壤，以利作物生長。

農場灌溉與排水渠道分離不夠澈底，亟需注意其水質安全，須時時警戒，以免造成土壤汙染，影響作物衛生安全。爲減少河水進排阻力，宜浚渫清理灌排水溝。

此外，農場面積相當大，爲達到永續性的農業生產，維護農田生物多樣化，使農產品質與量提升，以達安全、經濟、有效使用之目的，應採水旱田輪作經營方式。基地水源充分，溝渠系統完善，稻米的生產潛力雄厚。水稻因長期浸水，還能抑制雜草生長，同時也稀釋了土壤中過多的鹽分，使土壤品質不致鹽化惡化。又由觀察發現，農村勞力仍以雙手代勞。勞力有限，工作效率低，引進大型農機可解決許多勞力問題，也不延誤農時，須灌輸大機械經營，農場經營企業化之理念，從而創造更多財富。

(四) 農場遊憩資源環境分析

農場內有寬廣美麗且多樣的田園景觀，視覺開闊，置身其中，不覺讓人心胸開朗不少。豐富的水資源景觀，區內河道縱橫交錯，讓自然風光增色不少，引水灌溉農田容易，河水汙染程度輕微。水中動植物尚豐富，潮間帶生物相維持良好，有利發展溪流及溼地生態休閒活動。淳樸自然的嶺南農居生活景觀，增加本區旅遊內涵。氣候條件良好，全年無霜期長，雨量集中夏秋兩季。豪暴雨少，洪水頻率低，除部分低窪地區偶有積水外，多數排水良好，有利園區植栽作物栽培與管理。

基地平坦坡度小，地形少變化，開發建設容易且可省成本。建議未來經過周詳的規劃，考量整體發展需求，改善現有整齊而缺少變化的土地樣貌。運用豐富的水資源設計親水空間，加入適當的休閒遊憩服務設施與活動植栽綠地景觀，以提供鄰近居民優質的休閒空間場所與遊憩機會。農場可提供的體驗活動如：散步、賞景、戲水、垂釣、划船、牽罟、騎自行車、大地遊戲、野餐、露營、採果、耕種體驗、植物教學、生態觀察、現代化農業教學、農產品加工 DIY、手工藝品製作 DIY、美食品嘗、體能訓練、村屋住宿、自然攬勝等。

(五) 農場經營休閒農業的優劣勢與限制

1. 優勢與劣勢分析

(1) 優勢：

① 基地面積大。

② 基地水資源豐富。

③ 農業生產產品項目多樣。

④ 河網環境交錯。

⑤ 生態資源尚稱豐富。

⑥ 企業投資經營意願高、觀念新、堅強的經營團隊作後盾。

⑦ 企業經營者一般管理能力強。

(2) 劣勢：

① 基地天然地勢平坦，起伏落差小，缺少可供眺望遠景的地點。

② 新產品引進尚未實施。

③ 果樹作物須 3～5 年長時期栽培才可收穫。

④ 樹木植栽美化需較長時間，短期間尚難看出整體美麗景觀。

⑤ 農業經營管理人力尚待補充。

⑥ 土地租金高。

2. 機會與限制分析

(1) 機會：

① 地方政府重視，公部門有整體規劃。

② 中國大陸經濟起飛，人民休閒消費能力增加。

③ 鄰近廣州及番禺都會區，交通方便。

④ 鄰近地區同性質景點不多且規模小。

(2) 限制：

① 中國大陸居民對休閒農業仍然陌生，旅遊興趣較低。

② 聯外道路系統尚未建設完成，公共設施尚未齊全。

③ 鄰近地區缺乏重要觀光據點，無法形成觀光帶。

(七) 農場發展規劃

茲以短、中、長期三階段的時間觀點來規劃未來農業六級化發展的方向短期發展一產，中期延展二產，長期開發三產。簡述如下：

1. 一產層次

(1) 適地適種，引進臺灣名優品種水果。分爲兩部分：具生產潛力，以量產爲目的；稀有品種，配合未來的休閒體驗。因此品種須考量市場需求，稀有品種則考量景觀效果。

(2) 發展安全農業，採取有機耕種方式，提供有機農產品，開發社會頂層消費者。

2. 二產層次：水果實施粗加工、深加工及生技應用。產品如下：

(1) 果汁、果凍、果醬。

(2) 醃漬產品。

(3) 水果冰淇淋。

(4) 水果醋、酒。

(5) 水果酵素。

(6) 果香精油。

(7) 水果生技產品。

3. 三產層次：農業生產結合休閒遊憩服務事業。項目如下：

(1) 規劃百果園：園區動線要有美感。

(2) 果園採摘。

(3) 果園解說（品種、栽培方法等）。

(4) 水果禮盒、生技產品禮盒。

(5) 水果餐飲。

(6) 溫室、水耕等現代農業科技展示。

(7) 果樹文化體驗：

① 水果產業文化。

② 水果＋食、衣、住、行、育、樂等生活文化元素。

③ 果樹觀花、觀果、觀葉等藝術美學體驗。

(8) 奇瓜異果龍形廊道。

(9) 設計果品節慶活動。

(10) 果樹認養。

(11) 果樹環境生態體驗。

(12) 林果園區餐廳。

(13) 小木屋民宿。

(14) 水果醃漬、彩繪、採摘、果皮雕塑。

(15) 水果盆栽、盆景。

(16) 中小學學生自然教學（果品科普基地）。

(17) 現代化果品農民培訓基地。

(八) 休閒農場分區規劃構想

1. 入口景觀區：選擇園區東北向之鳳凰大道作爲園區主要入口處，以高大綠色植栽及水牆作爲入口大門景觀。進入大門後，以湖島方式規劃設計。

2. 臺灣優質水果生產區：採大區生產，生產項目包括鳳梨、芒果、香蕉、木瓜、蓮霧、蜜棗、鳳梨釋迦、甜柿、紅甘蔗、番茄、瓜類（小玉、哈密瓜、無子西瓜）、芭樂、金桔、玉荷包荔枝、酪梨等。木瓜及蜜棗以網室栽培生產。

3. 臺灣優質水果體驗活動區：採小區生產，生產項目如上述。分爲實品展示推廣解說區、栽培過程展覽區及農特產品加工 DIY 教學教室。讓遊客可以從栽培過程開始了解產業的發展，到果實成熟採收後的成品展示品嘗試吃，最後再體驗農特產品 DIY 加工的樂趣，以現採現作的方式製作，如釀製蜜餞、水果風味餐點或是植物手工藝品製造等活動。藉由 3 個主題的帶動串聯，讓遊客完整的體驗到農特產品的誕生及親身參與其中的樂趣，達到寓教於樂的目的（圖 6-62）。

圖 6-62　設置水果種植體驗百香果

4. 有機蔬菜生產區：引進臺灣品種蔬菜種植，以有機栽培方式管理，以提供園區餐飲服務所需之材料爲主，部分採露天開放栽培，部分以網室栽培。

5. 溫室苗圃區：以溫室設施作爲培育基地（圖 6-63）。舉凡園區綠美化所需之各種苗木與花卉植栽種苗及各項生產所需之果樹、蔬菜種苗，均由此苗圃供應。本區開放給遊客參觀，設置解說牌，教導遊客植物苗種的認識與如何育苗，讓遊客 DIY 製作小盆栽等等。本區主要提供活動項目爲：觀賞、教育解說、DIY 製作等。

6. 臺灣優質花藝生產觀賞區：蘭花（蝴蝶蘭、文心蘭、石斛蘭）、鳳梨花、玫瑰、劍蘭、唐菖蒲、藝術盆栽等臺灣優質花卉之觀賞（圖 6-64）。

圖 6-63 溫網室苗圃供應珠江三角洲市民蔬菜（示意圖）

圖 6-64 花卉觀賞區浪漫花情提升珠江三角洲市民生活品質（示意圖）

7. 臺灣農村生活體驗區：採閩南三合院建築形式，供用餐、品茶、購物、展示及體驗用，含餐廳、農產品展售中心、傳統生活館等。

8. 臺灣農村庭園休憩區：三合院建築，供住宿、品茶、垂釣、休息用，主要設施包括停車場、餐飲設施、住宿設施、蓮花池、花圃、涼亭、廁所等。

9. 農村河流生態景觀區：爲豐富農場生態資源，加強場區景觀環境營造，可利用農場現有田間溝渠之水源，設置親水渠道及生態水塘，放養青蛙、螺類、魚類，並復育蜻蜓、水生植物、螢火蟲，讓生態豐富化。其周邊配合栽種一些景觀樹種及花卉，以增加環境美感。水道中間設計小橋及休息賞景庭臺，並設計一傳統水泵（手動泵浦），讓遊客操作體驗。此區提供遊客觀賞、體驗、生態觀察、教育、散心、餵飼使用，讓農場遊憩內容更加豐富。

10. 鳳凰花道景觀區：在鳳凰大道路旁，種植二排鳳凰木（圖 6-65）。鳳凰木豔麗火紅的花，象徵著本園區歡迎遊客

圖 6-65 設置鳳凰花步道營造南方夏季紅火的景觀（示意圖）

到訪的熱情與活力。

11. 露營野餐區：露營野餐區設於停車場旁邊，可讓露營休旅車停靠，並方便露營工具搬運與使用。露營區以草皮搭配專用的架高木板面以爲帳篷設置基面。周邊以植物美化景觀，與空間的隔離，並廣植喬木遮蔭。

12. 陽光草原區：草原中間搭用小團塊矮叢植栽襯景。在草原周邊種植香草植物，如綠薄荷、茴香等具有提神味道的香草，使其所散發的香氣氛圍能輔助人們從事戶外活動時放鬆心情，振奮精神。白天供遊客放風箏、運動、打球、踏青、日光浴、野餐、遊戲、團康活動、節慶展售活動、表演活動等使用；晚上則躺在大草原上觀星、聆聽蟲聲等。草原區設置一個小型槌球場，供遊客租借球具體驗草地遊戲的清新感。

13. 兒童遊戲區：此區與陽光草原區相鄰，提供給兒童一個優美的遊玩空間。設施都以自然材質打造，如竹材或木頭。設置設施的種類如沙坑、蹺蹺板、平衡木、繩索橋、網梯、鞦韆、高蹺等，使兒童在遊玩中鍛鍊體能。但爲顧及兒童遊戲的安全性，在設施的下方種植柔軟的草皮或是鋪設細沙、安全軟墊，以減低兒童摔倒時的受傷機率。

14. 林蔭停車區：於入口處旁設置。停車格以植草磚爲透水鋪面，配合周圍綠化植物設計，喬木遮蔭，綠籬圍邊。

(九) 休閒體驗設施設備需求項目

根據分區規劃及體驗設計的思維，本基地需要的休閒體驗設施設備如下：

1. 入口意象設施。
2. 停車場。
3. 遊客接待中心。
4. 警衛設施。
5. 解說牌、指示牌。
6. 果園休閒步道。
7. 溫室、特棚。

8. 眺望設施。

9. 涼亭或涼棚。

10. 農業體驗設施。

11. 生態體驗設施。

12. 餐廳設施。

13. 露營設施。

14. 住宿小木屋。

15. 會議室、解說教室。

16. 農漁村文物展示設施。

17. 綠美化設施：花圃、水塘、果樹林帶、草坪、綠籬。

18. 綠地廣場。

19. 公共廁所。

20. 環保設施（垃圾蒐集及廢水汙水處理設施）。

21. 水岸安全防護設施。

22. 其他設施設備。

六、海南省臨高縣寶豐休閒農場

本農場爲臺商承包經營，種植果樹。爲符應海南省發展國際旅遊島之政策，擬轉型經營休閒農場。

本案例以「海南寶豐生態熱帶果園觀光度假村規劃構想」（段兆麟，2011 年）說明之。

(一) 基地位置及現況

1. 基地位置：基地位於臨高縣博厚鎮，面積 639 畝（41.36 公頃）。距西線高速公路金牌交流道約 200 公尺，距海口市 60 公里，交通便利。

2. 基地現況：基地屬海洋性熱帶季風氣候，種植熱帶水果爲主（圖 6-66），是海南省政府核定的生態農業示範基地。種植品項包括珍珠芭樂、火龍果、木瓜、毛葉棗、香蜜楊桃、蓮霧果、西印度櫻桃、龍眼、鳳梨番荔枝、百香果等，並以「富友」品牌行銷水果。

圖 6-66　規劃區基地以種植熱帶水果火龍果為主

(二) 規劃目的與思路

1. 規劃目的

(1) 發展精緻農業，提高農地利用效率。

(2) 發展設施農業及安全農業，增進農產品品質，以增加農業收入。

(3) 發展休閒觀光農業，引進城市遊客，提供優質的休閒遊憩環境。

(4) 開發西線高速公路長途旅客中途餐旅休閒服務的業務。

(5) 發展會展觀光及推廣教育。辦理教育培訓業務，提供優質的會議場地服務。

(6) 開發銀髮族養生保健度假服務業務。

(7) 保護農場生態資源，維護農村自然環境。

2. 規劃的政策依據

(1)「十二五規劃」：第六章「拓寬農民增收渠道」，第一節「鞏固提高家庭收入」：利用農業景觀資源發展觀光、休閒、旅遊等農村服務業，使農民在農業功能拓展中獲得更多收益。

(2)「海南國際旅遊島區域規劃」。

(3)「臨高縣十二五規劃」。

3. 規劃思路

(1) 體驗式經濟的實踐：運用農業與農村資源設計體驗活動，作爲經濟發展的核心。

(2) 落實綠色概念：將資源保育及環境保護的思想，貫注於土地利用、農業生產、農產加工製造，及消費服務的活動。

(3) 以農業價值與鄉村價值豐富海南國際旅遊島的內涵：以農業的鮮活意義及鄉村的自然生態形象，活化並豐富國際旅遊島的思路與實踐。

(4) 打造休閒、健康、美麗、可持續發展的優質庄園：樂活休閒、健康養生、美麗地景、可持續發展是普世的價值，以此打造本基地成爲宜遊、宜居的庄園。

(三) 資源與環境分析

1. 資源優勢

(1) 標準化生產的精緻熱帶水果，建構發展的核心資源。

(2) 場區遍植果樹，多樣化，品質高，且富含生態資源。

(3) 松濤水庫支渠流經本場，地下水量充足，水資源豐沛，灌溉便利。

(4) 地形平坦，開發容易。

(5) 基地南側有 3 個大型水塘，形成優良的景觀背景，並利於設計親水體驗活動。

2. 資源劣勢：夏天氣候炎熱，農場實施戶外體驗活動須注意防晒消暑。

3. 環境有利性

(1) 本基地開發的方向符合中央及地方十二五規劃發展農業觀光旅遊，增加農民收入的政策方針。

(2) 基地位於西線高速金牌交流道附近，距海口市區 60 公里，交通便利。

(3) 海南國際旅遊島政策發展，對本園區度假村運行將有極大的促進作用。

(4) 經濟發展，人民所得提高，促進旅遊市場擴大。

(5) 人民知識水準提高，戶外自然遊憩需求大。

(6) 銀髮族人口增加，退休人員增多，旅遊大餅擴大。

4. 環境不利性：海南爲颱風路線行經之地，將增加休閒農業與農業旅遊的不確定性，及設施的修護成本。

(四) 主題定位與發展項目

1. 主題定位：「鮮綠 · 樂活 · 元氣」。

2. 發展項目

(1) 一產層次：

①精緻果品：目前場區種植火龍果、蓮霧、香蕉、芭樂、楊桃、桑葚、西印度櫻桃等果樹。未來要維持並加強熱帶水果的生產業務。以標準化栽培管理作業提高品質。

②有機水果與蔬菜：規劃部分田區，以設施（溫室、網室）方式，採用有機農法種植蔬菜、水果。水果與蔬菜要建立生產履歷制度。

圖 6-67 農場設計市民採摘蔬菜的體驗活動（示意圖）

③景觀農業：種植觀賞用的林木、草坪、花卉，發揮植物觀葉、觀花、觀果的作用，以美化地景（圖 6-67）。選種植栽，注重遮蔭的效果。椰林是南國的象徵，應規劃團狀、塊狀、條狀的椰子森林。美麗景觀亦可吸引新人來場拍攝婚紗照。

④設施農業：爲控制植物生長環境，將以設施（智能溫室、網室）栽培蔬菜、水果（如番茄、草莓、瓜果等）及花卉，以吸引遊客採摘，增加體驗活動的多樣性。

(2) 二產層次：

將基地農產品粗加工及深加工，以增加價值：

①加工製成烘焙食品、脫水食品、醃漬食品，並可製粉、製汁、製醬、製醋等。鳳梨、芒果、草莓、番茄加工製品極受歡迎。

②應用生物科技，經萃取、煉製而成酵素、精油及其他保養品、健康食品。因爲使用有機農產品爲原料，故品質高人一等。

以上特色農產加工品，將以伴手禮品的型態陳列於本基地禮品部銷售。

(3) 三產層次：

① 農業體驗：設計農業體驗、生態體驗活動，提供遊客及銀髮族度假客採摘勞動的機會（圖6-68）。

② 餐飲：以生態餐廳方式布置用餐環境。

圖 6-68　農場水域設計水岸度假木屋（示意圖）

③ 住宿：規劃坐落於仙水湖度假區。

④ 購物：禮品屋供銷本基地自產的一、二級產品，及基地周邊農民的產品。

⑤ 開會：提供舒適優雅的國際會議場地。

⑥ 教育學習：吸引中小學學生來場戶外教學。

⑦ 研習培訓：設計現代化的農業生產技術，及休閒農場、共享農庄經營。

⑧ 課程培訓農民。

⑨ 休閒康體活動：體能運動、棋牌、推拿、瑜伽等休閒保健活動。

(五) 分區布局

1. 神農百果園：標準化生產的熱帶水果產區，劃出遊客採摘及解說觀摩的田區，以經營農業體驗。

2. 有機蔬果之家：以智能溫室種植有機蔬菜與水果。

3. 科技農業加值工坊：特色農產品加工品銷售（圖 6-69）。

4. 四季生態美食屋：風味餐飲美食。

5. 伴手禮精品店：售賣禮品、紀念

圖 6-69　規劃科技農業精品工坊銷售生技產品（示意圖）

品、有機蔬菜等。

6. 新農培訓及農業科普學園：實施現代化農民培訓及學生農業教育學習。

7. 銀髮族養生逍遙遊：提供適合黃金老人的住宿賓館、養生套餐、農業體驗、保健運動、園藝療育、健康療養等服務。

8. 花田喜事幸福世界：以景觀農業美化環境（圖 6-70），吸引新人來場拍婚紗照。

圖 6-70　以景觀農業美化環境營造花田囍事幸福世界（示意圖）

9. 黎苗文化探索：設計以海南黎、苗二大少數民族文化爲主題的體驗活動。

10. 清涼水立方：爲解決夏季暑熱的問題，設計親水活動。

(六) 預期效益

1. 海南省國際旅遊島鴻圖因融入本度假村的體驗經濟，更凸出特色，而提高吸引力。

2. 本度假村做大做強，將對海南西北休閒觀光產業的發展產生示範及提振效果。

3. 促進農業產業化發展，提高農業土地與勞動力的利用效率，以增進農業生產力。

4. 提供瓊北地區（特別是海口市）居民一個優質的戶外遊憩場地。

5. 提供銀髮族一個量身訂製，適性參與的休閒度假樂園。

6. 度假村基地生態環境得到保護，土地可持續發展。

第六節　中國大陸休閒農場規劃的思維

本節依據本章彙整中國大陸 10 個休閒農場規劃的報告或規劃構想，綜結休閒農場規劃的思維如下。

一、農場規模影響分區布局及體驗內容

爲維持每個分區空間及活動的適宜性，農場面積大，格局較寬廣，分區可較多，體驗活動設計較豐富；面積小，分區較窄狹，體驗活動較爲精簡。本節臚列規劃面積從 2,710 畝（廣州鳳凰谷）至 100 畝（三亞天涯鎮）的規劃都依據農場規模而易其布局與體驗內容。

二、依據氣候帶特性規劃農業生產與體驗活動

本節收錄的休閒農場，因區位不同，涵蓋溫帶、暖溫帶、亞熱帶、熱帶，及大陸性或海洋性氣候帶。農業依賴自然力，所以不同氣候帶的農業生產與農業體驗活動，均各有不同型態，規劃應據以建構農場的特色，而吸引不同氣候帶遊客互訪，異地體驗。

三、休閒農場規劃以體驗經濟爲思路

體驗經濟已蔚爲世界產業發展的思潮。以「體驗」爲核心的產業發展型態，在農業的實踐就是休閒農業。體驗經濟思維分爲二大部分，一是設計滿足遊客需求的體驗活動，二是設計賺取收益的營運活動。遊客參與體驗，滿足後進行各項消費，而農場有獲得營收的機會。故而本節各個案例規劃皆兼顧該二大部分，以促進遊客滿意，及經營者滿足。

四、休閒農場規劃應考慮農場與城市的關聯性

若休閒農場位於城市郊區，則具有都市農業的特質，城市綠洲的功能，是城市居民的「菜籃子」基地，且扮演日本磯村英一教授所謂「市民第三空間」的角色，滿足休閒的需求。本節濟南、成都、廣州、佛山、三亞市的休閒農場案例皆具有都市農業的特質。

五、休閒農場規劃以農業爲體，以一、二、三級產業融合爲用

休閒農場使用農業用地，運用農業資源，應在農業的基礎上延展價值。所以規劃農業生產、加工、休閒體驗及餐飲住宿，以發揮農業的特色，昇華景觀美學、提供知識學習、環境生態、文化陶冶、養生養老的精神收穫。本章個案規劃皆以農爲本，進而擴散價值。

六、規劃以滿足遊客需求爲目的

休閒農業是休閒旅遊服務業，依恃來客人流。遊客的需求各異，規劃應定位其目標市場。本章濟南案例鄰近大學城，乃設計大學生的知性體驗活動；成都居民重休閒享受，農場乃設置棋牌室；佛山面向珠三角，農場農作採有機農法；三亞天氣炎熱，設計冰品消暑。

七、規劃應妥善運用優勢資源

休閒農場擁有的資源各有不同，規劃者首先要盤點資源，篩選核心資源。本章熱河案例位於溫泉水脈，乃設計溫泉木屋，溫泉水耕蔬果別有風味；成都案例有湖水與松林，設計「水與鳥的世界」；紹興案例近河道，發展親水體驗活動；佛山農場基地多密林及水塘，開發生態體驗及水產項目；三亞近黎苗族，設計少數民族文化體驗活動。

八、休閒農場規劃宜尊重原有的自然與人文特性

休閒農場發展的邏輯，應是先有農場，後有休閒農場；亦即在農場既有的特性上，發展休閒農業。儘可能保存較多的自然特性（地形地貌、動植物、生態環境），進而改良窳陋景觀，畜養及栽種特色動植物，興建必要的設施，以區別休閒農場與一般遊樂場地的差異。本章案例規劃，皆儘量運用既有的休閒農場資源。特別是成都案例，係在既有的休閒農場建設上改善景觀設施，並設計更富體驗性的活動。

九、規劃應熟諳政府政策及法規

中國大陸關於休閒農業發展的重要政策有：5 年一期的國民經濟與社會發展規劃綱要（如十一五規劃、十二五規劃、十三五規劃、十四五規劃），各年度「中央一號文件」，各省市縣休閒農業規劃等，規劃應明瞭政府政策的走向。最好能將政策發展方向融入規劃計畫，爲農場帶來營運的機會。本章海南案例規劃就在國務院發展海南省爲「國際旅遊島」的政策下順勢操作。地方政府訂定休閒農業具體操作的相關法規，規劃團隊應熟諳規章。

十、休閒農場宜規劃利益回饋社區農民的項目與措施

休閒農場應順應現代企業發展的潮流，善盡社會責任。休閒農場營運依恃社區人力，社區農場供應的農產品，出入靠社區道路等，皆與社區密切關聯。所以休閒農場營運應回饋社區居民。本章農場與社區互動的案例，如承德、廣州、佛山、三亞、臨高等，均規劃回饋社區的項目，如辦理農民技術培訓，提高農民技術水平的措施。

第七節 印尼休閒農漁牧度假村規劃構想

休閒農業是世界鄉村發展的潮流，印尼自不例外。休閒農業是臺灣及中國大陸正式使用的名詞，世界各國較普遍使用的名詞爲：農業旅遊、鄉村旅遊、生態旅遊、綠色旅遊等。雖然名詞不一，但皆以農業體驗、環境生態體驗、農村文化觀光爲核心。本案例農漁牧度假村以農漁牧生產、環境生態體驗、休閒度假爲主要活動，當屬休閒農業的領域。

本案承印尼吳姓僑領委託進行規劃，基地位於勿里洞島（Pulau Belitung）。茲以「印尼勿里洞島休閒農漁牧度假村規劃構想報告」（段兆麟、賴宏亮、謝豪晃、邱謝聰、李崇尚、蕭志宇，2014）說明。

一、農場區位及簡介

(一) 位置

農場位於勿里洞島，距離首都雅加達 365 公里。飛機行程 45 分鐘可抵達勿里洞機場（圖 6-71）。

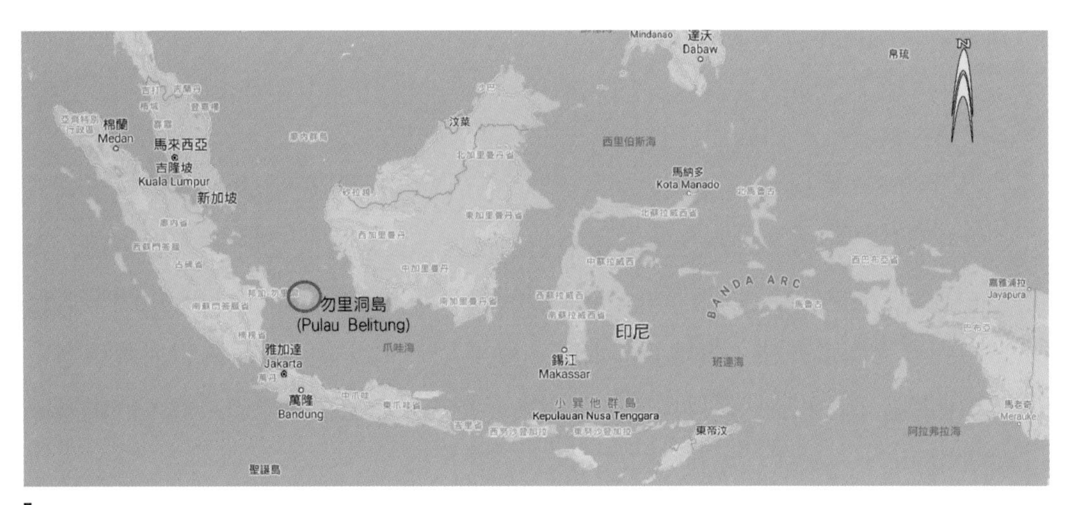

圖 6-71　印尼勿里洞島地理位置圖

(二) 項目地點

農場位於勿里洞島西北角。距離機場約 25 公里。從機場循環島公路，行車約 25 分鐘可達農場（圖 6-72）。

圖 6-72　勿里洞島休閒農場基地位置圖

(三) 勿里洞島簡介

勿里洞島位於海上絲綢之路的中央重要位置，四面有大島屏障（圖 6-73）。全島面積約 5,600 平方公里。600 多年前明朝鄭和下西洋曾到此地。一年四季氣溫約 25～33℃。雨水充沛，無地震、海嘯、颱風之天然災害。目前為印尼國家選定的三大旅遊區（峇里島、龍目島、勿里洞島）之一。島上公路四通八達，機場擬擴建為國際機場。

圖 6-73　勿里洞島休閒農場基地範圍圖

產業發展如下：

1. 農業：以種植胡椒聞名世界，其他如木薯、棕櫚樹等。

2. 漁業：以野生石斑魚、蘇眉魚、海參、燕窩等，也是印尼之最。

3. 礦業：錫礦儲量爲世界第一，尚有高嶺土、鐵礦、鉛鋅礦等。

工業區位於島上西南部，占地 2,200 公頃正在開發，爲國家特定之免稅區，有深水碼頭可停泊 50,000 噸以上之客貨輪，距離新加坡約 370 公里。

二、休閒農場規劃

(一) 位置及面積

農場位於勿里洞島西北角，面積 42 公頃，面海背山（圖 6-74、圖 6-75、圖 6-76）。

圖 6-74　規劃區基地農林資源雜陳尚待開發

圖 6-75　農場基地唯一的建物——守衛室

圖 6-76　農場基地居高眺望海域

(二) 定位

休閒農場定位為：以自然及農業資源為基礎的樂活度假勝地。

(三) 規劃分區構想

1. 森林生態體驗區：本區富含林地生態資源（鳥類、猴等），生物多樣性高，適合實施生態旅遊及環境教育（圖 6-77）。

圖 6-77　農場林木茂密適合規劃森林生態體驗區

2. 水塘生態體驗區：面積為 2 至 3 公頃，位於基地中間偏南。本區為溼地、池塘型態。可栽培蓮、荷及其他水生植物。規劃飼養淡水魚供遊客垂釣體驗。

3. 濱海生態體驗區：包括岸灘沙地及水域。海域可發展水上運動項目。灘塗地體驗紅樹林生態。海域可體驗箱網及定置網養殖方式（垂釣、捕撈）（圖6-78）。

圖 6-78　基地海岸彎曲生態資源豐富規劃濱海生態體驗區

4. 熱帶作物體驗區：種植熱帶水果（紅龍果等）、熱帶花卉（選擇適種的石斛蘭、香草），及特用作物（胡椒、花生等）。以植物工廠技術生產無汙染蔬菜。保留基地內的椰、波羅蜜、榴槤、芒果、桑葚等熱帶果樹，既生產作物又可體驗（圖 6-79）。

5. 可愛動物體驗區：發展鴕鳥體驗活動及遊客喜愛的本土動物。

6. 鄉村文化體驗區：本區呈現本島的農業文化及鄉村民俗文化。規劃將《天虹戰隊小學》一書（圖 6-80），作者 Andra Hirata 童年遭遇到的灰熊、鱷魚、海鳥、玻璃、隕石、兔子、猴子、宗教、巫師、童玩等故事情節生動呈現，讓遊客回憶或憧憬本島的鄉村生活。

7. 錫產業博物展示區：將聯成公司最專精的產業系統化呈現。展示內容包括：世界錫礦地理、錫礦開採冶煉技術、錫金屬特性、錫金屬應用、錫的生活用品、錫的先進利用等單元。

展示方式包括：多媒體播放、實物展示、模型演示、礦區導覽、遊客參與體驗、紀念品展售等。

圖 6-79　基地椰林規劃為熱帶作物體驗區

圖 6-80　農場以勿里洞作家 Andra Hirata 的童年往事規劃為鄉村文化體驗區

8. 三清道德學院：本區以弘揚道教文化爲目的，具有社會教化的功能。規劃面積 1 公頃（100 公尺 ×100 公尺）。

9. 餐旅生活區：本區包括：

(1) 遊客服務中心（圖 6-81）。

(2) 餐飲區：地點選定臨海景觀地區，並評估建置海上餐廳的可行性。（圖 6-82）

圖 6-81　規劃休閒農場遊客服務中心（示意圖）

(3) 住宿區：以度假木屋型式設計，建築別緻。每間可遠眺浩瀚的海景。順應地形建造，由低往高呈梯階分布（圖 6-83）。

(4) 購物區：銷售度假村及勿里洞島的一產、二產、三產特產品與伴手禮。

(5) 休閒區：棋、牌、海水浴場、水上運動、鄉土文化活動等（圖 6-84）。

(6) 簡報及國際會議室。

圖 6-82　規劃休閒農場海景餐飲區（示意圖）

圖 6-83　規劃休閒農場海景度假木屋區（示意圖）

圖 6-84　規劃水上遊憩活動（示意圖）

(四) 目標市場

1. 印尼本土遊客市場。
2. 星、馬、泰遊客市場。
3. 中國大陸遊客市場。
4. 臺灣遊客市場。
5. 連結前往峇里島度假的遊客市場。

三、作物規劃

(一) 植物體驗區

從草坪、草花、灌木到喬木，多層次的設計。建議植物種類如下：

1. 草坪植物：韓國草、臺北草、百慕達草、假儉草、地毯草、聖奧古斯汀草、百喜草、竹節草等。

2. 草花植物：蚌蘭、月桃、南天竹、球薑、射干、到手香、瓊蔴、蘆薈、薑黃、何首烏、野牡丹、野薑花、長春花、天堂鳥、美人蕉等。

3. 灌木或藤蔓植物：軟枝黃蟬、金銀花、山葡萄、竹柏、黃椰子、觀音棕竹、山芙蓉、木芙蓉、南嶺蕘花、杜鵑、馬纓丹、合歡、仙丹花、朱槿、金露花、桂花、月橘、福建茶、春不老、山梔子等。

4. 喬木植物：緬梔、鐵刀木、羊蹄甲、阿勃勒、土肉桂、苦楝、麵包樹、波羅蜜、福木、無患子等。

(二) 作物生產區

1. 蔬菜：建立蔬菜園圃，採有機栽培生產各類蔬菜，配合烹飪教室進行體驗。

2. 花卉：東南亞以石斛蘭盛名，可蒐集各種春、秋石斛蘭，進行觀賞、保健體驗。

3. 果樹：生產紅龍果爲主，可進行花及果實之鮮食、飲品及保養品之體驗。

(三) 農產品加工區

1. 保健作物：生產後可進行乾燥、萃取、濃縮，以及產品研發（食品、保健食品、藥品、保養品、化妝品、動物用藥、植物生物防治用藥等）。

2. 香精作物：生產後進行乾燥、精油萃取，以及產品研發（精油、按摩油、洗髮乳、沐浴乳等）。

3. 香料作物：生產後，進行乾燥，以及產品研發（粉末、醬等食品添加劑）。

四、規劃實施步驟

(一) 公司與臺灣國立屏東科技大學簽訂產學合作合約，正式啟動規劃工作（圖 6-85）。

(二) 規劃團隊再次赴勿里洞場區全面實勘，盤點資源。

(三) 考察勿里洞島及印尼相關地區的農業休閒旅遊景點。

(四) 進行 SWOT 分析，主題定位，擬訂開發策略。

圖 6-85 國立屏東科技大學規劃團隊與業主討論農場開發方向

(五) 農場分區及營運項目規劃。

(六) 完成規劃報告。

(七) 休閒農場（度假村）經營管理及農業技術的人力培訓。

休閒農業體驗設計

休閒農場設計體驗活動依藉農場的資源，即所謂「巧婦難為無米之炊」。所以休閒農場設計體驗的基本工作，先要盤點資源，發掘核心資源，然後運用資源特性，設計具有特色的體驗活動。

第一節　休閒農場資源的種類

依照體驗的觀點，休閒農業資源可分為自然資源（nature resources）、景觀資源（landscape resources）、產業資源（industry resources）、文化資源（culture resources）、人的資源（human resources）等5類，這些都是休閒農場設計體驗活動的基礎。

一、自然資源

(一) 氣象資源

日出、日落、雲海、彩虹、月光、星相、季風等。

(二) 植物生態資源

植物發芽、生長、授粉、開花、結果的過程都有自然教育的意義，配合季節都有不同的生命週期。尤其原生種植物，生態價值更高。

圖 7-1　孔雀是休閒農場稀有的動物生態資源（馬來西亞）

(三) 動物生態資源

利用鄉村環境的稀有動物，如蝶類、昆蟲類、禽畜、鳥類（留鳥與候鳥）（圖 7-1）等設計活動，設計戶外自然教室的知性之旅；濱海地區的動物生態資源包括魚類、蝦類、貝類、蟹類及潮間帶生物等。

(四) 水文資源

農村的溪流、河床、山澗、瀑布、溫泉等；濱海地區的海景、潮汐、浪花等。

二、景觀資源

(一) 地形地質景觀

農村有平原、河流、湖泊、水塘、沼澤、山坡、臺地、嶺頂、峽谷、峭壁等；濱海地區有魚塭、海岸線、潮間帶、沙洲、洞穴、奇石、珊瑚礁、島嶼岩等。

圖 7-2　北方春天桃花開滿大地

(二) 植物景觀

觀花、觀果、觀葉植物，四季有變化（圖 7-2）。

(三) 動物景觀

禽畜類、鳥類、蝶類、昆蟲類、魚類等，其體態、姿勢、體色都極討人喜歡。

(四) 農村產業景觀

包括稻田、麥田、玉米田、菜園、花圃、果園、茶園、蔗田、林地、魚塭、草原、鹽田等，數大就是美。

(五) 農村設施景觀

聚落（集村或散村）、傳統農宅（三合院、四合院、土樓）、寺廟、溫室、網室、菸樓、渠道、水閘、穀倉、禽畜舍、氈房等。

三、產業資源

(一) 各種農園、林業、畜牧、養殖等產品，均是設計體驗活動的主要資源。

(二) 農漁牧業經營一、二、三級產業的各階段皆適合搭配遊憩服務，提供體驗的機會：

1. 農業：生產階段的整地、育苗、種植、採收等作業；加工階段的醃製、釀造、炊煮、處理製造活動；運銷階段的分級、展售、拍賣、市集等。

2. 畜牧業：生產階段的體驗，如餵飼、騎馬、放羊、牧羊犬趕羊、坐牛車、剪羊毛、擠牛乳、擠羊乳等；畜牧產品加工利用階段，如皮蛋製作、乳品加工、鵝蛋彩繪、烤乳豬、肉品加工等；運銷階段，如牲畜市集、牧畜拍賣市場等。牧場體驗，如草原賞景、認識牧草、牧草收割、牧草加工餐飲、牧草編織等。

3. 水產業：養殖階段有餵飼、垂釣、採捕等；加工處理階段有魚製品製程觀摩與製作活動；運銷階段有假日魚市的活動（圖 7-3）。

圖 7-3　日本和歌山假日魚市場

四、文化資源

文化資源可概分爲農業產業文化資源（傳統農林漁牧種植飼養的方法、技術、設施、設備、器具等）與農家生活文化資源（傳統食衣住行育樂方面）。具體歸類如下：

(一) 傳統建築資源

農村平地有古代建築遺址、古城牆、古道、老街、古宅、古井、古橋、古民居、牛墟、舊牧場、舊碼頭等；山村有少數民族特色的傳統建築。

(二) 傳統雕刻藝術及手工藝品

具有地方特色的藝術品，如石雕、木雕、竹雕、皮雕、根雕（圖 7-4）、陶藝、編織、刺繡、服飾、古農具及傳統家居用具等。

圖 7-4　根雕在傳統雕刻藝術獨樹一幟（浙江衢州）

(三) 宗教及民俗活動

如祭祀廟會、王船祭、迎王祭典、豐年祭、宋江陣、八家將、放天燈、童玩技藝等。

(四) 文化設施與活動

如有特色的農業、林業、漁業、牧業博物館、文物館，及個別的展示活動。

(五) 畜牧村落民俗節慶活動

如牧草節、剪羊毛、打獵、賽馬、摔跤、牛仔表演、馬術表演、鬥牛等傳統體育比賽和娛樂活動。

五、人的資源

圖 7-5　無米樂社區彈棉被達人煌明伯

(一) 地方上的歷史人物故居。

(二) 當今知名人物，如無米樂崑濱伯，歌手、藝人故鄉，以及百歲人瑞、頭目、長老等。

(三) 具有特殊技藝的農民匠師，如技術精練的牧羊人、花招百出的馴獸師、剪羊毛師傅、鄉村街頭藝人、竹編師傅、草編師傅、彈棉被達人（圖 7-5）、撒網高手、巫師等。

第二節 體驗設計的步驟

派恩與蓋爾摩在《體驗經濟》（*The Experience Economy*）一書闡述，企業應經常思考能對顧客提供什麼特殊的體驗，設計什麼吸引人的體驗活動。2 位作者對體驗設計（staging experience）的步驟提出下列 5 項：

一、訂定主題

體驗設計的第一步驟是訂定主題（theme the experience）。體驗如果沒有主題，遊客就抓不到主軸，就很難整合體驗感受，也就無法留下長久的記憶。主題要非常簡單、吸引人，主題不是掛在牆上的使命、宣言，而是能夠帶動所有設計與活動的概念（圖 7-6）。訂定主題的第一步可以從定名開始，若休閒農場強調生動活潑、別出心裁，則定名如飛牛牧場；要強調自然生態，定名如綠世界生態農場、惠森自然休閒農場；凸顯特定的體驗主題定名如薰衣草森林、金勇番茄休閒農場；強調與眾不同，定名如不一樣鱷魚生態休閒農場。所以主題指引體驗活動設計的方向。

圖 7-6　中山休閒農業區茶園主題鮮明

二、塑造印象

體驗設計的第二步驟是塑造印象（harmonize impressions）。主題只是基礎，農場還要塑造印象，才能創造體驗。塑造印象要靠正面的線索（harmonize impressions with positive cues）（圖 7-7），每個線索都必須經過調和，與主題一致。休閒農場透過體驗活動塑造印象，如飛牛牧場以餵飼乳牛及環境教育，塑造鮮活的印象；綠世界生態農場以全方位的生物多樣性體驗設計，塑造生態資源保育的印象；不一樣鱷魚生態農場飼養多品種的鱷魚，設計新奇刺激的體驗活動。所以此步驟是以設計體驗活動，激發遊客特定的感覺，以支撐主題。

圖 7-7 花露休閒農場以繡球花塑造主題形象

三、去除負面線索

設計體驗的第三步驟是去除負面線索（eliminate negative cues）。所有的線索都應該配合主題，所以其他與主題相牴觸或是造成干擾的資訊都要去除，以免減損遊客的體驗。強調自然生態的休閒農場不應有打獵、鬥雞等虐殺動物的活動，如恆春生態農場不作蝴蝶標本，以免違背其生生不息的精神；如香草主題農場，不須有畜牧餵飼或垂釣，以免干擾主題。如因季節性搭配，應有主題、副題的差別。

四、加入紀念品

設計體驗的第四步驟是加入紀念品（mix in memorabilia）。紀念品的價格與它具有回憶體驗的價值相關，故其價格超過實物的價值。紀念品讓回憶跟著遊客走，而時時刻刻喚起遊客美好的記憶。飛牛牧場以乳牛爲圖案（圖 7-8），恆春生態農場以羊爲圖案，製作 T 恤、帽子、鑰匙圈、茶杯等。其他休閒農場以蝴蝶、獨角仙、瓢蟲、螃蟹、貓頭鷹等作爲設計紀念品的圖像，凸顯農場的主題性，都是很好的例子。

圖 7-8 飛牛牧場紀念品帶給遊客乳牛體驗的回憶

五、動員感官刺激

設計體驗的第五步驟是動員5種感官刺激（engage the five senses）。感官刺激（視覺、聽覺、嗅覺、味覺、觸覺）應該支持並增強主題，所引發的感官刺激愈多，設計的體驗效果就愈大。飛牛牧場和恆春生態農場各提供乳牛和山羊的體驗活動，包括觀賞、聽聲、聞體味、喝奶、餵飼、觸摸等活動，以豐富遊客的感覺。

六、南瓜主題體驗活動設計

茲以休閒農場南瓜體驗爲例，列述體驗活動設計的步驟如下：

1. 訂定主題：南瓜奇幻世界。

2. 塑造形象：以南瓜的外形塑造美麗的印象，以南瓜的創新品種展示塑造奇特的印象，以南瓜的營養成分塑造養生健康的印象，以南瓜相關的文學藝術（如灰姑娘童話故事）塑造文化的印象。

3. 去除負面線索：儘量避免與主題無關的活動，不要有過多南瓜以外的其他蔬果體驗的活動，不要有家畜禽餵飼活動，不要有魚蝦餵飼或釣捕活動，以免喧賓奪主，混淆主題性。

4. 加入紀念品：南瓜美觀亮麗的外形很適合設計紀念品。在生鮮產品的層次上，五顏六色，小巧玲瓏的南瓜，很受小朋友的喜愛；或刻意栽培特大型的觀賞南瓜，上面刻印「歡迎光臨」、「招財進寶」等吉祥祝福字詞，很適合放在店頭招徠遊客。在加工產品的層次上，可將乾燥處理過的南瓜子、南瓜粉等加工品提供遊客採購。在服務的層次上，可設計文化創意商品，如印有南瓜圖案的T恤、領帶、帽子、髮夾、服飾、背包、茶杯、鑰匙圈、信封及各種包裝紙，以便遊客永久保存美好的記憶。

5. 動員感官刺激：南瓜體驗要讓遊客產生豐富的感覺：

(1) 視覺：南瓜造型變化多端，美不勝收，滿足遊客審美的需求（圖7-9）。利用南瓜大小不同的果粒，設計成綠色廊道，有極佳的觀賞效果。

(2) 聽覺：南瓜皮厚有彈性，手指輕彈有回音，可測定南瓜的質地。

(3) 嗅覺：南瓜開花期有花香味，結果期有果香味。

(4) 味覺：南瓜果肉鬆軟味美，可設計多種料理，適合小吃或大餐。南瓜粉、南瓜子、南瓜糕餅等，均非常可口。

(5) 觸覺：設計遊客採摘、攬抱的活動，或在大型南瓜上簽名，可直接體會南瓜厚厚沉沉的觸感。

圖 7-9 南瓜造型富審美感

第三節 體驗活動種類與項目

休閒農業資源非常豐富，設計出來的體驗活動花樣百出，不勝枚舉。本節列述休閒農場體驗活動的種類與項目。

一、體驗活動的種類

張文宜（2005）將臺灣優良休閒農場的體驗活動分爲下列 9 類：

(一) 體驗農產作業

供遊客參與或觀賞農產經營過程，如播種、育苗、除草、插秧、收割、晒穀、駕馭農耕機具、乘坐牛車、餵飼家禽家畜等，或是採摘蔬果花卉、擠牛奶、捕魚蝦貝等（圖 7-10），享受收成的樂趣，了解和學習農產品分級包裝、加工、市場拍賣等一系列農產運銷活動。

圖 7-10　遊客體驗捕撈黃金蜆的樂趣

(二) 欣賞鄉野景觀

透過漫步、森林浴、健行、騎單車、夜遊等方式，觀賞山川、瀑布、田園、花圃、草原、日出、夜色、聚落、竹林、海景、水塘等景致，亦可聆聽蟲鳴鳥叫，與野生動植物共享自然之美。

(三) 感受主題風景

以特殊的人文主題作爲造園設計，仿造出某種感官情境讓遊客悠遊於其中，體驗懷舊之情、異國情調或虛幻時空，如中古世紀、蒙古文化、童話世界等。

(四) 品嘗特色料理

提供遊客飲用鮮乳、果菜汁、花草茶，或是享用野菜、竹筒飯、肉粽、窯烤地瓜、土雞大餐等地方料理，以及加工後的農特產品，如果醬、酒、各式乳製品等。遊客也可以親手製作簡易的甜點小吃，如茶凍、香草餅乾、紅龜粿等。

(五) 旅居農庄民宿

提供特色農庄、度假木屋、營地帳篷、農家別院等，供遊客休息過夜，享受夜裡和晨間的寧靜，以及鄉村生活的悠閒自在。客房亦有傳統中式、閩式、日式、歐式等多種類型。

(六) 參與地方文化

體驗農村的人文生活、享受童玩樂趣、製作手工藝品、探索地方的歷史古蹟、認識鄉土的民俗節慶等。如認識客家文化或原住民化，捉泥鰍、踩高蹺、打陀螺、布袋戲、竹蜻蜓、捏麵人，動手作草編、雕刻、繪圖、泥塑、陶藝、剪紙、中國結、香包，以及走訪古厝、追溯鄉土史、了解民間故事，欣賞當地廟會慶典、豐年祭、歌仔戲等。

(七) 生態解說教育

提供遊客自然生態解說、環境教育、野外求生的知識與技能學習等活動，亦包括昆蟲館、植物園、畜牧場的靜態教學和動態導覽。如溪流分布、地質概況、樹種植被、蝴蝶和蜜源植物的知識，或認識水土保持的重要性及分辨野外的有毒植物和預防毒蛇咬傷的措施等。

(八) 戶外健身運動

利用水池、草地、遊憩設施與各類活動廣場，從事游泳、泡湯、戲水、划船、打球、滑草、體能訓練、射箭、打漆彈、騎馬等度假式的休閒活動，讓遊客活絡筋骨。

(九) 心靈紓壓療養

讓遊客透過音樂、呼吸精油、氣功、禪修、靜坐、冥思、人際互動、對話、探討生活哲學等活動，調養身心壓力、陶冶性情，同時更加認識個體本質、恢復自信和活力，以培養豁達開朗的人生觀。如開設成長團體、養生課程供遊客修習，以追求內在的昇華和淨化，解除恐懼、焦慮、疑惑等負面情緒，保持正向的思考邏輯與健康的生活習慣。

二、體驗活動的項目

陳昭郎、陳永杰（2019）將臺灣休閒農業常見的活動項目列舉如下：

(一) 農事活動

農耕作業、親自駕馭農耕機具、採茶、挖竹筍、拔花生、剝玉米、採水果、放牧、擠牛奶、捕魚蝦、農產品加工、包裝運銷等。

(二) 自然景觀眺望

日出、夜景、浮雲、雨霧、彩虹、山川、河流、瀑布、池塘、水田倒影、梯田、茶園、油菜田、草原、竹林、菸樓、農庄聚落、海浪、湖泊、磯岩、海灣、鹽田、漁船、舢舨等。

(三) 野味品嘗活動

築土窯烤地瓜、烤土雞、野味烹調、藥用植物炒食、品茶、鮮乳試飲、地方特產品嘗、鮮果採食等。

(四) 農庄民宿活動

鄉土歷史探索、人文古蹟查訪、自然生態認識、農村生活體驗、田野健行、手工藝品製作、森林浴等。

(五) 民俗文化活動

寺廟迎神賽會、豐年祭、捕魚祭、車鼓陣、牛犁陣、賞花燈、舞龍舞獅、皮影戲、歌仔戲、布袋戲、南管北調、划龍舟、山歌對唱、說古書、雕刻、繪畫、泥塑等。

(六) 童玩活動

玩陀螺、竹蜻蜓、捏麵人、玩大車輪、盪鞦韆（圖 7-11）、打水槍、打水井、推石磨、踩水車、坐牛車、灌蟋蟀、捉泥鰍、垂釣、釣青蛙、撈魚蝦、踢鐵罐、扮家家酒、騎馬打仗、跳房子、放風箏、踩高蹺、玩泥巴等。

圖 7-11　休閒農場供遊客盪鞦韆體驗傳統童玩活動

(七) 森林遊樂

森林浴、體能訓練、生態環境教育、賞鳥、知性之旅及住宿等活動。

(八) 產業文化活動

體驗農業的產、製、貯、銷及利用的全部或部分過程，如白河的蓮花節、玉井的芒果節、新埔的柿餅節、三星的蔥蒜節，以及水里和信義的賞梅之旅等系列活動，都是產業文化活動代表。

第四節　農業六級化體驗活動設計的模式

農業一、二、三級產業融合，將豐富遊客體驗的內容，提高滿意程度；同時增廣營利的項目，促進消費，而達增收的效果。

本節以蔬菜爲例，說明農業六級化體驗活動設計的模式。茲先要述蔬菜的資源特性，而後說明設計體驗活動的思路。

一、蔬菜的資源特性

休閒農場的蔬菜資源具有下列特性：

(一) 季節性

蔬菜因種類之不同，對氣溫、陽光、溼度的適應性各有差異，所以季節性明顯。以臺灣而言，根菜類、莖菜類、葉菜類、蔥蒜類等，性喜冷涼，所以多爲冬春季蔬菜；而果菜類性喜溫溼，所以多屬夏秋季蔬菜。這種變化性影響休閒農場餐飲料理要設計四季的菜單。

(二) 地域性

蔬菜因氣候、土宜、品種，及栽培管理之特性，所以受地理區位的影響極大。平地、坡地、濱海地區不同，或北部、南部不同，種植蔬菜種類就不一樣。譬如蔥蒜在北部地區，葉菜類在中部地區，果菜類在南部地區，金針菜在坡地，茭白筍及水芋在溼地，牛蒡及西瓜在沙質地等。地域性提供休閒農場在區位設計上的變化性。

(三) 生長性

蔬菜由種苗、萌芽、生長、開花、結果，顯現出植物成長變化的過程。譬如草莓開白花，結鮮紅的果實；苦瓜開黃花，長出表皮凹凸不平，質地晶瑩剔透的白果；洋菇、香菇由孢子菌絲發育成碩大的傘蓋菇體。這些都是自然教學極佳的素材。

(四) 景觀性

蔬菜植栽雖不如花卉的美麗，亦不如果樹的挺拔與秀麗，但菜圃綠葉鋪蓋，數大就是美（蓮葉何田田）；棚架上瓜果結實纍纍，五顏六色，形體各異（白玉苦瓜、南瓜）；金針花開遍野，還爲此設計節慶活動，吸引遊客。

(五) 實用性

蔬菜是人類主要的副食品，餐桌上植物類的料理，除了米糧主食外，應屬蔬菜的天下。蔬菜可加工作汁、醬等飲料或調味品，蔬菜可加工作爲休閒食品（如牛蒡、茭白筍、菇類），可提煉營養成分（如番茄、苦瓜、胡蘿蔔、洋蔥等），植株組織體乾燥後可作家居器物（如絲瓜布、扁蒲杓子）。

(六) 知識性

蔬菜的種類非常繁多。根據《台灣農家要覽》，可以分成根菜類、莖菜類、蔥蒜類、葉菜類、花菜類、果菜類、菇蕈類等 7 大類，每類各有不同的品項。每個品項的蔬菜，各有其產業背景與特色、氣候與土宜、品種、栽培管理、加工處理等專業的知識與技術。這些都是休閒農場自然教學的資源。

(七) 生態性

蔬菜植株與環境存在特定的關係。蔬菜要種植得好，必須考慮環境的因素。以最簡單的授粉而言，農場必須保護環境不受汙染，以維護相關生物的棲息地，才會有蝶、蜂來授粉。其他譬如潔淨的水質與空氣，都是蔬菜正常成長的環境因素。

(八) 文化性

產業文化方面，蔬菜的品種改良、栽培管理方法演進、設施設備器具創新發明等，都可在農場展示。生活文化方面，蔬菜的根、莖、葉、花、果，自古以來人類就利用作爲食、衣、住、行、育、樂的資源。有多少文人雅士寄情於自然，運用蔬菜作爲詩詞歌賦及文學藝術的創作題材。

二、蔬菜的體驗活動設計

茲將蔬菜體驗分爲一級產業、二級產業、三級產業的層次，按其產業、自然生態、景觀、文化等面向，設計體驗活動如下：

(一) 一產層次

一產指蔬菜田間生產的階段。可就下列幾個面向設計體驗：

1. 產業面體驗設計：

(1) 認識蔬菜種類及品種：按照根菜類、莖菜類、葉菜類、花菜類、果菜類（圖 7-12）、蔥蒜類、菇蕈類等種類，分區栽種；各區並種植適地適種的本土性蔬菜種類，形成蔬菜博覽園；豎立解說牌標示蔬菜的原產地、栽培特性、利用價值等資料，此極適合中小學學生的戶外教學。

圖 7-12　遊客認識蔬菜品種

(2) 比較蔬菜現代與傳統育苗及播種技術的差異：傳統都是人工育苗及播種，現在則是穴盤育苗及機械播種。

(3) 蔬菜盆栽 DIY：看多了美化環境的花卉盆栽，可變換綠化環境的蔬菜植栽。設計葉菜類蔬菜盆栽 DIY 活動，遊客攜帶回家置於桌上，可觀察蔬菜生長的情形。在綠化環境之餘，又可食用葉片，一點都不浪費。

(4) 有機農法觀摩：講解蔬菜有機農法的栽培方式，及有機蔬菜申請認證的程序與認證的標幟，讓遊客了解辨別有機蔬菜的方法。

(5) 蔬菜產銷履歷制度認證解說：產銷履歷制度是指農產品生產、加工處理、運銷等各階段的作業，要保留詳實的紀錄，作爲回溯檢查的依據，以確保農產品的安全性。場主可向遊客解說此制度的意義及運作方法，以增加遊客對食品安全的了解。

(6) 解說蔬菜設施栽培的功能：包括實地講解溫室通風降溫及遮陽的功能，自動控制環境條件的現代化設施設備，及魚菜共生的生產方式（圖 7-13），以體驗農業科技的進步。

(7) 講解無土栽培的方式及植物工廠的原理：水耕或養液栽培，是指不用天然土壤，而用基質或水，將蔬菜種植在經過設計的容器內，定時定量補給營養液，以

圖 7-13　休閒農場供遊客學習魚菜共生的原理

提高產量與品質。若進一步規模化，並配合科學化管理，則構成植物工廠運作的基礎。

(8) 講解菜園地面膜與誘蟲板的原理：菜園裡的地面塑料膜可以隔絕土壤，抑制雜草的生長，又能防止土壤病蟲害的傳播；同時具有反光作用，使植株上下採光均勻，以改善品質；三是對土壤有保溫作用。黃色誘蟲板是利用昆蟲對黃色光譜的趨近性，誘使害蟲趨近，並在板上塗上黏液，而達成黏著殺蟲的目的。

(9) 特殊栽培方式觀摩（圖 7-14）：如管道式栽培、立柱式栽培、貼牆式栽培等，都是利用營養液栽培，以達到節省栽培空間，便利採摘，及美化環境的目的。

圖 7-14　遊客觀摩蔬菜特殊的栽培方式

(10) 劃設市民農園，提供承租者長期體驗蔬菜耕種的機會：市民農園多種植短期作物，多數爲蔬菜。市民可有深度的體驗，具有學習農事、接觸自然、勞動健身、安全供菜及親子互動等功能。

2. 景觀面體驗設計：

(1) 菜圃景觀體驗：蔬菜田園，阡陌相連，形成一片彩色世界，像是蓮藕、大水芋等高莖類，風吹搖曳生姿（圖 7-15）；或是油菜花田，綿延數里，煞是迷人。

圖 7-15　蓮荷園紅花綠葉景觀迷人

(2) 蔬菜溫室網室設施整齊排列形成美麗的構圖：田野間銀白色的溫室在陽光照耀下，像是銀龍。雲嘉平原鐵公路兩旁綿延的綠色網室、溫室極爲壯闊，凸顯臺灣蔬菜生產的潛力。瓜果類的簡易隧道式網室連綿相倚，形成耀眼的田野風光。

(3) 果菜類棚架栽培設計成綠色廊道：果菜類如絲瓜、扁蒲、越瓜、茄子、苦瓜、番茄、蛇瓜、胡瓜、南瓜等經常被設計成綠色隧道，遊客穿梭其下，如同置身於瓜果世界，既可欣賞美麗的瓜果造型，又可閱覽解說牌獲得蔬菜的知識。特別是番茄與南瓜，種類多、造型奇特及顏色多彩，所以常是休閒農場或農業博覽會的寵兒。

3. 自然生態面體驗設計：

(1) 教育遊客認識有機栽培方法：有機農業係遵守自然資源循環永續利用原則，不允許使用合成化學物質，強調水土資源保育與生態平衡的管理系統，並達到生產自然安全農產品爲目標的農業經營方式，所以蔬菜農場生產活動解說應強調蔬菜生產與生態平衡的關係。

(2) 圖示講解與生態相容的蔬菜栽培管理方法：如蔬菜栽植土地要避開汙染源，選擇抵抗力較強的品種以減輕病蟲害，選擇當季適時的栽培時間，適當輪作以免滋生病蟲害，翻耕或覆蓋以抑制雜草，施用有機質肥料及生物肥料以活用土壤，以非農藥的技術防治病蟲害等。

4. 文化面體驗設計：

(1) 二十四節氣原理解說：二十四節氣起源於黃河中下游地區，經長期對太陽位置、氣候變化及農事活動的觀察，所設計的一種農耕時序制度，臺灣民間仍有不少參考這個農時傳統。休閒農場可融入天文、氣象、農作等科學知識，詳盡解說農耕文明，解說員可指導遊客記誦二十四節氣的歌訣：「春雨驚春清谷天，夏滿芒夏暑相連，秋處露秋寒霜降，冬雪雪冬小大寒」。（圖 7-16）

(2) 蔬菜傳統農機具展示：休閒農場蒐集蔬菜耕作的傳統農機與用具，如犁、耙、鋤、牛車等。

圖 7-16　二十四節氣的農耕文化

(3) 灌溉設施展示：古代築水橋輸水灌溉，建造龍骨型或輪型水車引水灌溉，可蒐集照片或以模型表達。

(4) 蔬菜機械演進展示：陳列解說近代蔬菜在整地、育苗、播種、移植、中耕、噴灌、施肥、採收、搬運、分級、包裝等方面機械或器具的演進，讓遊客感受農業進步的歷程。

(5) 展示古代鄉村蔬菜秋收冬藏的景象：以實景或照片展示古代鄉居生活，將收穫後的辣椒、蒜頭垂掛屋前晾晒的豐收景象。

(6) 蔬菜題材的文字藝術展示：蒐集展示與蔬菜相關的詩詞歌賦及藝術作品，加深文化意涵，如故宮博物院「翠玉白菜」玉雕；余光中「白玉苦瓜」：詠生命曾經是瓜而苦，被永恆引渡，成果而甘。

(7) 認識蔬菜的保健與療效：薑在李時珍的《本草綱目》中屬菜部，農場可引述古人研究發現的藥理，以增加遊客對蔬菜健身治病的認識。

(二) 二產層次

二產指蔬菜處理及加工的階段，體驗活動設計如下：

1. 蔬菜經醃漬成食品，如苦瓜醬、筍絲、筍茸、泡菜及各種醬瓜、醬菜。

2. 蔬菜經乾燥成脫水食品，如芋頭、金針、牛蒡、茭白筍、菇蕈類等。

3. 蔬菜可榨汁，如番茄汁、胡蘿蔔汁、薑汁、蘆筍汁、西瓜汁等。

4. 蔬菜可製粉，如蓮藕粉、辣椒粉、芋粉、薑粉等。

5. 蔬菜可製調味品，如辣椒醬等。

6. 蔬菜提煉萃取精油作成健康食品，如蒜頭精。

7. 蘆薈深加工製成清潔用品（圖 7-17）。

為遊客解說以上蔬菜粗加工、深加工，或生物技術的過程，休閒農場銷售產品給遊客。有些粗加工的作業可提供遊客 DIY 的機會。

圖 7-17　蘆薈深加工製成清潔用品

(三) 三產層次

三產指蔬菜消費、餐飲、遊憩的階段，可設計以下體驗活動：

1. 以蔬菜圖案設計入口意象。

2. 遊客採摘活動，事先講解採摘要領，開放遊客進園採菜。

3. 設計遊戲活動，如小朋友拔蘿蔔、南瓜簽名。

4. 設計具有地方特色的蔬菜食譜，提供餐飲服務。

5. 設計野菜料理，讓都市遊客品嘗不一樣的口味。

6. 提供不同地區社群的特殊料理（如客家菜、原住民風味餐），讓遊客體驗不同的餐飲文化。

7. 銷售蔬菜栽植箱，指導遊客在家種植：栽植箱就是使用簡便的容器，填製介質來種植蔬菜，可利用庭院或陽臺自行動手栽培蔬菜，在家享用安全的蔬菜。此可作爲休閒農場的營運項目。

圖 7-18　兆豐農場設置蔬菜直銷專櫃

8. 休閒農場設置蔬菜專櫃，銷售本場及本村的特色蔬菜（圖 7-18），類似日本的農產物直賣所。此種蔬菜直銷制度可結合網路訂購及宅配運送，形成休閒農場獨有的通路。

三、休閒農業區蔬菜體驗分區規劃

以蔬菜爲主題的休閒農業區要規劃不同體驗方式的分區，才能形成豐富而多元性的體驗內容，以增加吸引力。這是集聚經濟的發揮，舉例如下：

1. 科技蔬菜體驗區：本區體現蔬菜資源的知識性，展示新品種蔬菜、現代化的設施設備、創新的耕作方式等，故本區可命名爲「酷菜一族」。

2. 國際蔬菜體驗區：本區體現蔬菜資源的地域性及知識性，展示世界各地或不同氣候帶相關的蔬菜品種，故本區可命名爲「蔬菜聯合國」。

3. 蔬菜生命體驗區：本區體現蔬菜資源的季節性、生長性、生態性、知識性，展示蔬菜從種苗、成株，到開花、結果的生理變化，及其與環境的關係，故本區可命名爲「菜的一生」。

4. 景觀蔬菜體驗區：體現蔬菜資源的季節性、景觀性，展示蔬菜田區四季變化、自然的美景，故本區可命名爲「美麗菜世界」。

5. 蔬菜加工體驗區：體現蔬菜資源的實用性、知識性，展示蔬菜的加工產品及遊客 DIY 活動，故本區可命名爲「菜的昇華」。

6. 蔬菜文化體驗區：體現蔬菜資源的文化性、知識性，展示蔬菜的產業文化與生活文化活動，故本區可命名爲「菜的傳統」。

7. 蔬菜餐飲體驗區：體現蔬菜資源的實用性，將蔬菜與食農教育結合。設計遊客菜園採摘、享受蔬菜健康養生套餐及蔬菜產品採購等活動，故本區可命名爲**「菜與健康人生」**。

第 8 章

休閒農業農產主題體驗設計

本章應用體驗經濟的原理，設計主題性的體驗活動。共舉 9 個實例：稻米、葡萄、草莓、茶葉、咖啡、文心蘭、竹、馬蹄蛤、畜牧等。包含糧食作物、園藝作物、特用作物、林產、漁產、畜產等。體驗活動目的在從傳統價值提升為體驗價值，以增加休閒農業的整體效益。

第一節 稻米主題的體驗設計

一、緒論

農業與農村資源是休閒農業最基本的資源。稻米是農產業的最大宗，2019 年，全臺灣水稻收穫面積有 270,066 公頃（一期 169,740 公頃，2 期 100,326 公頃），約占總耕地面積 790,197 公頃的 21.48% 及 12.69%。大自然中，碧綠的稻苗，金黃的稻穗，形成絢麗的彩色大地。其次，臺灣人的飲食習慣向來是唯米是糧，所以稻米是歷史最悠久的農產業，也蘊含最豐富的產業文化與生活文化。再次，稻米產業從生產、加工、運銷，到消費，甚至副產品利用，都是體驗設計絕佳的題材。綜上所述，從體驗的觀點而言，稻米具有普遍的、景觀的、文化的、遊憩的優勢，所以是休閒農業體驗設計極適切的資源。

二、休閒農業稻米資源的特性

休閒農業稻米資源具有下列的特性：

(一) 季節性

稻作有很明顯的季節性。在臺灣，一期水稻 1、2 月播種插秧，5、6 月收成；二期水稻 7、8 月播種插秧，11、12 月收成。所以休閒農場設計水稻體驗活動要順應水稻的季節性特徵，在 1、2 月或 7、8 月舉辦插秧體驗活動，而在 5、6 月或

11、12 月推出割稻體驗活動。

(二) 地理性

稻作有很明顯的地方性。平地是綠野平疇，一片稻綠世界；山地常見臺階式的梯田；濱海地區因鹽分重，不利稻作種植。其次，稻作採收次數與氣候帶有關，熱帶地區一年可三熟，亞熱帶二熟，溫帶僅採收一次。此外，水源充沛地區種水稻，乾旱地區種陸稻。

(三) 生長性

稻作植栽在 3 個月多的時間，由穀種、秧苗、生長、茁壯，開花而結穗，表現出生命榮枯興衰，繁殖延續的特徵。休閒農場景觀順應稻作的生命週期，在萌芽期是水田點點秧苗，成長期是綠油油的稻田，成熟期是金黃色飽穗的稻海，收割後則是空留稻梗。農民在稻作栽培過程中，歷經從希望到豐收喜悅的心路歷程。

(四) 景觀性

稻作的禾葉、稻穗，及植株體態，不論是單株，或團塊的組合與分布，均具有極高的景觀價值，所謂「數大就是美」。大地當作是一塊畫布，老天爺會在不同的季節塗上一抹綠，一片黃，形成農村優美的自然景觀，令人賞心悅目。

(五) 實用性

稻作的果實就是米粒，提供澱粉和植物性蛋白質，是人類糧食的重要來源。莖和葉可作燃料，或造紙的原料，或作爲其他植物栽培的介質。若從環保觀點，水稻田滋養水分，具有蓄積水源，清淨空氣的功能。

(六) 知識性

稻米產業是人類最古老的產業之一，蘊藏老祖宗智慧的結晶。現代農學科技不斷突破進步，稻作從品種、氣候、土宜、栽培管理，到收穫與調製，再加上採收後處理、加工、儲藏、調理、消費等階段科技的研發，已形成一種生物性的知識產業。特別是人類爲求食安與健康的目的，諸如機械耕作、有機栽培、生產履歷制度等創新的經營管理方法，已累積極高的知識寶藏。這是休閒農場稻作教育解說的知識來源。

(七) 生態性

稻田地面下與地面上都是生物豐富的生態環境。地面下土壤土層深厚，保水力強，富含微生物和有機質，也有蚯蚓鬆軟土壤。地面上是水分溼潤，稻禾成長，但有雜草（稗草、鴨舌草、野茨菰、球花草等）競生，及病害（稻熱病、紋枯病等）、蟲害（二化螟蟲、褐飛蝨、斑飛蝨等）侵襲。有些地方採「鴨間稻」的栽培管理方式，在水稻插秧之後 10 天左右，放入雛鴨至田間，利用分蘗期至孕穗期 50～60 天期間稻鴨共生，鴨於田間清除雜草，也覓食害蟲，並利用其運動刺激水稻生長。鴨糞也作肥料，促進水稻成長。

(八) 文化性

稻米是伴隨人類最悠久的產業，故其文化性極高。就產業文化言，最明顯的是二十四節氣原理，既是稻作的行事曆，也是農民生活的曆制。稻作各式農機具的發明，栽培管理的精進，構成人類物質文明的縮圖。就生活文化言，稻農的食衣住行育樂，都顯著受到稻作的啓發與影響，而成爲人類精神文明的結晶。休閒農場應以水稻文化爲基礎設計深沉的體驗活動。

三、休閒農場稻米體驗設計

茲將稻米體驗分爲生產階段的體驗（或稱採收前體驗，「稻」的體驗）與加工及消費階段的體驗（或稱採收後體驗，「米」的體驗）兩部分，就其產業、自然生態、景觀、文化等面向，設計體驗活動如下：

(一) 生產階段的體驗

1. 產業面體驗設計：

(1) 認識稻種：稻米品種主要分爲粳稻與秈稻。休閒農場利用展示室爲遊客解說兩種稻種的特性。粳稻可舉台農 67、70、71 號、桃園 3 號、台中 189、194 號、台南 11、16 號、高雄 139、142、145 號，及台粳 2、5、6、7、8、9 號之例說明，秈稻可舉台中秈 10、17 號、台中在來 1 號、台秈 1 號之例說明。

(2) 比較不同的水稻播種方式：透過圖示及人員解說，比較直播法、撒播法，及育苗法，3 種方式的演進及其利弊得失。

(3) 解說育苗方式的演進：早期人工育苗，近期機械育苗。機械育苗使用一貫作業播種機，休閒農場可設計體驗活動讓遊客熟悉播種的流程，感受育苗科技的進步。

(4)「綠蛋捲」秧苗體驗：一貫作業播種後，將育苗箱移置田間綠化硬化，經十餘天秧苗根系盤結交錯，可提起或捲曲如「綠蛋捲」（圖 8-1）。

圖 8-1　水稻秧苗如綠蛋捲吸引兒童體驗

(5) 舉行插秧比賽：設計插秧體驗，讓遊客遵古法插秧，以了解農夫插秧的辛苦。遊客則感到新奇，並從競賽中得到樂趣。

(6) 觀摩機械插秧的神奇：新式的動力插秧機，從早期的四行式、六行式、八行式，進步到十行式。1 公頃田地不到 1 個小時就插秧完成。

(7)「水稻寶寶」秧苗盆栽：在插秧期，設計秧苗盆栽 DIY 的活動。遊客將秧苗組裝成盆栽，攜回置於案頭，可觀察水稻成長的情形，既是知性體驗，又可美化環境。

(8) 舉辦割稻比賽：稻穀成熟，安排遊客進入金黃色的稻叢中，拿起鐮刀彎腰割稻，體驗「誰知盤中飧，粒粒皆辛苦」。惟小朋友割稻應注意安全。

(9) 觀摩機械收割的壯觀場面：現代化割稻利用聯合收割機。曳引機馳騁稻田，塵土飛揚，煙霧瀰漫，猶如坦克車遊走戰場。收割機不但割稻還裝袋，遊客驚嘆稻作收割技術之進步。

(10) 打穀機體驗：遊客將滿把稻穗利用傳統打穀機踩動脫殼。

(11) 晒穀體驗：在晒穀場學習翻晒稻穀。

(12) 新式稻穀烘乾機觀摩：新式烘穀機性能佳，烘乾量大，且不受天候影響，效率高。

(13) 有機農法觀摩：學習水稻有機農法或自然農法的栽種方法。休閒農場講解稻米生產履歷制度，启發遊客對稻米食安的重視。

2. 自然生態面體驗設計：

(1)「鴨間稻」體驗：學習稻鴨互利共生的原理，遊客也了解鴨爲何不吃稻株。

(2) 白鷺鷥清除田間害蟲：白鷺鷥以蟲爲食物。休閒農場講解後可引導遊客拍攝成群白鷺鷥景觀。

3. 景觀面體驗設計：

(1) 稻田景觀體驗：不論碧綠稻田，稻浪覽綠（圖 8-2），或金黃稻穗世界，都是美麗的田園景觀。若是梯田地形，層次分明，景致更誘人。

圖 8-2　稻田覽綠數大就是美

(2) 農夫牽牛春耕：傳統時代，農夫牽水牛田間犁田，或是牧童伴牛夕陽歸，都給人寧靜安詳的感覺。

(3) 傳統的農村農宅設施：農村的三合院、穀倉、晒穀場、水車、村道、牛車，給人古樸的美感。

(4) 水塘圳道體驗：水稻首重灌溉，所以農村水塘散列，溝渠交錯。水橋、浮圳等更是爲克服地形障礙的水利設施。

(5) 稻田休耕期間播種油菜花、苕子等綠肥作物，或撒播向日葵、波斯菊種子，都會形成美麗的田園景觀。

4. 文化面體驗設計：

(1) 產業文化方面：

①二十四節氣原理解說：二十四節氣起源於黃河中下游地區，經長期對太陽位置、氣候變化，及農事活動的觀察，所設計的一種農耕時序制度。臺灣民間仍有不少參考這個農時傳統。休閒農場可融入天文、氣象、農作等科學知識，詳盡解說這種水稻文明。解說員可指導遊客記誦二十四節氣的歌訣：「春雨驚春清谷天，夏滿芒夏暑相連，秋處露秋寒霜降，冬雪雪冬小大寒」。由此口訣，遊客很容易記誦二十四節氣的名稱：立春、雨水、驚蟄、春分、清明、穀雨、立夏、小滿、芒種、夏至、小暑、大暑、立秋、處暑、白露、秋分、寒露、霜降、立冬、小雪、大雪、冬至、小寒、大寒。

②稻作古農機具展示：休閒農場蒐集並展示稻作的傳統農機與農具，如摔桶、打穀機、風鼓、犁、耙、鋤具、牛車等。

③畜力利用展示：水牛田間拉犁耕田，黃牛道路拉車運穀，休閒農場可蒐集照片或以模型表達。

④灌溉設施展示：古代築水橋輸水灌溉，建造龍骨型或輪型水車引水灌溉，可蒐集照片或以模型表達。

(2) 生活文化方面：展示稻作農家下列生活面向：

①食：田間割稻飯，及農家廚房、灶、炊具、餐桌椅、米甕、餐具等。

②衣：工作衣帽及鞋具、簑衣、傘具。

③住：農家宅院，如三合院、四合院，或單戶庄園。

④行：南方坐牛車。中國大陸北方有馬車、驢車，江南有渡船。

⑤育：農民曆、文學文藝等。

⑥樂：戲曲歌謠、繪畫、米粒雕刻絕技、稻草編織、陶藝、民間藝術、棋牌等。中國大陸北方有秧歌舞的農村娛樂。

(3) 宗教信仰方面：稻作受氣候及土地的自然力影響極大，所以農夫對天地鬼神普遍存有敬畏之心。農村民俗節慶非常多，特別祭祀神農大帝、土地公、土地婆等神明。

(二) 加工及消費階段的體驗

1. 產業面體驗設計：

(1) 稻米加工儲藏設施展示：稻穀收成後須碾製去稻殼，儲藏、銷售，所以舊糧倉、碾米廠、傳統米店，及度量衡器具（如升、斗），都可蒐集照片或以模型展示。

(2) 認識糙米：講解糙米與白米碾製方法的不同，及營養成分的差別。市售白米各立品牌（圖 8-3），解說各品牌在稻米品種、生產方式、碾製方法、及市場開發的特點。

(3) 精緻米醋、米酒品嘗及銷售。

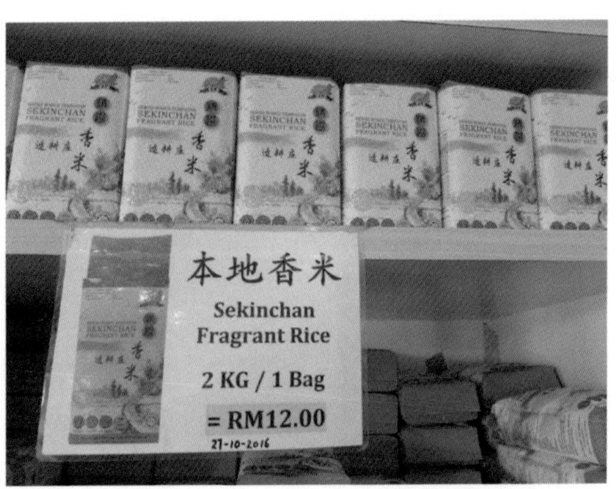

圖 8-3　稻米品牌化遊客購買有多樣選擇（馬來西亞）

2. 遊憩面體驗設計：

(1) 稻草人製作：舉行稻草人製作創意競賽。

(2) 稻草畫及稻草編織藝術（圖 8-4）：彩繪或編織稻草、賀卡及各種可愛的紀念品，化腐朽為藝術品。

(3) 設計稻草迷宮：大型稻草迷宮訓練體能。

圖 8-4　遊客參與稻草編織體驗農村文化（日本）

(4) 米畫藝術：將米粒染色，精心編貼成畫。

(5) 堆稻草比賽：將即將失傳的堆草堆重現江湖。

3. 生活面體驗設計：

(1) 傳統米食品嘗：傳統炒米香（圖 8-5）、碗粿、粽子、年糕、紅龜粿、鹹粿、竹筒飯再現。遊客體驗傳統米食，親手製作粽子、紅龜粿、鹹粿、年糕，竹筒飯、麻糬等。規劃這些傳統米食品嘗及銷售的活動，並宅配外送。

圖 8-5　炒米香是農村常見的生活文化

(2) 客家米食品嘗：製作客家獨有風味的米食料理。如粄條、米苔目。

(3) 新式米食品嘗：開發米食新做法、新口味，如飯糰、米漢堡、米漿等，以吸引年輕遊客。

(4) 銷售有機米禮盒。

(5) 開發機能性米食料理。

四、休閒農業區稻米體驗規劃

休閒農業區是在地區性的基礎上規劃稻米體驗，要發揮集聚經濟的功能，達到區域發展的目的。臺灣目前至少有宜蘭縣冬山鄉珍珠休閒農業區、花蓮縣富里鄉羅山休閒農業區，及臺東縣池上鄉米鄉休閒農業區，都是以稻米體驗為主題。休閒農業區規劃稻米體驗的原則如下：

(一) 以自然博物館的概念規劃稻米體驗

所謂博物館，係指可透過體驗而學習的觀光設施或空間，包括室內展示區與戶外自然體驗區。休閒農業區稻米的生產、生活、生態資源都非常豐富，特別強調將外部空間，也就是整個自然界，整個農村，規劃成 1 座生態博物館（ecomuseum）。因此休閒農業區要重視保存稻作相關的生產制度與生活方式，及相關的文物。根據這些稻米文化遺產，設計遊客可以參與的體驗活動。遊客在這個開放空間中，可以理解二十四節氣如何影響稻作農時，認識傳統的稻作方式與機具，傳統的灌溉工程，體驗傳統的稻米美食，傳統的農宅農舍，傳統的農家生活等等與稻米相關的物質文明與精神文明。另方面，遊客也可以觀摩現代化的水稻耕作方式、新式機具、創新的米食加工方法與消費方式。遊客在館區的開放空間也欣賞稻田美景，自然生態，親身體會一個農家樂的社會。

(二) 規劃稻作體驗分區

休閒農業區因地區遼闊（非都市土地面積最多 600 公頃），區內地方資源具有差異性，故宜分區規劃體驗的主題。稻作體驗分區可規劃如下：

1. 稻作生產體驗分區：包括稻作的生產制度、育苗方法、栽培管理、品種與資材、機械與器具、灌溉工程等，提供傳統與現代不同的體驗，使遊客明瞭稻米產業文明的演進。

2. 稻米加工體驗分區：包括稻米烘乾、儲藏、碾製，及米食調理等。提供傳統與現代不同的體驗，使遊客了解稻米加工技術的進步。

3. 稻鄉自然生態與景觀分區：體驗鴨間稻，水田青蛙、白鷺鷥、水牛等共生的現象，並欣賞綠野平疇或梯田層級的自然景觀。

4. 米食體驗分區：類似米食一條街的規劃，提供各式各樣的傳統米食及現代化的精緻米食。最好設計米食製作 DIY，讓遊客回味古早時代全家作粿過年節的情景。所謂「禮失求諸野」，這對都市遊客是很受感動的。

5. 稻米文化體驗分區：包括產業文化與生活文化的體驗。產業文化方面，特別是二十四節氣對稻作農時的影響，及稻作有關的物質與精神文化遺產的展示。生活文化方面，強調在稻米產業的框架下，農民食衣住行育樂各層面的特色。此外，農村在稻作優勢漸退的趨勢下，農民顯現出「無米樂」的無奈。

6. 稻村遊憩體驗分區：本區專門利用稻作的副產品或廢棄物爲材料，設計各種遊憩活動，如紮稻草人、堆稻草堆、玩稻草迷宮、稻草編織、乘牛車、推石磨磨米漿等。

(三) 規劃主題遊程

休閒農業區規劃主題遊程的方式有二：一是以每個體驗分區爲範圍，規劃分區內的主題遊程；二是設定新的體驗主題，將遊程貫穿各相關的體驗分區。

茲規劃主題遊程如下：

1. 生產主題的遊程：體驗古人怎麼種稻子？本遊程連貫稻作生產體驗分區、稻鄉自然生態體驗分區、稻米文化體驗分區等。

2. 生活主題的遊程：體驗古代稻農怎麼生活？本遊程連貫稻米加工體驗分區、稻米文化體驗分區、米食體驗分區、稻村遊憩體驗分區等。

3. 生態主題的遊程：體驗稻鄉的田園自然環境。本遊程連貫稻作生產體驗分區、稻鄉自然生態與景觀分區等。

(四) 塑造稻鄉主題形象

休閒農業區要以稻作體驗一以貫之，體驗活動完全與稻米相關的。設計共同的 Logo，並印製在紀念品上，遊客會把體驗的感覺轉移到紀念品，造成永遠的回憶。池上米、富里米、西螺米都有很好的品牌形象。稻鄉體驗設計，必須能感動遊客的視覺、聽覺、嗅覺、味覺、觸覺，才能綜合成美好的感覺。休閒農業就是在賣這些感覺的。

(五) 規劃不同類型的休閒農場與民宿

休閒農業區就是要在共同的主題下提供不同性質的服務與體驗，這就是集聚經濟的精神。區內面積大的，可設置綜合型的休閒農場，提供賞景、遊憩、加工、餐飲、住宿、購物的服務。規模小的，資金少、人力單薄的，可設置單一目的的觀光農園，如傳統稻作體驗，或有機稻作農法體驗，外加稻香美食品嘗或水稻文物展示。

場主知識水平較高的，可設置水稻體驗教育農園，透過教育解說及實作參與的方式，提供中小學生或一般遊客對稻米產業的知性體驗。

再者，可輔導設置有機稻作市民農園，將土地劃分成若干區塊，每塊約 10 坪至 20 坪，開放給市區居民承租，場主指導其有機栽種水稻的方法，承租市民並享受安全健康稻米的收成。

此外，稻鄉環境優美寧靜，生態資源豐富，值得遊客夜間駐留體驗，所以另輔導農民利用閒置房舍經營民宿，以提供遊客深度的農村生活體驗。

(六) 規劃米鄉農村遊學活動

米鄉不論產業面、生態面、文化面，都蘊含相當多傳統的智慧與現代的知識技術，這些都值得設計知性的體驗活動。米鄉可以規劃套裝的體驗營課程，在寒暑假提供都市中小學生來鄉進行 1、2 週或更長期間的研習，期滿發給證明書。學生不但學到自然與農事的知識技術，還體會農家生活與農村文化，並養成勤勞的習性，鍛鍊健康的體格。遊學成果以稻米體驗爲核心，包括主學習、副學習及附加學習，形成豐富的學習之旅。

五、結論

稻米是中華民族的主糧，是農業經濟極重要的產業。然而處今體驗經濟時代，稻米與休閒遊憩、知性學習結合，將創造更高的價值。經營以稻米爲主題的休閒農業，必須確立對「稻米」的信仰，將稻米由糧食產業轉型爲「體驗產業」，堅信稻米體驗的休閒農業會振興農家經濟，活化農村社會。

休閒農業經營者要認識稻米資源的特性，以爲設計體驗的基礎，融入稻米一、二、三級產業層式的思維。不論休閒農場或休閒農業區，可在產業經營、自然生態、景觀環境、文化傳統的框架下設計體驗活動。透過遊客的實際參與、知性學習、傳統依戀、美學融入，創造稻米體驗的價值，而帶動休閒農業的發展。

第二節 葡萄主題的體驗設計

一、緒論

葡萄約占全世界水果產量的四分之一，是利用價值極高的園藝作物。葡萄是一種古老的果樹，栽培歷史有 6 千餘年。漢朝時自西域引進中國；臺灣的葡萄約在 300 年前清初自中國引進。李時珍《本草綱目》記載：「葡萄，漢書作蒲桃，可以造酒，人飲之，則然而醉，故有是名。其圓者名草龍珠，長者名馬乳葡萄，白者名水晶葡萄，黑者名紫葡萄。」

葡萄多分布於溫帶至亞熱帶地區，全世界約 60 種，中國約 25 種，臺灣約 7 種。葡萄有分食用品系和釀酒品系。全世界葡萄產量以法國、義大利最多。葡萄顆顆晶瑩玲瓏可愛，纍纍成穗富麗令人垂涎欲滴。世界名酒都出於葡萄之釀。鮮果美味可口，乾果別有風味，果汁清涼宜人，果醬調食最佳，利用價值極高。

葡萄在臺灣主要的發展，應屬 1953 年菸酒公賣局推廣釀酒用葡萄栽培開始，葡萄成爲經濟果樹。2020 年，臺灣葡萄種植面積 2,476 公頃，產量 74,003 公噸。彰化縣、臺中市、南投縣及苗栗縣依序爲葡萄的四大產區。葡萄產值占臺灣農產品總產值 1.35%，爲重要的果樹種類。中國 2020 年全國葡萄總生產面積爲 726,200 公頃，前五大省區爲新疆、陝西、河北、江蘇、山東。

葡萄如何在傳統「副食品」的功能上，繼續延伸其功能，以創造更高的價值？依據葡萄的資源特性，順應社會環境的需求，發揮遊憩、健康、美麗、知性、文化的功能，積極發展休閒農業應是最有利的策略（圖 8-6）。

圖 8-6　遊客參觀葡萄主題休閒農場（廣西柳州）

二、葡萄休閒農業與葡萄酒旅遊

葡萄主題休閒農業與「葡萄酒旅遊」二者在體驗內涵上各有側重。霍爾（Hall, 2000）定義葡萄酒旅遊：以品嘗葡萄酒或體驗葡萄酒產區特色爲主要動機的遊客，訪問葡萄園、釀酒廠、葡萄酒節慶和葡萄酒表演秀的活動。可知葡萄酒旅遊係以葡萄酒品嘗爲核心，覆蓋葡萄果園與消費相關的體驗活動；葡萄休閒農業則是以葡萄農園生產爲基礎，延伸到加工及消費，爲農業一、二、三級產業融合的體驗活動。

葡萄休閒農場與葡萄酒旅遊，都屬體驗式經濟。因體驗重心不同，所以在休閒農業園區若同時設立經營，則特色互補，相得益彰，將更壯大葡萄主題的體驗經濟產業。

三、休閒農業葡萄資源的特性

休閒農業葡萄資源具有以下特性：

(一) 季節性

葡萄雖然幾乎達周年生產，但因氣候及技術之限制，生產數量仍具季節性。臺灣巨峰葡萄一年兩收，夏果產期在 6～8 月，冬果產期在 11～1 月，以夏果產量較多。蜜紅葡萄產期較巨峰葡萄略早，義大利葡萄產期則略晚。

(二) 地域性

2020 年，臺灣葡萄栽培面積 2,476 公頃，主要產地集中在中部彰化縣（1,198 公頃）、臺中市（460 公頃）、南投縣（437 公頃）及苗栗縣（348 公頃）等 4 縣市。以巨峰葡萄爲大宗，面積爲 2,429.41 公頃，占葡萄栽培面積的 98.11%。就鄉鎮別觀之，以彰化縣溪湖鎮、大村鄉，臺中市新社區，苗栗縣卓蘭鎮，及南投縣信義鄉等爲主產鄉鎮。臺灣釀酒葡萄品種以黑后葡萄及金香葡萄爲主，黑后葡萄多種植於臺中市外埔區、后里區，彰化縣二林鎮等。金香葡萄則種植於彰化縣二林鎮、臺中市外埔區等。

(三) 生長性

1. 果穗（葩頭）：外觀整齊沒有副穗，穗型呈倒圓錐形，果粒及大小分布均勻，以側向或向上著果粒而不下垂。每穗粒數約 30～45 粒，穗種 300～500 公克。

2. 果粒（粒頭）：巨峰葡萄之果粒呈微橢圓形，每粒果重在 10（冬果）～12（夏果）公克以上。果肉質地緊密，果皮薄而富有彈性。

3. 果粉（粉頭）：葡萄皮上的果粉是有機物質，具有保護果實作用。果園管理良好並且套袋之葡萄，果粒上布滿濃厚均勻之果粉。

4. 果色（色度）：巨峰葡萄的果粒呈紫黑色，夏季因溫度高，著色稍差而呈紫紅色。在外觀上以全穗每果粒著色均勻者方爲良品。

5. 種子（硬度）：葡萄種子之色澤、大小爲決定果實成熟度與肉質的重要因素。果實中之種子數越多果粒越大，每果粒正常種子數爲 2～4 粒。

6. 糖酸度與風味（甜度、香度）：葡萄的糖度、酸度與香度風味爲果實品質最重要的指標。高品質的葡萄不但含有清馥的香味，同時還要有適度的糖／酸

比。巨峰葡萄之糖度爲 18～20°Brix，酸度在 0.4～0.7% 之間，食後酸甜適口，含有特殊香味之口感。

(四) 景觀性

葡萄植栽雖不如花卉的美麗，亦不如果樹的挺拔與秀麗，但植株綠葉鋪蓋，數大就是美；棚架上果粒纍纍（圖 8-7），如紫氣東來。法國波爾多葡萄專區及中國新疆、山東青島葡萄產區景觀遙無邊際。

圖 8-7　葡萄園果實纍纍構成豐收而美麗的農業景觀

(五) 實用性

葡萄可加工作汁、醬等飲料及葡萄乾，種子可製油。葡萄酒更是農莊的珍品，自成一個酒產業的體系。

(六) 知識性

葡萄種類繁多。根據臺灣農家要覽，較大宗者爲巨峰、蜜紅、義大利、喜樂、金香、黑后、貝利 A 等品種。每個品種，各有其氣候與土宜、栽培管理、加工處理、特色等專業的知識與技術。這些都是休閒農場自然教學的資源。

(一) 季節性

葡萄雖然幾乎達周年生產，但因氣候及技術之限制，生產數量仍具季節性。臺灣巨峰葡萄一年兩收，夏果產期在6～8月，冬果產期在11～1月，以夏果產量較多。蜜紅葡萄產期較巨峰葡萄略早，義大利葡萄產期則略晚。

(二) 地域性

2020年，臺灣葡萄栽培面積2,476公頃，主要產地集中在中部彰化縣（1,198公頃）、臺中市（460公頃）、南投縣（437公頃）及苗栗縣（348公頃）等4縣市。以巨峰葡萄爲大宗，面積爲2,429.41公頃，占葡萄栽培面積的98.11%。就鄉鎭別觀之，以彰化縣溪湖鎭、大村鄉，臺中市新社區，苗栗縣卓蘭鎭，及南投縣信義鄉等爲主產鄉鎭。臺灣釀酒葡萄品種以黑后葡萄及金香葡萄爲主，黑后葡萄多種植於臺中市外埔區、后里區，彰化縣二林鎭等。金香葡萄則種植於彰化縣二林鎭、臺中市外埔區等。

(三) 生長性

1. 果穗（葩頭）：外觀整齊沒有副穗，穗型呈倒圓錐形，果粒及大小分布均勻，以側向或向上著果粒而不下垂。每穗粒數約30～45粒，穗種300～500公克。

2. 果粒（粒頭）：巨峰葡萄之果粒呈微橢圓形，每粒果重在10（冬果)～12（夏果）公克以上。果肉質地緊密，果皮薄而富有彈性。

3. 果粉（粉頭）：葡萄皮上的果粉是有機物質，具有保護果實作用。果園管理良好並且套袋之葡萄，果粒上布滿濃厚均勻之果粉。

4. 果色（色度）：巨峰葡萄的果粒呈紫黑色，夏季因溫度高，著色稍差而呈紫紅色。在外觀上以全穗每果粒著色均勻者方爲良品。

5. 種子（硬度）：葡萄種子之色澤、大小爲決定果實成熟度與肉質的重要因素。果實中之種子數越多果粒越大，每果粒正常種子數爲2～4粒。

6. 糖酸度與風味（甜度、香度）：葡萄的糖度、酸度與香度風味爲果實品質最重要的指標。高品質的葡萄不但含有清馥的香味，同時還要有適度的糖／酸比。巨峰葡萄之糖度爲 18～20˚Brix，酸度在 0.4～0.7% 之間，食後酸甜適口，含有特殊香味之口感。

(四) 景觀性

葡萄植栽雖不如花卉的美麗，亦不如果樹的挺拔與秀麗，但植株綠葉鋪蓋，數大就是美；棚架上果粒纍纍（圖 8-7），如紫氣東來。法國波爾多葡萄專區及中國新疆、山東青島葡萄產區景觀遙無邊際。

圖 8-7　葡萄園果實纍纍構成豐收而美麗的農業景觀

(五) 實用性

葡萄可加工作汁、醬等飲料及葡萄乾，種子可製油。葡萄酒更是農莊的珍品，自成一個酒產業的體系。

(六) 知識性

葡萄種類繁多。根據臺灣農家要覽，較大宗者爲巨峰、蜜紅、義大利、喜樂、金香、黑后、貝利 A 等品種。每個品種，各有其氣候與土宜、栽培管理、加工處理、特色等專業的知識與技術。這些都是休閒農場自然教學的資源。

(七) 生態性

葡萄植株與環境存在特定的關係。葡萄要種植得好，必須考慮環境的因素。以最簡單的授粉而言，農場必須保護環境不受汙染，以維護相關生物的棲息地，才會有蝶、蜂來授粉。其他譬如潔淨的水質與空氣，都是葡萄正常成長的環境因素。

(八) 文化性

產業文化方面，葡萄的品種改良、栽培管理方法演進、設施設備器具創新發明等，都可在農場展示。生活文化方面，葡萄的根、莖、葉、花、果、種子，自古以來人類就利用作爲食、衣、住、行、育、樂的資源。有多少文人雅士寄情于自然，運用葡萄與葡萄酒作爲詩詞歌賦及文學藝術的創作題材。如唐王翰涼州詞「葡萄美酒夜光杯，欲飲琵琶馬上催」的詩句，千古傳誦。

四、休閒農場葡萄體驗活動設計

茲將葡萄體驗分爲一產、二產、三產的層次，就其產業、自然生態、景觀、文化等面向，設計體驗活動如下：

(一) 一產層次

一產指葡萄園區生產的階段。可就下列幾個面向設計體驗：

1. 產業面體驗設計：

(1) 認識葡萄品種及特性（圖 8-8）：按照巨峰、蜜紅、義大利、喜樂、金香、黑后、貝利 A 等種類，分區栽種，形成葡萄博覽園。中國華東則認識巨峰、夏黑、金手指、美人指、黃玉、醉金香、白羅莎里奧等品種。樹立解說牌（圖 8-9）標示葡萄的品種名錄、原產地、栽培特性、利用價值等資料。此極適合中小學生的戶外教學。

圖 8-8　遊客辨識葡萄品種

(2) 比較葡萄現代與傳統繁殖及栽培管理技術的差異情形。

(3) 葡萄盆栽 DIY：設計葡萄盆栽遊客 DIY 活動。遊客攜回置於院落，可觀察葡萄生長的情形，既可美化環境，果品又可食用。

圖 8-9　休閒農場解說牌標示葡萄種類及特性

(4) 葡萄安全農法觀摩：講解葡萄有機農法或友善環境的栽培方式，讓遊客學習如何運用網室、溫室設施隔離病蟲害，如何選用有機肥料，如何運用生物防治法。同時說明葡萄申請安全驗證的程序及標章，讓遊客了解辨別安全葡萄的方法。

(5) 葡萄產銷履歷制度解說：產銷履歷制度是指農產品生產、加工處理、運銷等各階段的作業，都保留詳實的紀錄，作成回溯檢查的依據，以確保農產品安全。場主可向遊客解說此制度的意義及運作方法，以增加遊客對食品安全的了解。

圖 8-10　參觀葡萄評比會場學習優良葡萄的特性

(6) 參觀葡萄評比會場（圖 8-10），學習評比的方法，觀摩優良葡萄品種及特性，增長栽培管理的專業知識，並作爲消費選購之參考，具有科普教育的效果。

(7) 劃設市民農園（自耕園），提供承租者長期體驗葡萄耕種的機會。市民農園是由農場主將土地劃成小坵塊，提供都市居民種植的場地。租期多爲一年，可續租。市民可有深度的體驗，具有學習農事、接觸自然、勞動健身、安全供果，及親子互動等功能。

2. 景觀面體驗設計：

(1) 果園景觀體驗。葡萄園區，植株綿延，葡葉形成一片綠蓋。果實纍纍就像串串珍珠。

(2) 葡萄溫室網室設施整齊排列形成美麗的構圖。田野裡銀白色的溫室在陽光照耀下，形成耀眼的田野風光。

(3) 葡萄園棚架栽培可設計成綠色廊道。遊客穿梭其下，既可欣賞美麗的果串粒造型，又可經解說牌獲得葡萄的知識。

3. 自然生態面體驗設計：

教育遊客認識與環境相容的栽培方法。有機農業係遵守自然資源循環永續利用原則，不允許使用合成化學物質，強調水土資源保育與生態平衡之管理系統，並達到生產自然安全農產品爲目標之農業經營方式。所以葡萄農場生產活動解說應強調葡萄生產與生態平衡的關係。

4. 文化面體驗設計：

(1) 以照片或是模型記錄葡萄農的工作，從分苗、栽種、灌溉、施肥、插支柱、繫繩、套袋、採摘、搬運及乾燥（圖 8-11）。

圖 8-11　以泥塑模型展示葡萄的農事工作

(2) 設計葡萄產業文化館藝術創作活動。邀請對藝術創作有興趣的民眾，準備題材，進行藝術創作，並將作品展示於葡萄文化館。中國山東煙臺張裕葡萄酒博物館及青島葡萄酒博物館是產業文化的最有代表性展館。

(3) 蒐集展示與葡萄相關的詩詞歌賦及藝術作品，以加深葡萄文化意涵（圖 8-12）。

圖 8-12　葡萄繪畫及木雕藝術

(二) 二產層次

二產指葡萄加工的階段。體驗活動設計如下：

1. 葡萄酒產製流程是最主要的體驗。體驗項目包括：製酒流程解說、製酒器具展示、遊客 DIY、遊客品酒、酒文化傳承等。以白葡萄酒為例，產製流程如下：

白葡萄→除梗壓碎→粗壓→自流汁→果汁調配→醱酵（酵母）→分離酒滓→澄清→離心→熟成→調合→低溫安定→粗濾→細濾→精濾→裝瓶→白葡萄酒。

2. 葡萄汁、葡萄醬、葡萄乾製作體驗。

以上葡萄加工的過程要給予遊客解說，製成品在休閒農場銷售給遊客。有些粗加工的作業可提供遊客 DIY 的機會。

(三) 三產層次

三產指葡萄消費、餐飲、遊憩的階段。可設計以下的體驗活動：

1. 以葡萄圖案設計入口意象。

2. 安排遊客採摘活動。事先講解採摘要領，開放遊客進園採葡萄。可進一步設計採摘比賽。

3. 分別設置葡萄鮮果、葡萄乾展售專櫃，提供遊客採購。

4. 設置專櫃促銷農場友善環境農法葡萄製成的葡萄酒，並指導品酒的方法（圖8-13）。

圖 8-13　遊客參觀酒窖及品酒是到葡萄休閒農場的主要體驗

5. 舉辦「葡天同慶樂萄萄」節慶，可設計大眾參與的活動：特優葡萄評鑑、千人吃葡萄、葡萄甜度味蕾挑戰、葡萄風味餐品嚐、葡萄派大王品嚐、葡萄伴手禮展售、選拔葡萄仙子、葡萄花車遊行、葡萄音樂節等。

五、結論

葡萄看似普通的農產品，所以經營者比較不會費心設計特殊的體驗活動。不過當我們了解葡萄資源具有季節性、地域性、生長性、景觀性、實用性、知識性、生態性、文化性之後，葡萄體驗設計的空間就擴大了。我們可以一產、二產、三產的層次爲經，產業、生態、景觀、文化的層面爲緯，設計多樣化、夠深度的體驗活動。體驗設計之後，應開創營利的商機。遊客來葡萄農場休閒遊憩、餐飲、購物、學習、會議、住宿，都能帶動消費，增加農場營運收入，達致農場目標。

（國立屏東科技大學農企業管理研究所林志汶研究生撰述，段兆麟教授修訂）

第三節 草莓主題的體驗設計

一、緒論

臺灣栽培草莓的歷史，最早可溯自 1934 年由日本人引進於臺北陽明山高冷地區試種。1958 年，引至大湖地區栽培。由於氣候土壤適宜，品質優良，廣受消費者喜愛，造就大湖鄉成爲「草莓王國」的美譽。目前臺灣草莓栽培面積約 489.36 公頃，每公頃平均產量 17,866 公斤，其中以苗栗縣 431.22 公頃最多，占 88.11%，其他縣市亦有零星栽種，如南投縣 10.10 公頃，新竹縣 9.49 公頃，臺中市 5.46 公頃，臺北市 5.10 公頃等。在苗栗縣大湖鄉種植約 346.90 公頃最多，其次爲獅潭鄉 34.60 公頃、卓蘭鎮 24.93 公頃（2019 年農情調查資訊網，2020）。

二、休閒農業草莓的資源特性

體驗設計須依據資源特性。草莓具有下列特性：

(一) 季節性

草莓通過雜交後，除了結霜外，已經能夠適應各種氣候。草莓栽種適合於氣溫攝氏 18～22 度之間。草莓繁殖容易，只需半年便可結果，收成期間大約從 12 月到隔年 4 月，都是草莓的盛產季節。每株可收成 2 年，收成期亦長達半年，可爲果園在果樹成熟結果前增加土地使用率及增加收入。這種變化性影響休閒農場餐飲料理的菜單設計。

(二) 地域性

草莓適合無雨但有充分灌溉之砂質土壤。土層深厚富有機質，排水通風良好，pH 值 5.7～6.4 之微酸性土。不耐嚴寒、高溫及乾旱，更忌雨水。草莓果皮與土壤接觸易生病害，影響外觀。一般皆以銀黑兩面塑膠布覆蓋，黑面朝下抑制雜草生長，減少除草的的人工管理；銀面朝上反射日照，促進光合作用，減少果實受日照的死角。冬季又可保溫，減少雜草吸收肥料及水分蒸發。

(三) 生長性

草莓由種苗、萌芽、生長、開花、結果，顯現出植物成長變化的過程。每一株草莓都會有不同大小而因不同時間發育的果，然後還有花、花芽等。所以只要母株健康，就看得到每株草莓母株依花芽 → 花 → 小果 → 中果 → 綠果 → 粉紅果 → 紅果的成熟過程。這些可作爲自然教學的素材。

(四) 景觀性

草莓栽種雖不如五顏六色的花卉來得美麗繽紛，但草莓綠葉的鋪蓋以及碩大豔紅的果實，形成農村優美的田園景觀，令人賞心悅目。

(五) 實用性

除了有新鮮草莓外，農民也積極開發草莓相關產品，有草莓果醬、草莓酒、草莓冰、草莓冰淇淋、草莓優格等。

(六) 知識性

大多數的果實都是由子房發育而成，但是草莓的果實卻是由花托發育而成，所以我們吃的並不是草莓的果實，而是花托在傳播花粉後變大的部分。眞正的草莓果實反倒是布滿草莓表面的眾多小點。這些都是休閒農場自然教學的資源。

(七) 生態性

草莓病蟲害甚多，以預防為主，應在開花前防治完成。草莓較嚴重的害蟲有紅蜘蛛、切根蟲、東方果實蠅、薊馬、夜盜蟲類等。病害較嚴重則有青枯病、白粉病、灰黴病、果腐病、炭疽病等。

(八) 文化性

產業文化方面，草莓的品種改良、栽培管理方法演進等，都可在農場展示。生活文化方面，在所有的水果之中，草莓具有特殊的魅力，不僅香甜好吃而已，嬌豔的鮮紅果實，甜中帶點微酸的滋味，不但讓草莓與愛情產生聯想，也常被使用於蛋糕、甜點的搭配食材，儼然成為象徵甜蜜幸福的最佳水果。

三、休閒農場草莓體驗活動設計

(一) 體驗活動設計的步驟

派恩與蓋爾摩在《體驗經濟》（*The Experience Economy*）一書，提醒企業應常思考能對顧客提供什麼特殊體驗，而去設計吸引顧客的體驗活動。

以草莓為例，列述體驗活動設計的步驟如下：

1. 訂定主題：酸甜的草莓世界。

2. 塑造形象：以草莓的外形塑造「美麗」的印象，以草莓的創新品種展示塑造「奇特」的印象，以草莓的營養成分塑造「健康」的印象，以草莓相關的藝術遺產塑造「文化」的印象。草莓主題休閒農場常以草莓的花果葉塑造入口意象（圖 8-14）。

圖 8-14　草莓造型的入口意象

3. 去除負面線索：儘量避免與主題不相關的活動。不要有草莓以外過多的他種體驗活動，譬如不要有家畜禽餵飼活動，不要有魚蝦餵飼或釣捕活動，以免喧賓奪主，混淆主題性。

4. 配合加入紀念品：草莓美觀亮麗的造形很適合設計紀念品。例如：草莓圖案的服飾、抱枕、吊飾、項鍊手飾等等。

5. 動員感官刺激：草莓體驗要讓遊客產生豐富的感覺：

(1) 視覺：草莓外觀呈心形，鮮美紅嫩，還有綠葉的相伴，美不勝收，滿足遊客審美的需求。

(2) 嗅覺：草莓完熟時期，散發出濃郁的香氣。讓在清新自然空氣下進行體驗的遊客，能達到身心靈之放鬆。

(3) 味覺：可做成香甜的草莓酒、草莓冰，甚至草莓火鍋等全餐草莓創意料理。

(4) 觸覺：草莓摸起來圓圓的，形狀上面大、下面小，很像氣球。

(二) 體驗活動設計的構思

將草莓體驗分爲一產、二產、三產的層次，就其產業、自然生態、景觀、文化等面向，設計體驗活動如下：

1. 一產層次：一產指草莓田間生產的階段。可就下列幾個面向設計體驗：

(1) 產業面體驗設計：

①認識草莓品種（表 8-1）：

表 8-1 草莓品種

水果名稱	春香	豐香	桃園一號	桃園二號	桃園三號
命名時間	1982 年 4 月	1990 年 2 月	1990 年 2 月	1993 年 3 月	1998 年 12 月
外形及特性	早生、品質優	碩大、鮮紅而富光澤、硬實耐貯運、果肉淡紅色	碩大、鮮紅色而富光澤	葉大、碩大、種子數少、鮮紅光澤、大型果實比例高	碩大、香氣濃、鮮紅光澤
生長勢	—	強	強	強	—
果實	果型大	短圓錐形	短扁型	圓錐形	短圓錐形
葉數	—	較少	中等	稍多	中等再少
葉色	—	濃綠	濃綠	色淡	稍淡
產量	高產量	豐產性高	早期產量高	貯藏性且食感佳，早期產量高	早期產量與總產量高
口感特性	—	風味甜香少酸	肉質多汁，糖度高，果皮及果肉較硬，耐貯運	糖度及硬度中等、甜度高	糖度與硬度屬中度

②草莓盆栽 DIY：為了增加親子樂趣，利用草莓的藤蔓特性，推廣環保盆栽 DIY。取植物的匍匐莖，先放進寶特瓶，再將另一端的藤蔓幼苗種入培育杯。兩週後，就移植到較大的容器內，或者土壤裡，即可等待收成。讓遊客能更深入體會種植、照顧及採摘草莓的樂趣。

③草莓創新成果展示：新式栽培技術——高架床栽培草莓，引進 1 / 2 英寸鋅錏管，在試驗田搭起高 110 公分、寬 33 公分及深 15 公分之栽培床，中間鋪設 1 吋 3 孔噴水帶。此高度設計適合遊客站著操作，完全免除傳統栽培草莓時，必須彎腰在田間辛苦管理或採收的情形。同時讓遊客無須更換衣鞋，可立即下田享受採果樂趣。因此，高架床栽培草莓，能讓遊客輕鬆享受採果樂趣，且老少咸宜。

④設計草莓採摘活動（圖 8-15）：遊客採摘草莓，可以學習辨識草莓成熟的知識和採摘的方法。採摘過程可以觀賞草莓紅豔的果體，聞嗅草莓的清香味，觸摸輕持鮮嫩的果粒，採後品嘗酸甜的滋味感。採摘過程非常適合親子共同參與，所以採草莓是休閒農場最常見的農業體驗。

圖 8-15　親子採草莓是兩岸休閒農場常見的體驗活動

(2) 景觀面體驗設計：

草莓園景觀體驗：放眼望去，遼闊的草莓田園隨著地勢高低起伏，阡陌相連，形成一片紅綠世界。

(3) 自然生態面體驗設計：

①教育遊客認識有機栽培方法：草莓有機農業係遵守自然資源永續循環利用的原則，不允許使用合成化學物質。強調水土資源保育與生態平衡之管理系統，並達到生產自然安全農產品為目標之農業經營方式。

②圖示講解與生態相容的蔬菜栽培管理方法：草莓栽植土地要避開汙染源，選擇抵抗力較強的品種以減輕病蟲害，選擇當季適時的栽培時間，適當輪作以免滋生病蟲害，施用有機質肥料及生物肥料以活用土壤，以非農藥的技術防治病蟲害等。

2. 二產層次：二產指草莓加工的階段。體驗活動設計如下：

(1) 草莓汁：首先挑選成熟的草莓，放入果汁機榨成汁，或者搗成漿，接著倒入鐵鍋內，加入少許的水再升溫煮沸後，讓它迅速降溫；稍等一會，再用紗布過濾，再次用器具將汁壓榨。然後，再依比例加入白糖及檸檬酸，攪拌均勻後，在密封狀態下放入高溫的熱水內殺菌，取出冷卻後，就製成草莓汁了。

(2) 草莓醬：先挑選出近乎全熟的草莓。清洗果實後，按照一定的比例加入草莓果實、水、白糖、檸檬酸，將草莓和水放入鍋內後，再加入白糖，開火使升溫加熱、攪拌內容物；再將剩下的材料加入鍋內，不停攪拌。等其色澤呈現紫紅色或紅褐色（顏色需均勻），取出冷卻後，就製成草莓醬了。

(3) 草莓罐頭：選擇較大且成熟、可食用的草莓當材料。先洗淨果實，放入沸水至果實變軟而非爛，撈起後去除水分，趁熱將草莓裝瓶。然後，按照比例加入經配比沸煮過的水、白糖、檸檬酸。瓶裝後趁熱密封，完成後在熱水中沸煮殺菌，低溫冷卻後，就是草莓罐頭了。

(4) 草莓醋：將賣相不好的草莓沖洗乾淨，放入鍋中加些許水，用小火熬煮成糊狀。放涼後，置入容器中，添加適量發酵粉，將容器密封並放置約 1 星期；容器上方會出現發酵後的溶液，過濾後，取澄清液體，便成為草莓醋。

(5) 草莓酒：將完全成熟之草莓果實沖洗乾淨，剪取蒂頭，與冰糖、白酒按 1.5：1：3 比例混勻，置於容器並於陰涼處發酵。約 2 至 3 週取出草莓，即可製成草莓酒（圖 8-16）。

圖 8-16　草莓酒很受遊客喜愛

(6) 五味莓：取用適量草莓洗淨後放入沸水，撈出後加一定比例的鹽混勻醃漬約 5 天；5 天後，濾出水液並加入調味料醃漬 1 星期後，晒乾即是五味莓。

(7) 草莓餅乾、草莓糖果等草莓加工食品（圖 8-17）。

圖 8-17　草莓加工食品是受歡迎的伴手禮

3. 三產層次：三產指草莓消費、餐飲、遊憩的階段。可設計以下的體驗活動：

(1) 設計具有地方特色的草莓食譜，提供餐飲服務。

(2) 銷售草莓盆栽，指導遊客在家種植。

(3) 設計草莓圖案的氣球，營造喜氣洋洋氛圍（圖 8-18）。

(4) 休閒農場設置草莓專區，銷售本園草莓。提供新鮮現採的草莓，另有宅配服務；提供網路銷售服務，讓消費者在家就可以嘗鮮。

(5) 地方政府爲發展農業觀光，塑造農產的主題形象，特別設計草莓意象的水溝蓋（圖 8-19）。

圖 8-18　草莓氣球受小朋友喜愛

圖 8-19　苗栗縣政府水溝蓋的草莓意象

四、結論

休閒農場設計草莓體驗活動，或是設置草莓觀光果園，已經相當普遍。忙碌的都市人可以有個放鬆的好地方，親自體驗採草莓的樂趣。我們可以一產、二產、三產的層次爲經，產業、生態、景觀、文化的層面爲緯，設計多樣化、夠深度的草莓體驗活動，吸引城市遊客。

（國立屏東科技大學農企業管理系李佳穎、歐倩如、邱筠芷同學撰述，段兆麟教授修訂）

茶葉主題的體驗設計

一、緒論

根據統計，每年全球茶葉年產量超過 589 萬噸（聯合國糧農組織，2018），各個國家都有喝茶的習慣，也有其特有品種。「喝茶」不再是我們以前所認知的老年人活動，現今在休閒遊憩產業的發展之下，體驗經濟觀念盛行的今天，「飲茶」已經成爲一種飲食文化。

「茶」從起源、品種、種植栽培、採摘、製茶到品茶，這一連串的過程都極富歷史與教育的意義，每種茶葉名稱也都有其文化與故事。茶源自於中國，傳說神農氏發現茶樹以來，歷經了藥用、入菜、飲品各個階段，經過幾千年的演變，奠定了國飲地位。世界各地都有其特有的茶文化與歷史，所以「茶」本身就是一部活的歷史故事。由上所述，茶葉從無到有的一連串過程，都是可以拿來設計體驗活動，不論是吃、喝、玩、樂，或衣服、飾品製作等，足見茶的角色扮演是多元且具實用性，是設計休閒農業體驗活動極佳的資源之一。

二、休閒農業茶葉的資源特性

茶葉具有以下幾項特性：

(一) 季節性

中國農作與園藝的耕作都是依節氣與時令來安排，茶葉也不例外。春茶、夏茶、秋茶與冬茶的劃分，主要是依據季節變化和茶樹新梢生長的間歇而定。茶樹受氣候、品種，以及栽培管理條件的影響，每年每季茶採製的期間不一致。採製期間由南向北逐漸推遲，差異達 3～4 個月。另外，同一茶區，甚至是同一塊茶園，可因氣候及管理等原因，年與年間相差 5～20 天。

(二) 地域性

臺灣茶園面積有 12,195 公頃。茶葉因日照、雨量、溫度等氣候因素等生長條件不同，每個地區所生產的茶葉種類也會不同。臺灣的產茶地區大致可劃分爲北部、桃竹苗、中南部、東部和高山茶區等五大茶區。此外，地形高度也會影響茶葉的好壞，因此臺灣高山茶葉主要集中在海拔 2,000 公尺以上的山區。

(三) 生長性

茶樹爲多年生異交作物。自開花至採果時間長達 1 年，定植後需 3～4 年才能有茶菁可採收，且要達產量、品質穩定約需 10 年左右，之後才可依產量品質之高低，以鑑定品種之優劣性。栽培優良品種，對於提高茶葉品質是十分重要的。品質的好壞，除受生長環境與栽培技術等條件外，更重要的是必須先有優良茶樹品種，才能在適宜的氣候及土壤條件，輔以完善的肥培管理，以及良好的製茶技術，達到豐產質優的目標。

(四) 景觀性

茶樹主要種植在半山坡上，因種植面積廣大，一片綠油油的景象，從遠處望去非常壯觀（圖 8-20）。每當採茶季節來臨，總會看到許多採茶婦人穿梭於茶園之間。自古以來許多詩作與歌謠也都呈現茶園風光與採茶樂趣，因此茶園具有優良的景觀條件。

圖 8-20　茶園美景是休閒農業景觀一絕（馬來西亞金馬崙）

(五) 實用性

茶葉的用途非常廣泛，不論是從食材應用，如入菜、藥用、甜點、飲料等；或從生活應用，如肥皂、精油、香水、枕頭等，都極具風味與特色。甚至茶葉可用來染布，作成衣服、包包等。我們可以說日常生活許多東西都與茶葉有關。

(六) 知識性

從歷史文化層面來說，茶的歷史非常悠久。經過考據，茶是由中國起源的，經過貿易逐漸傳向世界各地，影響各國衍生出不同的飲茶文化。此外，茶葉從選擇土壤、地形等生長條件，還有栽培方式、品種選擇，一直到採收、製茶品茶等一連串過程，每一階段都有其專業及知識性，因此若以解說教育層面觀察，茶葉是一項極富知識性與教育性的產業。

(七) 生態性

近年來有機茶或友善環境茶葉，成爲一項熱門商品，強調不使用化肥與農藥等，以自然有機栽種方法來栽種茶樹。茶園一旦決定轉型有機栽種，必須經過 3 年轉型期間，方可開始栽種。農政單位對有機茶的檢驗非常嚴格，如茶菁、茶葉，茶園、製茶廠等整體環境進行檢測。同時尊重大自然生態平衡，不殺昆蟲，由自然界生物的食物鏈自行尋找平衡點，因此對環境、土壤、水質等保育也都是一項極具貢獻的產業。

(八) 文化性

茶是中國歷史悠久的產業之一，隨著時間長河演化成悠久深厚的飲茶文化與茶藝。不論是飲茶、製茶技術及栽培技術，都有其歷史文化價值。在復古風盛行的今天，飲茶文化（圖 8-21）逐漸受到年輕人的注意，期待藉體驗活動的設計，將飲茶文化傳承下去。

圖 8-21　茶文化堪稱中華文化的精萃

三、休閒農業的茶葉體驗設計

主要分成產業、自然生態、景觀、文化、生活等面向，設計體驗活動如下：

(一) 產業面體驗設計

1. 茶樹的一生：茶樹（*Camellia sinensis*），屬山茶科山茶屬，爲多年生常綠木本植物。主要分成：種子期、幼苗期、幼年期、成年期、衰老期 5 個時期。在天然環境下，一般樹齡可達數 10 年，甚至是上百年，經濟栽培年限則在 40～60 年之間。茶樹生長過程中的氣候、土壤、日照時間，皆會影響茶最後的品質。

2. 品種分類：臺灣的品種高達 50 餘種，可依據親緣（葉幅大小）、適製性、樹形做分類：

(1) 親緣（葉幅大小）：分大葉種（阿薩姆種）和小葉種（青心烏龍）兩種。

(2) 適製性：依照品種適合製作成的茶類，分不發酵茶、全發酵茶、部分發酵茶 3 類。

(3) 樹形：分為喬木型和灌木型兩種。

臺灣主要茶樹品種為：青新烏龍、青心大冇（ㄇㄡˇ）、硬枝紅心、青心柑仔、鐵觀音、武夷、四季春、台茶 7 號、台茶 12 號（金萱）、台茶 13 號（翠玉）、台茶 18 號（紅玉）、台茶 19 號（碧玉）、台茶 20 號（迎香）等。

3. 茶葉製作 DIY：發酵、烘焙、成形 3 個過程決定茶的種類及口味。依據上述所分類之 3 種不同品種之茶葉，製作過程也會有不同的變化。從唐代開始就有茶葉烘焙製造的方法，演變至今主要分為以下步驟：摘採茶菁 → 日光萎凋 → 靜置與攪拌 → 大浪與堆菁 → 殺菁 → 揉捻、初乾、團揉 → 乾燥烘存 → 揀枝、烘焙、拼配。

圖 8-22　遊客在茶園體驗採茶方法

4. 舉辦採茶比賽與揀枝比賽：挑戰遊客眼力與手的靈活度（圖 8-22）。

5. 機具展示與操作：讓遊客可以親身操作採摘機械、烘茶器具、炒菁機、與包裝等過程（圖 8-23）。

6. 茶樹剪枝造型比賽

圖 8-23　遊客認識製茶機械並參與製茶活動

(二) 自然生態面體驗設計

1. 如何栽種茶樹：種茶從選土，種植、栽培管理、採收，各階段都有其專業。此項體驗設計主要是教導遊客對茶樹栽種的認識。遊客可自行攜帶 1 株茶苗回家栽種。

2. 抓茶蟲體驗：讓遊客親身體驗抓茶蟲的勇氣及方法。

3. 茶樹剪枝體驗：茶樹栽培過程剪枝以維持形狀。剪枝分淺剪枝、中剪枝、深剪枝、台刈等。

(三) 景觀面體驗設計

1. 茶園景觀體驗：遊客置身於茶園中，體驗栽種、培育、採摘。

2. 晒茶體驗：體驗傳統晒茶樂趣，參觀製茶場。

(四) 文化面體驗設計

茶文化面體驗設計，可分爲產業文化及生活文化面。

1. 產業文化面體驗：

(1) 臺灣特色茶種演變史：利用圖面解說講述臺灣特色茶種，清領時期福建茶系（包種茶、烏龍茶），日治時期臺灣小葉種紅茶，大葉種紅茶外銷偉業。1975 年新店包種茶、阿里山茶系（梅山）高山茶開始種植。1980 年凍頂烏龍茶、東方美人、鐵觀音、文山包種茶等地方特色茶快速發展。1981 年台茶 12 號（金萱）、台茶 13 號（翠玉）的新品種誕生。1999 年台茶 18 號（紅玉）問世。演變至今臺灣的十大特色茶：碧螺春、文山包種茶、高山烏龍茶、凍頂烏龍茶、鐵觀音茶、紅烏龍茶、大葉種紅茶、小葉種紅茶、蜜香紅茶及東方美人茶等。

(2) 茶葉焙製演進：圖片展示茶葉焙製演進（圖 8-24）。由清領時期臺灣以「武夷茶工法」焙製烏龍茶、包種茶（烏龍茶葉加薰花）、日治時期的小葉種、大葉種紅茶，及近代臺灣八大茶系的焙製流程。

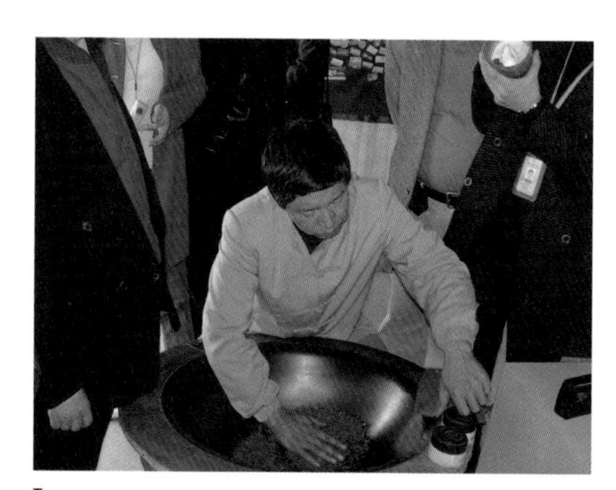

圖 8-24　休閒農場演示古法焙茶（浙江杭州梅家塢）

2. 生活文化面：

(1) 成立茶文化館或茶主題的休閒農場及休閒農業區：展示有關茶的詩詞與歌謠，並且展示中國茶具與其文化演變（圖 8-25）。

(2) 茶道體驗：是指品茗的方法、功能及其意境。臺灣的茶道或茶藝，較偏重生活藝術上的應用，重視各種不同茶葉沖泡之色、香、味的品嘗。

(3) 茶藝體驗：包括種茶、製茶、泡茶、敬茶、品茶等一系列茶事活動中的技巧和技藝。茶藝也是一種即席藝術，透過茗茶、茶泉、茶器的安排配置，呈現出茶

圖 8-25　以茶為主題的中山休閒農業區（臺灣）與梅家塢茶鄉（浙江）

湯之美。透過茶人、茶所、茶食、茶宴的安排布置，呈現整合之美。

(4) 茶的貢品體驗：歷史上將茶葉列爲貢品，提高茶葉作爲飲品的身價，推動茶葉生產的發展，形成一大批名茶。貢茶制度確立了茶葉的「國飲地位」。

(五) 生活面體驗設計

1. 食的體驗：喝茶是國人主要的生活方式。休閒農場生產茶葉，分級包裝，訂定品牌，以綠色行銷方式銷售遊客，形成農場的主要收入（圖 8-26）。農場茶葉飲食體驗設計如下：

圖 8-26　茶葉產銷是休閒農業茶體驗主要目的

(1) 飲用：介紹冷泡及熱泡茶的差異。沖泡茶雞尾酒、冷泡茶、擂茶等飲品製作體驗。

(2) 保健：介紹茶葉對身體健康的好處，以及飲用的方法。

(3) 入菜：製作茶泡飯、茶香麻糬、茶香發糕、茶粽、茶燻蛋、茶焗蛋、綠茶沙拉醬、茶包子、茶香豆腐等食品。

(4) 甜點：茶餅乾、茶蛋糕、茶冰淇淋、茶蜜餞、茶龍鬚糖、綠茶餅、綠茶粉圓、醃茶梅、紅茶奶酪等甜品製作。

2. 衣的體驗：

(1) 茶染製作體驗：「茶染」屬植物染，利用茶葉或茶渣，配合染色技巧，可製作各種家飾用品。利用不同茶類當作染劑會呈現不同的茶色，而萃取茶湯濃淡及染煮時間長短，其成品亦會呈現不同茶色。

(2) 彩繪斗笠：茶園摘採須戴斗笠，讓遊客體驗彩繪不同特色的斗笠。

3. 住的體驗：經營茶園民宿可使遊客體驗種茶人家的生活。

4. 行的體驗：讓遊客體驗如何行走梯田茶園的農路。

5. 育的體驗：

(1) 茶葉渣再利用。

(2) 如何選購好茶。

6. 樂趣的體驗：製作手工皀、茶香包、茶枕頭、茶精油提煉、茶香水等商品製作。

四、結論

茶的世界博大精深，日常生活中處處可見茶的蹤跡。由於體驗經濟的發展，茶有足夠的條件發展爲體驗經濟的產業。不論從栽種到採收及再利用，都是一連串知識與文化的傳承。茶產業要能夠永續的經營下去，必須結合體驗經濟。設計貼切的體驗活動，讓遊客前來遊玩時，不僅能夠以靜態的方式學習，更能以動態形式深刻感受茶產業的文化價值，進而帶動茶主題休閒觀光農業的發展。

（國立屏東科技大學景觀暨遊憩管理研究所李佳玲研究生撰述，段兆麟教授修訂）

第五節 咖啡主題的體驗設計

一、緒論

臺灣的咖啡是近十幾年來才逐漸被人們所熟悉。咖啡不同於其他的農作物能夠直接採集食用，必須經過多道的手續逐步加工烘焙，才能夠製造出香氣濃厚的咖啡豆。因此我們能仿效製作咖啡豆的過程，用逐步加工的方式來為咖啡豆設計體驗活動，讓咖啡豆能夠以不同的風貌來迎接遊客，使遊客能在參加一連串的體驗活動後，對於喝咖啡不再只是一般的消費，而是深度的享受。

二、休閒農業咖啡資源的特性

休閒農業咖啡具有以下特性：

(一) 季節性

春天時，咖啡樹會開出白色花蕊，空氣中充滿著花香味。夏天時，咖啡樹開始結出綠色果實。秋天時，結實纍纍的果實由綠色轉變為美麗的紅色果子（圖 8-27）。冬天時，又可看到咖啡樹花蕊含苞待放。不同的季節皆能夠享有不同觀感的咖啡饗宴。

圖 8-27 咖啡果實隨生命週期變色極富觀賞價值

(二) 地域性

咖啡樹須生長在溫暖潮溼的熱帶地區，平均溫度約 15～25℃，年降雨量約 1,500～2,000 公厘，適宜的海拔約 1,000～2,000 公尺。綜合上述條件，咖啡需要陽光、雨水、氣溫、土壤等環境條件的搭配，才能夠順利生長，擁有豐富的收穫。降雨的時間非常重要，成熟期間最好有雨水和陽光間歇出現，採收時則需要一段乾燥的天氣。

(三) 生長性

咖啡樹在充滿氮、碳酸鉀、磷酸的土壤中長得最茂盛，當樹齡在 4～5 年時將會長出第一個果實（色澤與櫻桃相近），而且產量很快達到高峰。咖啡樹的特點就是它的果實能在 1 年之內結果好幾次，另一特點是花和果實在不同的成熟階段同時存在。

(四) 景觀性

當咖啡樹在春天開出嬌柔的白花時，其香味類似香橙香和茉莉香。當只有 1 棵咖啡樹獨自開花時，有如披著嫁紗的新娘；當整個咖啡園白花綻放時，一眼望去一片白色花海，美麗醉人。但花期稍縱即逝，在 3 至 5 天之內，白色花瓣便會伴隨著春風散去。

(五) 實用性

咖啡豆可研磨成實用的咖啡。咖啡結實鮮紅美麗，是優美的觀賞樹。咖啡能夠保健腸胃，幫助消化、利尿，以及提神醒腦。

(六) 知識性

咖啡原產於熱帶的非洲。在西元 575 年，阿拉伯西南部的葉門人就已開始飲用，而西歐開始飲用約在西元 1615 年。根據國際咖啡組織（International Coffee Organization）統計，世界咖啡最大供應國爲巴西、其次是越南、哥倫比亞，及印度尼西亞。南迴歸線與北迴歸線間及赤道附近的熱帶地區，是世界咖啡的生長帶。咖啡樹的分類很複雜，有許多種類多樣性與系品種。以經濟價值來看，市面上流通的咖啡，主要是阿拉比卡（Arabica）和羅布斯塔（Robusta）。阿拉比卡分 2 個主要品種：卡杜拉（Caturra）和卡第摩（Cartimor）。其中卡第摩是目前世界上種植最多的咖啡品種，約占阿拉比卡品種中的 75%。

(七) 生態性

每年春季是咖啡樹開花的時期，花謝後結出青綠色的咖啡果實，經過 6 至 8 個月成熟期，果實的外皮顏色逐漸變紅，色澤由淺紅色轉變成深紅色。當果實的果皮變成深紅和暗紅時，成熟度最好，是採收的最佳時機。由於咖啡果實的糖分含量很高，當果實變成枯乾皺縮狀時，很容易受到黴菌感染，而影響整批咖啡豆的品質。

(八) 文化性

咖啡豆，一個源自於非洲再傳至歐洲，造成歐洲人飲用風潮大盛的飲品。因爲它被很多國家飲用，每個國家發展出各式各樣獨特的燒煮方式、飲用方式，及食用方式。市面上看到的煮咖啡方式，有濾泡式、壺泡式、虹吸式、冰滴式。飲用種類有拿鐵、卡布奇諾、義式咖啡、美式咖啡、摩卡、焦糖瑪奇朵等。食用方式有咖啡蛋糕、咖啡蛋捲、咖啡餅乾、咖啡糖、咖啡冰淇淋等。

三、咖啡體驗活動設計

將咖啡豆體驗活動分成一級產業、二級產業、三級產業等 3 種產業層次，再依據其產業、自然生態、景觀、文化等面向來設計體驗活動。

(一) 一級產業層次體驗設計

一級產業是指咖啡豆農園生產的階段。設計體驗活動如下：

1. 認識咖啡豆種類及品種：依照咖啡樹不同的品種分區種植，在各分區內豎立解說看板（圖 8-28），並安排導覽人員解說，讓遊客能夠更加了解咖啡樹的品種與樣態，及病蟲害防治。

圖 8-28　休閒農場設置咖啡解說牌

2. 採集咖啡豆：在咖啡豆成熟的季節，開放遊客能夠採集咖啡果實，讓遊客了解咖啡豆生產的第 1 個步驟。

3. 咖啡小盆栽 DIY：提供遊客每人 1 盆自己親手種植的小盆栽，遊玩後帶回家作爲紀念品。

4. 咖啡花瓣攝影比賽：在每年春季花開的季節舉辦咖啡花的攝影比賽。藉由精美的照片，吸引更多的遊客來場。

5. 有機咖啡培植觀摩：在農園修枝時，安排遊客進入農園觀看。導覽人員解說有機農法，讓遊客深入了解培植的過程。

(二) 二級產業層次體驗設計

二級產業是指咖啡豆加工的階段。設計體驗活動如下：

1. 咖啡豆去皮：指導遊客以徒手方式將果皮與大多數的果肉去除。

2. 咖啡豆烘焙：咖啡生豆透過烘焙，可以釋放出咖啡特殊的香味。

3. 手工磨咖啡：邀請遊客以手工的方式，將咖啡豆磨成咖啡粉。

以上咖啡豆加工的過程，皆適時給予遊客解說。咖啡可深加工製成咖啡醋、咖啡酒（圖 8-29），產品在休閒農場銷售，以增加農場收益。咖啡加工製程亦能讓遊客參與，加深遊客深刻印象。

圖 8-29　休閒農場咖啡深加工成醋及酒提高農產品價值

(三) 三級產業層次體驗設計

三級產業是指消費、餐飲、遊憩的階段。設計體驗活動如下：

1. 咖啡彈珠比賽：用咖啡果實取代玻璃彈珠，跟關主進行彈咖啡彈珠遊戲，獲勝者能夠將手中的咖啡果實帶回家當紀念品。

2. 咖啡葉拓印：遊客選擇喜愛的咖啡葉形，進行拓印，等到離去的時候，可當作紀念品帶回。

3. 販售咖啡美容用品：透過咖啡粉的顆粒性，製造天然的去角質美容品，增加咖啡的實用性。

4. 咖啡香氛袋：遊客 DIY 磨好的咖啡粉放入小袋子，可作爲除臭芳香袋。

5. 啡香餅乾：設計付費的體驗活動，遊客 DIY 不同造型的咖啡餅乾。自行享用或送人兩相宜。

6. 啡嘗時光：遊客品嘗農場內手工製作的蛋糕、咖啡飲料，搭配輕鬆的巴薩諾瓦（Bossa Nova）音樂度過一段美好的時光。

7. 啡之鍊：讓遊客 DIY 製作由咖啡豆製成的手鍊，送給自己最愛的人

8. 咖啡之鐘：用咖啡豆 DIY 發揮創意，創造出屬於個人的小時鐘。自己收藏或送給親友都很適合。

四、休閒農業區咖啡體驗區規劃

休閒農業區是在地區性的基礎上規劃咖啡體驗，要發揮集聚經濟的功能，達到區域發展的目的。雲林縣古坑鄉華山休閒農業區是以咖啡爲主題的休閒農業區。休閒農業區規劃咖啡體驗的構想如下：

(一) 設置臺灣咖啡故事館

用展覽館（圖 8-30）的方式，將臺灣種植的咖啡做出詳細的解說，再搭配其他各國的咖啡種類做比較，以凸顯臺灣種植咖啡的特性，讓遊客深入了解咖啡豆的差異。再來把臺灣種植咖啡的故事，用大型看板展示，逐一的娓娓道來。館內提供飲用臺灣咖啡的咖啡廳，並展售臺灣各地的咖啡伴手禮，增加營運收入。

圖 8-30　休閒農場設館展示咖啡的產業文化與生活文化（海南福山咖啡文化館）

(二) 規劃咖啡體驗主題遊程

以「三生」概念規劃咖啡的體驗遊程。體驗遊程主題如下：

1. 咖啡生產旅遊：透過咖啡的生產階段來了解咖啡的產製過程，在農園中體驗啡農是如何種植咖啡樹？咖啡果實的採集方式？如何預防昆蟲帶來的病害？咖啡樹開花的季節爲何時？開花時又有什麼香氣飄出？

2. 咖啡生活旅遊：將咖啡的特質發揮到淋漓盡致，搭配各式各樣的活動，把咖啡使用的可能性都展現出來。體驗各種的咖啡產品用途以及簡單的 DIY 活動。在活動中便可一邊動手作，一邊聽解說員敘述咖啡的種種特性，以豐富寓教於樂的內容。在咖啡產區，將咖啡的意象結合到民宿，對咖啡及民宿都很有行銷價值（圖 8-31）。

圖 8-31　咖啡意象結合民宿發揮行銷作用（馬來西亞沙巴）

3. 咖啡生態旅遊：體驗咖啡農園的自然環境。透過導覽解說，可以發現園裡有什麼小生物存在，了解咖啡樹的天敵是什麼，欣賞雲林古坑鄉咖啡樹跟檳榔樹共生的田園風光。

五、結論

今日臺灣飲用咖啡的人口非常多，但購買的飲品大多是外國進口的咖啡豆。因此要如何在這片臺灣咖啡的紅海中開出一道藍海，或許藉由咖啡的體驗行程內容，讓來玩的遊客對於臺灣咖啡有深度的了解。當提到臺灣咖啡時，能夠將滿滿的咖啡經同時喝入口中，或許才是我們所想要的「正宗臺灣咖啡」。

（國立屏東科技大學景觀暨遊憩管理研究所陳怡宏研究生撰述，段兆麟教授修訂）

第六節 文心蘭主題的體驗設計

一、緒論

文心蘭（*Oncidium*）產業在臺灣已發展了 40 個年頭。文心蘭本身從瓶苗、小苗、中苗到開花，在在都有其不同的樣貌與風格。加上其花形素有「跳舞精靈」之美稱，就體驗的角度來看，確實有許多特性可供發揮，因此成爲本文之主題。

二、文心蘭的資源特性

體驗活動須依據資源特性。文心蘭具有如下特性：

(一) 季節性

文心蘭屬於亞熱帶作物，在臺灣幾乎全年可生長，特別以 9～11 月爲大宗。在沒有季節因素影響下，全年度均可以提供遊客參觀及體驗各個成長階段的文心蘭。沒有資源斷層帶，是休閒農場體驗活動設計極大的優勢。

(二) 地域性

文心蘭多在平原地區栽培，雖無明顯地形上之變化。但就整體蘭花產業來看，臺灣提供一般蘭花生產設施有精密溫室、遮雨網室以及露天遮蔭網等三大類。業者目前在文心蘭生產上採用露天遮蔭網，而在蝴蝶蘭與拖鞋蘭生產上採用遮雨網室，兩種不同生產設施可提供不同的栽培管理體驗。

(三) 生長性

文心蘭的生長過程從瓶苗、幼苗、幼苗健化、定植到採收，均呈現不同的風貌。搭配其全年生長的特性，可提供民眾實際比較各生長階段的樣貌，這是難得的教育資源。

(四) 景觀性

文心蘭雖然花朵較小，且不如蝴蝶蘭與拖鞋蘭一樣顯眼，但是花朵本身的樣貌極像穿裙子跳舞的女郎。其嬌小玲瓏的樣態，也能形成繁星點點的花海印象。比起蝴蝶蘭或拖鞋蘭的大明星氣質，文心蘭如鄰家女孩一般的氣質，在景觀上提供了不同風格的區別（圖 8-32）。

圖 8-32　文心蘭跳舞女郎閃亮耀眼

(五) 實用性

文心蘭是花卉，多半以觀賞或是送禮爲主。但是業者可以開發文心蘭果凍及壓花書籤等實用性高的活動，提供體驗設計的方向。

(六) 知識性

文心蘭種植的過程中，從瓶苗培養基的選擇，移植與定植培養介質的選擇，每種不同的培養基與培養介質均有不同的效果。另外，在肥料的選擇上，文心蘭用的液肥與一般常見的固體式肥料有非常大的不同，都可以提供民眾比較，進而獲得額外的知識。

(七) 生態性

文心蘭最怕遇到蟲害與病毒害。病蟲與病毒對文心蘭以及在網室內的微生態系所造成的影響，都可以作爲生態的教材，藉此讓民眾體會到人與大環境的關係。

(八) 文化性

文心蘭屬蘭花的一種，本身的花形（舞動精靈）就具有非常大的話題性。加上蘭花不像牡丹、百合般的富貴華麗，亦不如梅花的隱士風格一身傲骨，因此自古以來便代表著君子的清流形象，可藉此提供文化上的體驗資源。

三、文心蘭體驗專案設計

茲以派恩與蓋爾摩在《體驗經濟》（*The Experience Economy*）一書中所提及體驗設計的 5 項步驟，作爲設計概念。

1. 訂定主題：舞動精靈的奇妙旅程。

2. 塑造印象：藉著文心蘭花形（舞動精靈）的主題，希望塑造出一系列與文心蘭成長相關之體驗活動。

3. 去除負面線索：不做基因改造、不施打農藥。

4. 配合加入紀念品：設計舞動精靈的 Logo，製作扇子、帽子、手帕等旅遊商品。製作文心蘭壓花、文心蘭彩繪明信片、文心蘭舞動精靈相片書、小卡或是明信片書等。

5. 動員 5 種感官刺激：

(1) 視覺：小尺度的文心蘭舞動精靈，大尺度的繁星點點，以黃色爲主的花與綠色的莖形成的對比。加上隨著網室內風扇搖曳的模樣，更加深在腦海中「舞動精靈」的印象。

(2) 聽覺：遮雨網室當中風扇的聲音、灑水的聲音、運用小鐵軌收成文心蘭的咿呀聲響等，讓人更親近農業。

(3) 嗅覺：採花的同時，聞著空氣中瀰漫的淡淡花香，讓遊客可以帶著一身花香味走出網室。

(4) 味覺：設計舞動精靈果凍 DIY，讓遊客品嘗自己動手 DIY 的成果。

(5) 觸覺：親手採花時，觸摸、感受花的柔細。

四、文心蘭體驗活動設計

休閒農業有別於傳統農民憨憨種、憨憨收，在強調體驗的趨勢帶動下，不論是一級、二級與三級的產業都必須要去涉及，同時提供民眾參與體驗的機會。

因此就文心蘭所能提供的一級、二級與三級體驗做下列陳述。

(一) 一級產業

1. 生產面：

(1) 文心蘭各生長階段設計體驗活動：

①在瓶苗時期以長鑷子取出瓶苗之後，民眾可協助分類與分級這些瓶苗，同時搭配分級方式的解說。

②在移植時期，可以讓民眾協助參與塡入各式各樣的栽培介質（如木炭、蛇木、煉石及椰殼等），民眾可親自觸摸介質，同時比較其差異性(圖8-33）。

圖 8-33　遊客參與文心蘭植株移植體驗活動

③在採收時期，花農帶領著民眾親自採花，並透過 5～7 人小組制，避免民眾私下動作，造成病毒大量傳播導致減少收成。

④在準備外銷時期，可以讓民眾協助分級選別、捆把、裝袖套、預冷等步驟。爲避免不熟悉動作的民眾造成花藥脫落或是枝節受傷，建議可採付費制，等到花朵包裝好，可以帶回家，或進行插花體驗。

(2) 創新品種的體驗：藉著培養不同品種的文心蘭，不定期舉辦文心蘭展覽，每次展出都有不一樣的品種，能結合不同主題（香噴噴舞動精靈、巧克力舞動精靈、蝴蝶舞動精靈等）展覽，以提升民眾重遊意願。

2. 生態面：文心蘭從瓶苗直到成花外銷，當中有許多不同的面向可提供解說。由於文心蘭全年皆可生長的特性，可以在網室親眼看見各階段的樣貌，因此建議跳脫傳統室內 PPT 的演說模式，取而代之的是在網室內自然教室的活動，讓民眾在各分區觀察不同的生長階段。設計一連串的名稱，例如瓶中舞動精靈、小小舞動精靈、舞動精靈出嫁等，以增加趣味性。

另外，爲避免民眾隨意觸摸文心蘭導致病毒傳播，可於進入網室之前說明文心蘭的脆弱特性，以及病毒對網室內部微生態的影響，讓民眾能藉此體驗人與大環境的關係。

圖 8-34　遊客徜徉於文心蘭的黃花世界

3. 景觀面：在網室中，不論是小巧玲瓏的舞動精靈或是整片花海的繁星點點，都是視覺上的體驗（圖 8-34）。帶領著民眾比較不同品種、顏色及大小的文心蘭，以增加美好的回憶。

(二) 二級產業

二級產業意指加工後，所創造出的產品。

1. 壓花製作：運用海綿、白紙、木板、塑膠膜、文心蘭等材料，製作壓花體驗。惟乾燥時間至少一天，可以郵寄的方式，讓民眾回家收到農場寄出的乾燥花。

2. 果凍製作：讓民眾參與果凍的製作。由於文心蘭多以黃色系爲主，因此果凍建議挑選白色或其他淡色果凍，以襯托文心蘭的色調。特別注意欲食用的文心蘭必須禁止噴藥，在另外的遮雨網室內種植以確保安全。

3. 彩繪明信片：透過文心蘭本身舞動精靈的外型，讓小朋友與大朋友發揮創意彩繪於明信片上。不論是顏色、外觀、斑點、花形等都可以自由創造。由於完工較快，可以直接在農場郵寄給親朋好友。

(三) 三級產業

三級產業指的是文心蘭各項相關活動服務：

1. 園區以文心蘭的舞動精靈形象設計相關的 Logo。

2. 帶領遊客親自採花、處理以及插花教學。

3. 設計文心蘭舞動精靈郵筒，搭配彩繪明信片活動。

4. 設計文心蘭壓花產品如手機吊飾、小化妝鏡等。

5. 以文心蘭布置戶外婚禮會場，或舉辦模特兒選美活動（圖 8-35）。

圖 8-35　文心蘭農場舉辦模特兒走秀活動

五、體驗活動設計例示

■**舞動精靈奇妙旅程**：帶您體驗舞動精靈的一生。

到了農場，遊客映入眼簾的便是以舞動精靈為 Logo 的入口意象。在場主親自帶領下，到花田進行「奇妙旅程」的活動。進入栽培文心蘭的網室，遊客不只看到，更可摸到瓶中舞動精靈（瓶苗）、小小舞動精靈（幼苗）、舞動精靈搬家（移植）、舞動精靈姊姊（成花）。

跟著場主的腳步，來到加工館繼續參觀舞動精靈期末考（分級選別）、舞動精靈出國去（外銷前處理），以及舞動精靈的好朋友（相關蘭花產品）等一系列以舞動精靈為主旨的自然教室。

其次，想親身體驗採花大盜的樂趣，只要付費，並且聽完講解正確的採花方式後，遊客便可以親自採花。在花農的帶領下，體驗露天遮蔭網室和遮雨網室的不同。

到了中午，遊客用完餐，可以親手做文心蘭果凍。中午時分吃著冰冰涼涼的果凍，看著文心蘭嬌小的身軀迎著風跳著舞，肯定是難忘的回憶。

在下午，遊客可以在館內進行壓花體驗、手繪明信片，或者到體驗教室參加插花教學活動（圖 8-36）。文心蘭代表什麼樣的花語？有些什麼故事？為什麼古人稱蘭花為君子？遊客可以一邊創作壓花、彩繪明信片或者插花，一邊聽著場主介紹這些有趣的故事。一趟舞動精靈奇妙旅程下來，遊客便可以對文心蘭有極大的認識。

圖 8-36　文心蘭農場舉辦插花教學活動

臨走前別忘了，將手繪的明信片投入舞動精靈郵筒，這樣舞動精靈就會把明信片跟回憶一起寄回到家中喔！

六、結論

藉著文心蘭花形的特徵，以「舞動精靈」為主題創造的體驗活動，目的在於讓遊客親身體驗文心蘭在季節性、地域性、生長性、景觀性、實用性、知識性、生態性與文化性等不同面向的特徵。如此一來，花農便能創造文心蘭更高的經濟價值，尋找外銷之外的活路，遊客也可以對文心蘭有更深的認識，以達到休閒的目的。

（國立屏東科技大學景觀暨遊憩管理研究所宋安宓研究生撰述，段兆麟教授修訂）

第七節　竹主題的體驗設計

一、緒論

臺灣林產豐富，竹的種類繁多，熱帶叢生竹與溫帶散生竹均自然分布。竹林生長迅速，更新又快，成林 3、4 年後即可砍伐利用，深具發展潛力，是臺灣極為重要的林產經濟作物。

自古以來竹與人類生活即有密不可分的關係。農業時代的食、衣、住、行、育、樂都會充分利用竹材。臺灣竹產業的發展，可追溯到原住民及移入的漢人就地取材製作日常用品，以因應生活所需開始。近年來因應休閒農業的發展，竹子開始應用於體驗活動設計。

二、休閒農業竹資源的特性

(一) 地理性

竹主要生長在南北緯 45 度內溫溼的地帶，從平地直到海拔 4,200 公尺的高山都有竹子的蹤跡。竹性畏寒忌旱，大多生長於溫熱帶地區，僅有少數竹類適合生長在寒帶地區。全世界竹類有 62 屬 1,200 餘種。亞洲大部分屬於溫帶氣候地區，為竹類生長分布的主要區域，其中以東南亞、中國大陸、日本、臺灣最多。

臺灣現有的竹種類約有 80 餘種。目前臺灣的竹林面積約 15.2 萬公頃，主要分布於嘉義縣、南投縣、高雄市、臺南市、苗栗縣等，其中嘉義縣的竹林叢數居全國之冠。由於竹林容易栽植、生長迅速，成林 3、4 年後即可砍伐，竹材的利用深具發展的潛力，是臺灣極為重要的林產經濟作物。

(二) 生長性

竹為多年生植物，但不具備年輪。大都具有地下根狀莖，通常透過地下匍匐的根莖成片生長，也可以通過開花結籽繁衍。節明顯，各節生芽，地下莖各節的芽可萌發成地下橫走的竹鞭或地上的竹竿。竿節上的芽常形成各節的分支。分支上的葉為營養葉。竹筍可以食用。

(三) 實用性

竹的各部位都具有實用的價值：

1. 竹葉：是竹子行光合作用的功臣。竹子並不是常綠的植物，所以它有榮枯，會落葉。

2. 竹籜：竹籜即是筍殼，每支竹筍出土的時候，就決定了它的胖瘦，也決定了它的節數。有幾個筍節，就有幾個筍殼，未來也就會長成幾節和幾個竹籜。竹籜也可以用來判別竹子是否成熟。出側枝的時候，竹子也就「轉大人」，不再長高。竹籜的質地較堅硬，除了保護竹筍的成長，也保護竹子的芽點與側枝的生長。由於顏色較花俏，也可以作成包裝材料；由於裁型便利，也有人將其剪裁製成扇子、童玩等。

3. 竹筍：竹筍是指幼竹莖桿的幼嫩生長部分。還沒有完全從地底下長出來時，以及剛剛出土仍未木質化的部分，可作爲蔬菜食用。春季筍生長破土成爲竹子的速度非常快，因此竹筍實際可採集的時間很短，屬於較珍貴的食材。讓孟宗大哭才生長的孟宗筍是二十四孝的知名主角，是有名的冬筍。夏筍則以綠竹和麻竹筍居多，春筍是桂竹稱霸，而秋季的白露筍也相當美味。

4. 竹桿：竹桿是竹子的地上莖，也是竹子最有價値的部位。竹桿的用途極多，像是桂竹頭，是作竹劍的上好材料；孟宗竹竹頭用來雕刻對聯，做竹茶盤、竹地板、竹盒、竹筷，甚至是棒球棍。

5. 莖與根部：竹子地下莖可以作印材、茶則、壺把、提把，或裝潢用材。竹根則可雕刻作爲工藝品。

6. 竹枝：竹枝可以作掃帚、編籬笆、作屋頂、製屏風，可以綁成鍋刷刷鍋子；可以布置室內，也可以作爲庭園造景的裝置藝術材料。

(四) 知識性

竹子是世界上生長速度最快的植物，有些竹地上部分的空心莖每天可長 40 厘米，完全成長後的高度可達 35～40 米。臺灣常用的竹類及其性狀分述如下：

1. 孟宗竹：又稱爲毛竹、南竹、江南竹、茅竹、茅茹竹等。單桿散生，桿高約 10～18 公尺，直徑約 8～18 公分，表皮堅硬、肉厚、節顯著、節間較短。可供建築鷹架、竹材雕刻、膠合地板、球棒、層積竹材，或其他工藝品等使用。

2. 桂竹：單桿散生，是臺灣特有種，主要生長在臺灣北、中部海拔 150～1,500 公尺的山區。桿高約 6～10 公尺，直徑約 2～10 公分，桿表皮堅硬，桿肉不厚，在各類竹材中抗彎強度最大。農業時代常用來製作農漁及生活用具，如搖籃、竹篾門扇、椅轎、米籮、菜籃等。今用於建築、竹劍、包管家具、編織藝品、竹蓆、竹簾、竹炭等，用途極廣。

3. 麻竹：叢生型竹類，桿高約 16～24 公尺，直徑約 20 公分。是臺灣最粗大的竹類。竹材可供編織、竹編膠合板、竹排等之用。

4. 莿竹：叢生型竹類，桿高約 10～20 公尺，直徑約 8～15 公分。強韌耐磨，是所有竹類中抗張強度最大者。以前農人用來製作各種農具。今爲編織、雕刻工藝用材，也用來製作家具。

5. 綠竹：叢生型竹類，桿高約 6～12 公尺，直徑約 4～10 公分，表皮厚呈深綠色。一般以採收竹筍爲主，竹材亦可供農業搭棚架及造紙原料之用。

6. 箭竹：又稱爲矢竹，桿通直密生，高約 1～3 公尺，直徑約 1～ 2 公分，表皮與肉均較堅硬。可作工藝及籬笆用材。

7. 觀音竹：桿高約 3～4 公尺，直徑約 2～3 公分。桿肉較薄，竹材可供作籬笆、搭棚架以及手工藝品之用。

8. 石竹：單桿散生，桿高約 10～16 公尺，直徑約 6～10 公分。肉厚，表皮堅硬，可供建築、家具、農具、竹籤、編織藝品、一般工藝品等用材。

9. 長枝竹：叢生型竹類，是臺灣原生竹類之一，桿高約 6～16 公尺，直徑約 6～10 公分。材質富韌性，可作爲編織工藝用材。

(五) 生態性

竹林植栽繁茂，林下草本植物滋長，蛇類及昆蟲繁衍，是鳥類的活動空間，所以竹林是一個富含生物多樣性的體系。竹林是生態旅遊極佳的場域。

(六) 文化性

竹文化總合了人類社會發展歷史過程，從認識竹、種竹、用竹到昇華成文字、繪畫、文藝作品、人格力量的物資和精神、財富。竹子性堅貞，剛烈不屈，虛心直節，不畏霜雪，和梅、松合喻爲「歲寒三友」。因其具有崇高品質的象徵，故又和蘭、菊、梅並稱「四君子」。

歷史上臺灣竹製品從中國大陸輸入。清朝光緒年間，已有臺南竹仔街、嘉義竹街、鹿港竹篾街等竹材、竹器店的聚集成市。竹子和早期的農村生活是密不可分的，日常的食、衣、住、行都少不了竹材的應用，竹子對人類物質文明的貢獻很早就開始。

三、休閒農業以竹為主題的體驗設計

(一) 竹林景觀體驗

1. 竹海觀濤：竹林如萬頃浪，搖曳婆娑，婀娜多姿，優美的景觀令人陶醉。

2. 竹林隧道（圖 8-37）：竹林包覆的長廊，有圍閉空間的感覺。

3. 設置竹林步道，規劃登山健行路線。

4. 竹林賞景的遊程結合特殊地形的體驗，如瀑布、溪流、斷崖、嶺頂、雲海等，增加遊程的豐富性。

圖 8-37　全臺灣最美的南投鹿谷小半天竹林隧道

具有代表性的例子是中國浙江省「安吉大竹海」的竹林產業，國際馳名。

(二) 自然教育體驗

1. 認識竹的品種：規劃百竹示範園區，配合教育解說，對學生及遊客提供知性的體驗。

2. 竹類盆栽教學：從竹苗開始，設計竹類盆栽教學，讓遊客了解竹的生理特性與栽培管理的方法。

(三) 竹林生態旅遊

1. 竹林森呼吸：設計林間體能運動，讓遊客吸收芬多精。

2. 生態體驗：在生態旅遊活動中實地觀察竹生態，認識林中植栽及昆蟲生態，體驗生物多樣性，並了解生態資源保育的重要性。

3. 竹林賞鳥：竹林多鳥，可設計林中賞鳥的活動。

(四) 風味美食體驗

1. 竹筒飯（圖 8-38）、竹葉粽品嘗。

2. 以筍爲主題設計風味餐：

(1) 設計不同的鮮筍（麻竹筍、孟宗竹筍、桂竹筍、綠竹筍）料理。

(2) 每逢春筍或冬筍上市，推出竹筍大餐供訂桌。

(3) 設計脆筍、筍絲、筍茸、醬筍的食譜。

3. 結合宅配系統，提供竹與筍風味美食的外送服務。

4. 設計竹與筍的養生套餐。

圖 8-38　竹筒飯是竹村的風味美食

(五) 竹藝製作體驗

1. 竹器製作：籃子、盤子的竹編器具。

2. 童玩製作：如竹樂器、竹燈籠（圖 8-39）、竹槍（水槍）、竹蜻蜓等童玩。

3. 竹藝品銷售：設計具有傳統價值的竹藝品（如存錢筒）作爲遊客的紀念品。

圖 8-39　休閒農場設計遊客竹燈籠 DIY 體驗活動

4. 設計竹禮炮（圖 8-40）：遊客來村時燃放歡迎。

5. 設計竹迷宮：以細竹（如箭竹）設計迷宮供遊客體驗。

圖 8-40　小半天休閒農業區設計竹禮炮歡迎遊客

(六) 竹產業文化體驗

1. 蒐集陳列古人與竹有關的詩詞歌賦。如宋代蘇軾：「無肉令人瘦，無竹令人俗」。
2. 在園區或農場內布置竹文學的解說牌，增加文化氣息。
3. 設置竹藝文化館，展示名家的竹藝品。
4. 結合茶藝、陶藝，整體展現地方的產業文化。
5. 文化體驗遊程包含歷史古蹟，以顯地方文化的整體性。

(七) 竹鄉度假體驗

1. 發展竹林民宿，爲遠地遊客提供度假旅遊服務。
2. 系統性規劃竹鄉旅遊套裝行程，凸顯主題特色，俾利度假遊客深度體驗。

(八) 竹炭生技體驗

1. 規劃遊客參觀竹炭窯的行程，了解竹炭燒製的過程。
2. 解說竹炭相關的製品，讓遊客認識竹子的生技產品在食品、保健、衛生、環保、保養品等方面的應用情形（圖 8-41）。
3. 積極開發竹炭的周邊產品，並設計成紀念品。

上述竹林景觀體驗、自然教育體驗、竹林生態旅遊 3 項，屬於竹「一產」的體驗活動，竹藝製作體驗、竹炭生技體驗 2 項，屬於「二產」的體驗活動，風味美食體驗、竹產業文化體驗、竹鄉度假體驗 3 項，屬「三產」體驗活動。竹類體驗活動設計，仍須以農業六級化發展爲規劃的架構。

圖 8-41　竹的生技產品竹炭與竹炭筷

（國立屏東科技大學農企業管理系碩士在職專班張碧芬研究生活撰述，段兆麟教授修訂）

馬蹄蛤主題的體驗設計

一、緒論

馬蹄蛤，蜆科，學名為「紅樹蜆」，生長在河海交界之紅樹林泥地中，因之名為紅樹蜆，是原生種蜆類。馬蹄蛤主要攝食含豐富蛋白質的藻類，因此營養價值極高。自古以來蜆除了用來入菜成為桌上佳餚之外，更是解酒保肝的聖品。《本草綱目》記載：「蜆，主治開胃、壓丹石藥毒，去暴熱、明目、利小便、解酒毒、治目黃。」蜆富含蛋白質、鈣、磷、鈉、鉀，少量的牛磺酸、維生素等成分。

蜆的脂肪含量低，屬低脂肉類，膽固醇含量低。蜆中的維生素 B_{12} 含量較一般海鮮突出。蜆中含有豐富的膽鹼，以中醫的觀點，適量的膽鹼可有效防止肝癌與肝硬化，研究報告指出對於幼兒腦部發育有影響的重要性。馬蹄蛤肉內呈現黑色的生殖腺，含有大量荷爾蒙及營養成分。

如此具營養價值且稀少的馬蹄蛤，作為遊憩體驗發展休閒農業，結合教育與遊憩的功能，促使傳統漁業生態旅遊化，提供遊客遊憩體驗活動，達成漁村經濟永續發展的目標。

二、休閒農業馬蹄蛤的資源特性

(一) 季節性

馬蹄蛤養殖生長較不受季節變化而影響生長速度，但受食物是否充足所影響。冬天因日照較短，氣溫較寒冷，故水中的藻類生長較緩慢。每年的 4～10 月，陽光充足綠藻繁殖快，餌料充足，因此馬蹄蛤最爲肥滿，風味也較佳。

(二) 地域性

馬蹄蛤須生長在無汙染的河海交會處的沼澤地，生長水質爲半鹹水半淡水。非所有沿海地區都可生長，臺灣主要分布地點爲新北、臺南、高屏地區。

(三) 生長性

馬蹄蛤生長期間需要 6 年，從蜆苗逐年增大，生長受水質與養分是否充足所影響。蜆潛藏在水中沙礫裡，是靠一對濾管濾食水中的綠藻或浮游生物維生。夏季因陽光較充足，日照時間較長，水中藻類及微生物生長快，營養成分較充足，蜆成長較快。每年的成長大小及特性，具有休閒農業體驗教育的意義。

(四) 景觀性

放眼望去盡是一整片養殖魚塭的水面，這是沿海養殖漁業的特殊景觀。養殖馬蹄蛤的魚塭，依日照方向不同，呈現不同的視覺效果。尤其是傍晚，夕陽映照在一大片魚塭的水面，景致美不勝收。

(五) 實用性

馬蹄蛤的蛤肉含豐富的營養素，富含優質零膽固醇的動物性蛋白質。馬蹄蛤可供入菜及製作營養品。此外蛤殼可循環利用製作手工藝及裝飾或將空殼高溫燒成粉，可作爲建築用的石灰，或將其碾碎作爲有機質肥料或爲家禽飼料。

(六) 知識性

成功繁殖馬蹄蛤，爲現代農業科技不斷進步突破的證明。從利用水溫不同的差別，促使雌雄同體的馬蹄蛤排卵受精，在水中產下蜆苗，及往後的水質管理，到收成與機器分類大小及包裝，已成爲一種特殊性的知識產業。

(七) 生態性

野生馬蹄蛤生長在海河交界處的紅樹林地區。紅樹林是一個生物豐富的生態環境，繁複的生態體系爲地球上相當重要的循環地區，也是人們學習自然科學的生態觀察教室。

三、馬蹄蛤體驗設計

體驗經濟時代的來臨，休閒農業的發展需要思考如何利用其產業特性設計體驗活動，吸引遊客來場。馬蹄蛤發展休閒農業的體驗設計，分爲生產階段體驗與採收後的體驗兩部分，就其產業的生態、文化及景觀等面向設計體驗活動如下。

(一) 生產階段體驗

1. 產業面體驗設計：

(1) 認識馬蹄蛤：馬蹄蛤學名爲「紅樹蜆」。蜆類數量繁多，可依其生長特性、每年成長大小、水質、飼養方式等，作爲教育解說的知識來源（圖 8-42）。養殖馬蹄蛤須無汙染、半淡鹽水的環境。蜆皆具底棲性，棲息之底質多爲沙底、泥沙底、礫沙底。底質的種類會影響到蜆表面的顏色與成長狀況。蜆依靠一對濾管濾食水中的綠藻或浮游生物。

圖 8-42　遊客觀賞實物認識馬蹄蛤

(2) 比較臺灣常見的蜆類：如表 8-2。

表 8-2　馬蹄蛤與臺灣蜆的比較

種類	主要分布地區	水質	殼長	外殼特徵
馬蹄蛤（紅樹蜆）	日本奄美諸島以南、琉球群島、臺灣（新北、臺南、高屏）	紅樹林附近的泥底	成蜆殼長 70～90 mm	體型較大，略微膨凸，具細微不規則生長線，外殼顏色為瓷白色
臺灣蜆	韓國、日本、中國大陸、臺灣	淡水或半淡鹹水區之河川、湖泊、水塘、水田之泥沙底	成蜆殼長 20～35 mm	外殼形狀近三角形，腹緣圓形，有明顯的生長線，外殼顏色為黃色、黃綠色或黑褐色，內殼為紫色或白色

(3) 比較不同貝類的養殖方式：透過現場觀察及人員解說，比較同爲貝類的養殖方式，如文蛤、牡蠣及馬蹄蛤，解說爲何使用不同的方式養殖。

2. 景觀面體驗設計：

(1) 漁村景觀體驗：放眼望去是整片魚塭的漁村景觀。黃昏散步在漁村，夕陽西下，整片的魚塭呈現波光粼粼，美不勝收。

(2) 打造漁村印象：廢物利用以漂流木與貝殼等元素裝飾塑造漁村主題形象，並加強地區的指標說明。建造具代表性的入口意象，不但能凸顯地方特色，且提供遊客拍攝紀念的景點。此外，可建造觀景平臺，供遊客欣賞不同時段的漁村風景。

3. 生態面體驗設計：

(1) 打造紅樹林：未來可在養殖池規劃育成紅樹林環境，如種植水筆仔，可向遊客介紹其生物種類與生長特性。

(2) 賞鳥活動：漁村常吸引捕食小魚小蝦的鳥類，如白鷺鷥、海鷗，可設置賞鳥平臺，提供遊客賞鳥的環境。

4. 遊憩面體驗設計：

(1) 摸蜆仔兼洗褲：養殖池的水深幾乎只到膝蓋，因此可設計「摸蜆仔兼洗褲」活動，讓遊客下水體驗搜尋馬蹄蛤的樂趣（圖 8-43）。

(2) 划膠筏：養殖馬蹄蛤的水不深，放置養殖業者所使用的膠筏，讓遊客體驗養殖漁業所使用的水上運送工具，供遊客自行動手體驗水上繞行養殖池的樂趣。

圖 8-43　設計遊客捕撈馬蹄蛤的體驗活動

圖 8-44　解說馬蹄蛤的產業發展

(二) 採收後體驗設計

1. 文化面體驗設計：從馬蹄蛤的養殖、收成、分類、包裝等過程，與所使用的器具，及一系列的生產流程等，可以實物或照片展示並予以解說，讓遊客對養殖產業發展變遷有進一步認識（圖 8-44）。

2. 遊憩面體驗設計：

(1) 貝殼彩繪：將馬蹄蛤殼洗淨並晒乾，可作爲彩繪貝殼的體驗活動。另外可以與陶土做結合，創作自己喜歡的擺飾品（圖 8-45）。

圖 8-45　設計遊客彩繪馬蹄蛤

(2) 風鈴製作：廢物利用馬蹄蛤的殼，依其大小選擇讓遊客動手設計，製成清脆悅耳的風鈴，並為風鈴繪上自己所喜愛的顏色。

(3) 小夜燈製作：依大小挑選馬蹄蛤殼，搭配其他貝殼，可設計屬於自己的小夜燈。

(4) 裝飾日常用品：將貝殼作為日常用品的裝飾擺設，如貝殼花朵。可依貝殼的大小、顏色、花瓣數、方向，設計花朵種類；還可製作面紙盒等。

3. 生活面體驗設計：

(1) 品嘗馬蹄蛤風味餐：讓遊客體驗各式各樣的馬蹄蛤料理，可搭配當地其他特產如烏魚子、蚵仔，提供具特色的當地美食。

(2) 簡易馬蹄蛤烹煮法：馬蹄蛤容易料理，教導簡單的料理方式讓遊客 DIY，例如將 2～3 顆馬蹄蛤放入可微波的容器中，加入少許水與薑絲，並依個人喜好加入米酒及香油、蔥花，微波 2～3 分鐘即可食用。

(3) 銷售馬蹄蛤：銷售已經過吐沙處理的馬蹄蛤。

(4) 開發機能性食品：蜆富含蛋白質、鈣、磷、鈉、鉀，及少量的牛磺酸、維生素等成分，萃取馬蹄蛤的營養價值，製作人體容易吸收與方便食用的營養食品。

四、打造馬蹄蛤體驗區

設立馬蹄蛤主題館，規劃生活教育及體驗的空間（圖 8-46）。館內分為室內與室外活動區。室內又分為展示區、遊憩區，及飲食區；室外活動區主要規劃讓遊客體驗活動的場地。分區功能如下：

圖 8-46　臺灣唯一的馬蹄蛤主題館（雲林縣口湖鄉金湖休閒農業區）

1. 室內：

(1) 展示區：主要的項目有馬蹄蛤展示、採收影片欣賞、照片的展示，及相關文物展示。

(2) 遊憩區：讓遊客動手 DIY 創意品的區域。

(3) 飲食區：提供遊客休息、喝茶，及用餐的區域。

2. 室外：

(1) 養殖池體驗：摸蜆仔兼洗褲活動體驗區。

(2) 野炊區：提供遊客烤馬蹄蛤的區域。

五、結論

馬蹄蛤原生長在紅樹林地區，近年來因水資源受汙染，野生數量已不多。馬蹄蛤藉由人工繁殖，配合現今所處的體驗經濟時代，與休閒遊憩相結合而發展休閒農業，不僅能推廣馬蹄蛤養殖業，且有教育與學習的功能。以馬蹄蛤爲經營主題，設計遊憩體驗，並以廢物利用蛤殼作爲設計元素，美化休閒漁業園區，開發創意手工藝品，供遊客實作與體驗，藉此創造較高的漁業經濟收入，目前推廣成功的案例是雲林縣口湖鄉金湖休閒農業區。休閒農漁業透過「體驗」，能讓遊客更進一步的認識桌上佳餚的來源，並能親身參與傳統產業的生產過程，學習產業的相關知識，所以是振興農漁村經濟的有效策略。

（國立屏東科技大學景觀遊憩管理研究所曾芷婕研究生撰述，段兆麟教授修訂）

第九節 畜牧主題的體驗設計

休閒農場動物性體驗主題包含畜牧類與水產類主題。前節介述以馬蹄蛤爲代表的水產主題體驗設計，本節則介述畜牧主題體驗設計。

臺灣畜牧體驗的對象主要爲：雞、鴨、鵝、乳牛、山羊、乳羊、豬、鹿、水牛、猴、馬、兔、蛇、鴕鳥、鳥等動物。

一、畜牧體驗的面向與特色

(一) 畜牧體驗的面向

畜牧體驗包括家畜禽體驗與牧野體驗：

1. 家畜禽體驗：認識家畜禽、觀察動物體態、聽動物呢喃聲、聞動物體味、肉品或乳品品嘗、動物餵飼、動物撫育、蛋殼彩繪、肉品或乳品加工製作、畜力拉車、騎乘動物等。

2. 牧野體驗：牧野賞景、牧草體驗、牧場農事操作、擠乳、剪毛、修補圍欄、跑馬、牧野文學等。

(二) 畜牧體驗的特色

1. 動物會成長，隨生長期變化會給人不同的感覺，如仔羊可愛，兒童想要親近擁抱；成羊給人健壯的感覺，遊客想要撫摸或擠乳；老羊體弱，讓人有歷盡風霜的感覺。

2. 動物的生命力表現出走動、奔跑、跳躍的動作，有力與美的感覺，非常吸引遊客的注意力。

3. 動物的體色、大小、體態、排列、行止，不論是單隻或群聚，均具有高度的觀賞價值。特別是動物在自然山林田園背景的襯托下，更能顯出體態的美感。

4. 動物的乳、蛋、肉、毛、皮、骨、殼、血等，是餐飲、醫藥、服飾、育樂、藝術的資材，實用性體驗的價值甚高。

5. 動物地理區位分布、成長變化、生命活動、生物美學、資源利用等，均構成專業的知識體系，是自然教育體驗的寶庫。

6. 家禽家畜與人共處歷史久遠，是人類生活與工作中不可缺少的夥伴，所以文人雅士在文學藝術中對動物歌詠與寄情的作品，是文化體驗的寶貴素材。

7. 畜牧生產的牧場原野、圍欄、畜舍、草料倉庫等，以及農民的牧場工作服裝，都構成農村牧場的風貌，具有景觀美學的價值。

二、畜牧體驗的資源

(一) 自然資源

1. 植物生態資源：牧草種類、生長、分布與特性，以及不知名的野花、野草。

2. 動物生態資源：牧場是個生態寶庫，較常見的是鳥類（老鷹）、鼠類、蛇類、蛙類、蝴蝶、蜂、蜻蜓，及其他昆蟲。

(二) 景觀資源

1. 地形景觀：牧場草原、圍欄、步道、池塘、山坡，呈現一片綠油油的生氣。

2. 牧野風光：如農村「鵝兒戲綠波」的故鄉味（圖 8-47），中國大陸西北「風吹草低見牛羊」的獷達氣勢，美國西部牧場的豪情，澳紐牧場青草綠的自然風光。

圖 8-47　鵝兒戲綠波的農村味

3. 農舍特色：如飛牛牧場美國西部穀倉式的遊客服務中心，紐澳牧場的農舍及畜舍特色，中國大陸西北蒙古包、氈房等村寨特色。

(三) 產業資源

1. 畜牧種類：畜類如牛、羊、馬、豬、狗、兔、鴕鳥、駱駝等，禽類如雞、鴨、鵝等。動物體態優美、生性靈巧，是設計畜牧教育活動的重要資源。

2. 禽畜生產過程，如餵飼（圖 8-48）、擠乳、剪毛等作業活動。

3. 禽畜產品加工處理過程，如禽畜的肉、乳、蛋等產品的醃、滷、烤、煮等作

圖 8-48　遊客餵飼可愛小動物

業活動。

4. 禽畜毛皮加工處理過程，如剪毛、毛織、皮雕等作業活動。

5. 禽畜副產品加工處理過程，如蛋殼彩繪及雕塑作業活動。

6. 禽畜運銷過程，如拍賣市場、牲畜市集、牛墟等。

(四) 文化資源

分為畜牧產業文化與生活文化兩方面：

1. 產業文化

(1) 牧場畜舍、牧草倉、收割機、畜牧傳統設備機具器材等。

(2) 畜牧博物館、畜產文物展覽等文化設施與活動，如紐西蘭為牧羊犬立雕像。

(3) 邊疆牧歌，深情豪邁，迴盪人心，是精采的體驗活動。

圖 8-49　牧羊犬趕綿羊是清境農場的招牌體驗活動

2. 生活文化

牧場民俗節慶活動，如牧草節、剪羊毛秀、牧羊犬趕羊（圖 8-49）、打獵、賽馬、叼羊、馬術表演、牛仔表演、鬥牛等傳統體育比賽和娛樂活動。

(五) 人的資源

1. 酪農村的歷史人物。

2. 特殊畜牧技藝的農民，如牧羊人、馴獸師、剪羊毛師傅、閹豬的人等。

三、畜牧體驗活動設計

(一) 牧野草原體驗

依山坡地形開闢而成的觀光休閒牧場，最高層的地區種植盤固拉牧草，遊客觀

圖 8-50　清境農場青青草原上的美女與綿羊

賞悠遊遼闊的草原的同時，濃濃的牧草香也撲鼻而來。在草原區周邊設置水牛、黃牛和乳牛和平共處的放牧區，遊客觀賞牛在草原上漫步、吃草悠悠自在心情。牧場可設置健康步道、遊樂區（跑馬場、射箭場、賽車場、迷宮、滑草場）、度假住宿區與會議室等區域（草原小木屋、農舍型農村小築、閩南式三合院等），以及大型活動的露營區。遊客在草原餵飼動物（圖 8-50，觀賞牧草收割，參加乾草包的遊戲活動，如乾草包裝置藝術、乾草包競賽、牧草編織等活動。

(二) 認養動物體驗

圖 8-51　彰化二林鹿世界農場設計遊客認養梅花鹿的體驗活動

提供認養小動物的體驗，如認養小雞、鴨、鵝、野兔、鳥、火雞、孔雀、山羊、綿羊、牛、鹿等不同的動物。完成認養手續後，牧場會將認養主人的名字掛在榮譽板上，並註明認養的動物。認養者會定期收到一張認養動物的照片，假日帶著全家到牧場度假，探視和照顧認養的動物。彰化二林鹿世界觀光休閒牧場更結合電子科技，透過錄影及傳輸技術，讓認養者在家上網觀察認養梅花鹿的生活情形（圖 8-51）。

(三) 畜牧產品體驗

畜牧場可以提供的畜牧產品體驗種類繁多，舉凡擠牛乳、擠羊乳、剪羊毛、鵝蛋彩繪、蛋雕、皮蛋及鹹蛋製作（圖8-52）、烤乳豬、豬肉加工、乳品加工、牧羊犬趕羊、羊毛裝飾 DIY、羊咩咩親情、鴨鵝餵飼、騎馬、賽馬、馬術表演、坐馬車、坐牛車、驢拉磨、犬的技藝表演、蜂蜜、花粉加工體驗、羽毛加工 DIY、池塘母鴨帶小鴨等，均可透過巧思設計體驗活動。

圖 8-52　遊客體驗鹹蛋製作

(四) 畜產餐飲體驗

農牧場餐廳可以提供的畜產餐飲體驗以鄉土菜餚爲主，菜單中的牛肉、羊肉的美食，以及牛乳冰淇淋、冰棒、豬睪丸（滋腎果）都是令都市人眼界大開且垂涎不已的佳餚。另外，品嘗由有機牧草飼養的雞、鴨、鵝、火雞等製品食品，體驗少有的炒牧草心（狼尾草）、牧草果汁、牧草饅頭，都是令人難忘的回憶。

(五) 畜產加工體驗

設計遊客參觀與體驗牧場加工食品及製作過程，提供衛生、安全、新鮮畜產品，完全遵循古法以純人工生產製作，保持特有的香純與勁道，如香腸、肉乾、肉鬆等畜產品，並且配合展售活動。

(六) 牧場生活體驗

此類型的體驗可稱得上是動態的體驗方式，除舉辦騎馬趕牛外，還可以讓遊客換上工作服，拿起榔頭與工具箱，修理牧場圍籬，讓遊客實地體驗牧場的生活。

(七) 牧場紀念品體驗

經營牧場禮品店，展售與牧場有關的東西，如各式各樣的牛奶糖（圖 8-53）、餅乾、乳酪蛋糕、牛皮包、動物鑰匙圈、動物木偶，甚至乳牛裝、乳牛圍兜、帽子、褲子等，製作精美，是討人喜歡的伴手禮。

圖 8-53　休閒牧場乳製品非常受遊客喜愛

第 9 章

休閒農業特殊主題體驗設計

休閒農場因應市場需求，超越單一產業的領域，舉辦特殊主題的體驗活動。本章列述有機農業、食農教育、環境教育、農村文化等主題的體驗活動設計。

第一節 有機農業主題的體驗設計

有機農業與休閒農業發展目標皆重視生產與環境關係平衡，爲消費者提供安全與生機的產品或服務，而以營造消費者健康的生活爲目標。休閒農場招徠遊客進場參與農事體驗，更需要成爲安全農業的示範基地。

有機農產品需要取得消費者的信任。在體驗經濟時代，消費者自主性高，農場讓消費者親身參與有機農法的生產、加工、銷售活動，以感官親自感覺有機農法的眞實性、知識性、健康性及趣味性，消費者會因認知、信任而接受有機農業，成爲有機農產品的消費者。因此，有機農業的休閒體驗策略可以縮短消費者與產品之間的距離，增加社會大眾對有機農產品的認識。

一、有機農業主題體驗設計

有機農業主題可按一產、二產、三產的層次設計體驗活動。說明如下：

(一) 一產層次

一產指田間生產的階段。

1. 有機農法觀摩。講解農產品有機農法的栽培方式，讓遊客學習如何運用網室、溫室設施隔離病蟲害，如何選用有機肥料，如何運用生物防治法。

2. 講解有機農產品申請驗證的程式及驗證的標幟，讓遊客了解辨別有機產品的方法。驗證機構包括：

(1) 財團法人國際美育自然基金會（MOA）（圖 9-1）。

(2) 臺灣省有機農業生產協會（TOPA）。

(3) 臺灣寶島有機農業發展協會（FOA）。

(4) 慈心有機驗證股份有限公司（圖 9-2）。

圖 9-1 國際美育自然基金會標章

圖 9-2 慈心有機驗證股份有限公司標章

(5) 財團法人和諧有機農業基金會（HOA）。

(6) 財團法人中央畜產會。

(7) 國立中興大學。

(8) 朝陽科技大學。

(9) 成大智研國際驗證股份有限公司。

(10) 暐凱國際檢驗科技股份有限公司。

(11) 環球國際驗證股份有限公司（UCS）。

(12) 采園生態驗證有限公司。

(13) 中華驗證有限公司。

(14) 安心國際驗證股份有限公司。

(15) 環虹錕騰科技股份有限公司。

3. 講解「有機農業促進法」對有機農業管理與推廣的規定。運用實務實證，解說該法對維護水土資源、生態環境、生物多樣性、動物福祉、消費者權益、友善環境耕作、資源永續利用等方面的規範與農場營運方式。

4. 有機農產品產銷履歷制度認證解說。產銷履歷制度是指農產品生產、加工處理、運銷等各階段的作業，都保留詳實的紀錄，做成可回溯檢查的依據，以確保農產品安全。場主可向遊客解說此制度的意義及運作方法，以增加遊客對食品安全的了解。

5. 結合中小學自然教學，設計有機農業教學體驗活動。有機農業係遵守自然資源迴圈永續利用原則，不允許使用合成化學物質，強調水土資源保育與生態平衡之管理系統，並達到生產自然安全農產品爲目標之農業經營方式。所以農場生產活動解說應強調生產與生態平衡的關係（如鴨間稻的道理）。這些自然農法的道理極適合設計成教學體驗的活動（圖 9-3）。

圖 9-3　遊客實地體驗自然農法（日本）

6. 圖示講解與生態相容的有機農場栽培管理方法。諸如農作栽植土地要避開汙染源，選擇抵抗力較強的品種以減輕病蟲害，選擇當季適時的栽培時間，適當輪作以免滋生病蟲害，翻耕或覆蓋以抑制雜草，施用有機質肥料及生物肥料以活用土壤，以非農藥的技術防治病蟲害等（如養鴨鵝吃雜草，養雞吃蟲）。

7. 劃設有機農業市民農園，提供承租者長期體驗有機農產品耕種的機會。市民農園是由農場主將土地劃成小坵塊，提供都市居民種植的場地。農園經營者指導承租者學習有機農法，在自租的田塊栽培有機蔬菜；並可發揮接觸自然、勞動健身、安全供菜，及親子互動等功能。

(二) 二產層次

二產指加工的階段。

二產是一產的延伸。有機農業產品須經符合有機規範的加工程序方爲有機加工品。紐西蘭的有機葡萄酒、有機羊毛，即是因爲葡萄栽植、綿羊飼養皆符有機農牧規範，再加上合格的加工製造，故其綠色標章獲得舉世信任。

體驗活動設計如下：

1. 有機米作小包裝（圖 9-4），碾製米漿、米麩。

2. 有機蔬菜可醃漬成醃漬食品，成爲安全的加工品。

3. 有機蔬菜可榨汁，更具有健身的效果。

4. 有機農產品提煉萃取精油，製作醋或酵素，成爲健康食品。

圖 9-4　花蓮縣富里鄉農會有機米包裝

有機農產品粗加工或深加工的過程給予遊客解說，產品在有機農場銷售給遊客。有些粗加工的作業提供遊客 DIY 的機會。

(三) 三產層次

三產指消費、餐飲、遊憩的階段。

1. 設計有機農產品採摘活動。事先講解採摘要領，開放遊客進園採摘蔬菜、水果。

2. 設計具有地方特色的有機蔬菜食譜，提供養生餐飲服務。

3. 銷售有機蔬菜栽植箱，指導遊客在家種植。栽植箱的栽培，就是使用簡便的容器，填製介質來種植蔬菜，可利用庭院或陽臺自行動手栽培有機蔬菜，可自家享用安全的蔬菜。

4. 有機農場設置農產品直銷專櫃（圖 9-5），銷售本場的有機農產品。此種直銷制度可結合網路訂購及宅配運送，形成有機農場特有的通路。

圖 9-5　日本有機農產品直銷專櫃產品標示

二、有機農業體驗活動設計案例

(一) 桃園市新屋區九斗村休閒有機農場

農場位於桃園市新屋區，面積 15 公頃。本場經臺灣寶島有機農業發展協會認證。本農場以推動有機養生、休閒養生、導引養生，幫助大眾達到疾病遠離，享受健康快樂的人生爲宗旨，並打造一個身心靈健康功能的休閒農場。農場有機農業體驗項目如下：

1.有機生態導覽解說：本場設置有機蔬菜體驗導覽區（圖 9-6）。全區有 10 餘個網室，每個網室各介紹 1 個蔬菜有機栽培的項目，包括：有機土壤、有機肥料（圖 9-7）、灌溉水源、性費洛蒙、黃色黏板、局部火燒、異種誘食、基多醣、細藻土等，是一個完整的有機農業戶外教室。本場強調有機蔬菜種植的七大要素：

圖 9-6　桃園市新屋區九斗村農場有機蔬菜體驗區

圖 9-7　桃園市新屋區九斗村農場有機肥料製作及解說

(1) 土壤經檢驗無殘毒無重金屬汙染。

(2) 水源經檢驗無汙染。

(3) 使用有機肥料。

(4) 以維護生態環境方式來防治病蟲害。

(5) 充足的日照。

(6) 新鮮的空氣。

(7) 專業又堅持有機經營理念的經營者。

2.舉辦國中小學戶外教學專案：

(1) 有機小農夫體驗之旅。

(2) 鄉土生活體驗之旅。

(3) 稻草人創意之旅。

3. 有機餐飲體驗：以自助方式，提供遊客使用有機餐飲。

4. 有機蔬菜宅配服務：設置有機蔬菜宅配專區，爲非現地採購的消費者服務。訂定會員制的辦法，消費者可加入爲會員長期訂購。

(二) 屏東縣高樹鄉鴻旗有機休閒農場

鴻旗有機休閒農場位於屏東縣高樹鄉，面積 6 公頃。由於位於大武山下水源保護區，故能以無汙染的山泉水及豐沃的有機土壤從事農作。本場經過慈心有機農業發展基金會認證，農場內主要種植的農作物爲：稻米、鳳梨、木瓜、蔬菜、檸檬、芋頭、香椿等，皆爲有機產品。農場舉辦的有機農業教育體驗活動如下：

1. 農夫體驗營：學童種稻體驗，讓學童親自下田插秧，體驗當農夫的辛苦。體驗營包括以下幾種活動：

(1) 認識有機農業。

(2) 有機農法田間操作體驗。

(3) 有機稻米收割體驗。

(4) 稻鴨特色觀摩教學。

(5) 自然堆肥 DIY。

(6) 有機鳳梨採收體驗。

(7) 有機鳳梨醃漬體驗。

(8) 有機鳳梨醋釀製體驗。

2.有機米製成手工皂：有機米手工皂是將有機米磨成粉，加入檸檬精油製成，有股淡淡的米香，可以生物技術製成面膜、乳液。

3.開發鳳梨酵素：農場將有機鳳梨利用生物技術加工成酵素，成為健康食品，提高農產品價值。本產品銷路甚佳，幾年前 SARS 期間曾風靡一時。

4.設置體驗區：設置稻鴨體驗區和鳳梨醋醃漬體驗區，以推行有機農業的體驗活動。

三、有機農業主題體驗設計的思路

1. 有機農業體驗設計儘量從有機農產品生產，跨越到加工及銷售、餐飲、遊憩的層面，即概括一產、二產、三產的層級，以完善產業鏈。

2. 透過解說教育的知性學習方式，使遊客理解有機農業運作的理念與過程。

3. 有機農業體驗活動啓發遊客對有機農業，從認知到態度改變，到堅定行動意志，即所謂的「知情意」行為改變模式。

4. 有機農業體驗要關注與環境的和諧關係，以促進永續發展。

5. 有機農業體驗要從兒童扎根（圖 9-8），從小培養安全農業的概念與方法。

圖 9-8　桃園市新屋區九斗村農場有機小農業從兒童教育體驗扎根

九斗村休閒有機農場設計國中小學學生有機農業體驗教學專案，具有推廣之良效。

6. 稻米是主要的糧食，故有機米居有機農產品之最大宗。鴻旗有機休閒農場以稻鴨方式生產有機稻米，且以之設計觀摩教學活動，體驗效果生動有趣。

第二節 食農教育主題的體驗設計

2021 年 5 月行政院通過「食農教育法」草案。法案總說明謂「食農教育係指培養國民基本農業生產、農產加工、友善環境、食物選擇、餐飲製備知能及實踐，增進飲食與農業連結之各種教育活動。」就實踐面而言，食農教育是休閒農業發展綠色餐飲的體驗活動，亦是休閒農業體驗設計的創新性主題。本節介紹綠色餐飲的概念與發展，然後舉 2 個休閒農業區食農教育案例說明。

一、綠色餐飲的概念

從 20 世紀 90 年代，歐洲及日本漸以綠色旅遊概念來涵蓋休閒農業及鄉村旅遊。休閒旅遊的主要體驗就是餐飲，所以在綠色旅遊概念下就要提倡綠色餐飲。休閒農場綠色餐飲處理的層面，基本上是「農場—餐桌—腸胃」的過程，包含食物生產、食品加工處理、食物供應鏈及採購、運輸與配銷、消費行爲、廢棄物轉化資源回收等機能。

休閒農業綠色餐飲最主要關注二層面：

1. 消費者：遊客是綠色餐飲的消費者。基本要求是不能出現食物不安全的問題，進而要達到保健養生的目的。

2. 環境：綠色餐飲從生產、運銷，到消費及廢棄物處理，都要友善環境，不能斲害土地。農作生產考慮環保，加工及運輸要能節能減碳，減少廢棄物，促進資源再生利用。

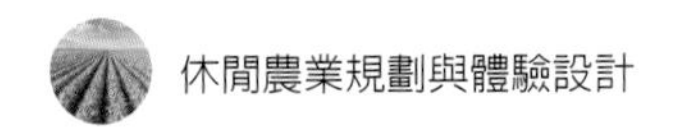

二、綠色餐飲的發展

實踐綠色餐飲的理念，其中一項具體的策略即是「食農教育」。臺灣休閒農場經營食農教育，主要師承日本。日本在本世紀初，由於糧食自給率低，政府要促進農業生產；農作環境遭受汙染，民眾對食物安全與健康長壽的要求高漲，因此促成政府於 2005 年制訂「食育基本法」。2006 年開始實施「食育推進基本計畫」。2013 年通過「飲食教育白皮書」。全國各縣均參與推動飲食教育。

食農教育主題體驗設計是休閒農業創新經營的表現。其內涵主要包括：培養選擇食物的能力，培養正確的飲食態度，及思考食物與環境的關係等方面的議題。

食農教育體驗設計可歸納爲 8 項特色：親手做、地產地消（圖 9-9）、農業食物、全食利用、家人共食、原味感官體驗、文化傳承（圖 9-10）、多樣性等（董時叡，2015）。休閒農業的餐飲體驗都可以呈現這 8 項特色。因此食農教育成爲休閒農業體驗的重點。

圖 9-9　日本農產市場以綠燈籠星號顯示地產地消的程度

圖 9-10　日本食農教育的農村文化

三、臺東縣卑南鄉初鹿休閒農業區食農教育體驗設計

茲以「茶魚飯後」案例（林俊男，2018）闡述如下：

(一) 體驗設計原理

「茶魚飯後」利用客家擂茶的形式製作茶泡飯。遊客經由人員解說、親手操作的過程，了解臺東縣在地農特產。如福鹿綠茶、芝麻、黑米、黑豆、紅藜、小米，稻米、柴魚等；了解客家飲食文化，正確的飲食方式，及健康的飲食，達到食當鮮、食當季，健康飲食的效果。「茶魚飯後」食農教育體驗設計的內容如下。

1.「茶」的世界：透過人員解說讓遊客了解臺東縣鹿野鄉特產：福鹿綠茶的起源、栽培環境，及採收的過程；設計圖示讓遊客了解茶的健康成分、飲用方式，及入菜樣態，探討福鹿綠茶的健康價值。

2. 柴魚片的食源：藉由圖示解說柴魚片從產地，餐桌到腸胃的製作過程。首先透過影片介紹柴魚之鄉：成功漁港的生活文化，了解製作柴魚的起源與製作方式。其次，介紹製作柴魚片的種類如鮪魚、鰹魚、鯖魚等，並了解柴魚片的產業現況。第三，介紹不同柴魚片的特性與料理方式，如鮪魚柴魚片滋味鮮甜適合涼拌、鰹魚柴魚片甘甜香氣十足適合熬湯、鯖魚柴魚片適合烹煮等。第四，透過遊客親手做柴魚料理如柴魚皮蛋豆腐、柴魚味噌湯等餐點，了解柴魚的飲食方式。

3.「米糧」大觀園：利用圖示解說方式，讓遊客對臺東黑米、稻米、小米、紅藜的生長環境與栽培過程有基本的認識，並透過觀察、採收等體驗活動，加深遊客對於臺東米糧的印象。其次，結合在地特色食譜，讓遊客親手作，並於過程中灌輸健康飲食的觀念，提供遊客正確飲食的習慣。

4. 綠能小幫手：利用太陽光及熱輻射特性，製作太陽能爐具。並教導遊客親手製作，從備妥紙箱、錫箔紙等多項材料的過程中，理解物理特性，了解錫箔的聚熱效應。在等候食材烹調的過程中，宣導環境永續之概念。

5. 好客飲食：藉由客家擂茶的形式，介紹客家的飲食文化，解說客家飲食與農家生活的關係。

(二)「茶魚飯後」DIY 體驗設計項目

1. 參加對象：一般遊客。

2. 參加人數：20～40 人。

3. 地點：佳芳茶園（圖 9-11）。

4. 體驗目的：透過解說及親手操作讓遊客了解自然學健康吃的理念，教導遊客製作茶魚飯，學習自耕自食的技能、珍惜感恩的態度。

圖 9-11　臺東縣卑南鄉佳芳茶園實施食農教育

5. 體驗時間：1 個小時。

6. 材料：福鹿綠茶粉、黑芝麻、白芝麻、葵瓜子、南瓜子、甜花生或辣花生、柴魚碎片、海苔片、蝦 / 小魚乾、黑米、黑豆、紅藜、小米、健康米等。

7. 器具：桌椅、擂茶缽、太陽能爐具、餐具。

8. 輔助工具：小蜜蜂麥克風、擴音器、體驗流程圖。

9. 費用：200 元 / 人。

10. 體驗內容：

(1) 迎客及破題開場。

(2) 解說介紹食農教育的意義與精神。

(3) 介紹茶魚飯後 DIY 的流程。

(4) 分發製作材料、器具。

(5) 遊客進行茶魚飯 DIY（將食材依序加入擂茶缽、磨碎，再倒入碗中）。

(6) 將茶魚飯以太陽能爐具加熱煮熟。

(7) 品嘗美味可口的茶魚飯。

(8) 結語及賦歸。

(9) 所需人員：解說員 1 人，DIY 操作準備及助教 1～2 人。

(三) 茶魚飯製作材料

1. 茶：福鹿綠茶粉、黑芝麻、白芝麻、葵瓜子、南瓜子、甜花生或辣花生。

2. 魚：柴魚碎片、海苔片、蝦／小魚乾。

3. 飯：黑米、黑豆、紅藜、小米、健康米。

四、花蓮縣富里鄉羅山休閒農業區食農教育體驗設計

茲以「金鑽米其林」主題闡述如下：

我們餐桌上的食物到底是從哪裡來的呢？它們在田間長的模樣和在餐桌上究竟有什麼不同呢？快來到羅山休閒農業區來趟田間金鑽米其林之旅吧！

「金鑽米其林」主題有最完整的產地到餐桌的供應流程，可提供遊客從土地到餐桌、再從餐桌回到土地的食農教育，讓遊客了解餐桌上的食材在田間生長的時間與過程。例如有機稻米的栽種方式、育苗栽培、有機堆肥製作等，蓮花生態池對於田間施作的功能及其食材烹調，有機黃豆（圖 9-12）對於田間施作的功效，讓這片土地循環利用，生生不息。

透過富里鄉農會稻米加工場，了解稻米從溼穀到精米的生產流程，並且可到富里鄉農會展售中心，透過不一樣的米產品，了解富里鄉農會管理有機米的機制，區

圖 9-12　花蓮縣富里鄉有機黃豆田間栽培

分友善環境耕作（圖 9-13）、有機轉型期及有機農場驗證的產品，讓遊客成爲有機米的選米大師。

圖 9-13　有機稻友善環境耕作

農民辛苦的成果結晶也很樂於和遊客分享哦！來到「金鑽米其林」可以體驗採收最新鮮的農產品，讓遊客自行從田間尋找心目中的美味食材。尤其透過生產栽培過程的解說，可使遊客安心採購在地農產。心蓮荵田媽媽餐廳、富里鄉農會的展售中心、羅山小舖，都有方便遊客選購的農產展售區，讓遊客個個都化身爲愛鄉、愛土的羅山村民。本區豐富的產業資源還可融入娛樂、教育、美學及主題情境，變化出更多元的體驗。

心蓮荵養生餐廳提供有機稻米採收、蓮花採收、有機黃豆採摘、牽牛田間巡禮、黃豆拼圖、埤塘釣魚等多元體驗。可利用蓮花池邊周邊廊道，讓遊客進行環境教育與循環農業體驗，更可與場主來趟生物動力農法體驗，來一趟人與自然的共生共存的精神饗宴。

「綠禾體驗農家」提供遊客體驗鄉村旅遊，自家前面的稻田更是羅山先民一開始開拓的場址。聽著場主一邊娓娓道來羅山開拓史，一邊體驗育種、插秧、收割等稻米生產流程，伴隨著稻田的美麗景觀，慢慢沉浸羅山時光。另外，也可提供泥火山豆腐體驗（圖 9-14），收購本地有機黃豆，利用客家大灶，將黃豆慢慢熬煮成

圖 9-14　羅山村食農教育體驗的代表作——泥火山豆腐 DIY

漿，並用在地的泥火山沉澱水當作凝結劑，形成扎實且綿密的泥火山豆腐。提供遊客產地到餐桌的五官體驗。

第三節 環境教育主題的體驗設計

一、環境教育的意義與實施方式

近代工業化、都市化的結果，造成環境受到廣泛的破壞，資源遭到極大的掠奪，嚴重傷害環境品質。特別是近年來氣候異常，使得原本脆弱的環境遭遇極端天然力侵襲後，災損情形更加嚴重。世人不禁反思尋求人類與環境和諧共處的態度與方法，以達到永續發展的境界。培養環境意識，保護環境生態，要從教育做起。行政院環境保護署在「國家環境教育綱領」揭示，環境教育以「地球唯一，環境正義，世代福祉，永續發展」爲理念，並制定「環境教育法」（2010 年制定，2017 年修訂）作爲實踐的制度。

休閒農場場所認證後，實施環境教育的範圍與方式如下（林素華，2011）：

1. 教導訪客從環境中學習：利用地方上的鄉土、人文、自然、社會、襲產等資源，實施環境教育。

2. 教導訪客認識環境：設計環境方面的議題，包括氣候變遷、生態系統、森林生態、海洋生態、生物多樣性、環境保護、環境汙染、永續發展等。

3. 教導訪客具備環境保護的觀念與方法：可採用解說、教學、宣導、場域示範等方式實施。

4. 實施方式：環境教育的教學方式係多元的，可採用講述、觀察、演戲、角色扮演、小組討論、實驗、示範、問題解決、探究教學、繪本教學、遊戲教學、創造思考教學、合作學習教學、議題中心式教學、多媒體教學等方式實施。若針對 4 小時環境教育的基本課程，則可採用課程、演講、討論、網路學習、體驗、實驗、實習、戶外學習、影片觀賞、實作，及其他活動等方式實施。

休閒農場擁有豐富的環境資源，面對廣大的遊客群體，休閒農場應是非常適合實施環境教育的設施場所，而從營運面以觀，更應列為積極拓展的一項業務。本文舉美國隱密草原農場環境教育體驗活動之例說明。

二、環境教育主題體驗設計個案

(一) 農場介紹

隱密草原農場（Hidden Meadows Farm）位於美國羅德島州西格林威治（West Greenwich, RI）。農場面積有 200 英畝（約 80 公頃）。農場名稱有一層意義存在：「當遊客順著樹木茂密的長廊走下去，會有驚奇的發現」。

場主爺爺是一個具有野心的獵人，他為了農場裡豐富的野生生物而買下這個農場。至今，農場仍是充滿驚奇，在那裡可以看到野生的火雞、白尾鹿、會唱歌的鳥兒、會捕食的鳥、狐狸和土狼，還有很多動物。

農場的環境、資源非常豐富。大部分的土地都是樹木叢生，遊客可從管理的區域獲得圓木、木柴、聖誕綠和楓樹汁液。橡樹和松樹會帶領遊客到一個寬闊的場地，在那裡有放牧的食用牛和產乳的山羊。農場充滿了歷史文化，更是一個探索自然的好地方。

(二) 農場環境教育體驗活動

隱密草原農場設計 11 個環境教育體驗活動給予學校團體、青年團體和其他人士，著重於當地的環境、歷史還有農業。這些環境教育活動是為了滿足每個團體的需求而訂做的。農場所有的參觀都必須事先預約。

下面 11 個環境教育活動，主要提供給幼幼班學童到高中三年級和成人來體驗（Hidden Meadows Farm, 2012）。

1. 樹的構造（Makeup of a Tree）——適合國小 1 年級到 4 年級：可以習得樹木的部位、功能，以及如何運作（圖 9-15）。來一趟樹林漫步，

圖 9-15　環境教育解說樹的構造與功能運作

可以看到許多不一樣的樹木和其他植物，並探索樹木對當地的價值與對全球的價值。

2. 橡樹裡的棲息地（Habitat within an Oak Tree）——適合幼幼班到國小 2 年級：誰住在橡樹（oak tree）的裡面、上面、下面和其周遭呢？一趟樹林漫步，就可以發現各式各樣依賴橡樹生活的生物（圖 9-16）。來探索誰以橡樹爲棲息地，及其對其他生物種類的重要性。

圖 9-16　綠世界環境教育藉空中步道引導遊客探索樹上的共生住民

3. 棲息地的探索（Habitat Exploration）——適合國小 2 年級到 6 年級：漫步在農場和森林之中，可以看到在同一地點上有各式各樣的棲息地，有牧場、落葉樹林、松樹林、春意盎然的水池、泉水池塘、小溪和毗鄰的水窪。當你們徒步走在小徑上，經過各種不同特色的棲息地，可以觀察並比較一下動植物生態，土壤和土地的特徵有何不同（圖 9-17）。

圖 9-17　環境教育探索生物棲息地的生態

4. 楓樹的狂熱 -A（Maple Madness）——適合幼幼班到國小 3 年級：本活動限 3 月份。學童可以透過美國民俗傳說和歷史傳統，學習到楓糖製作歷史。走一趟，你可以看到如何在紅楓樹上鑿洞蒐集樹汁；參觀一下製糖小屋，可以了解如何將樹汁變成香甜美味的糖漿。

5. 楓樹的狂熱 -B（Maple Madness）——適合國小 4 年級到國中 2 年級：本活動限 3 月份。如何將像水一般的樹汁變成香甜濃厚的糖漿？學習並多加了解樹汁的生產。走一趟矮樹叢，那裡是個充滿了糖的世界，去了解如何在樹上鑿洞取得並蒐集珍貴的樹汁。參觀一下製糖小屋，可以觀察到地心引力、熱傳導和脫水的概念，被用在現代生產糖漿的製程裡。學得如何使用液體比重計，如何評估一加侖的糖漿需要用多少量的樹汁，並且抽驗這甜蜜蜜的成果。

6. 感官體驗農場（The Sense-Sational Farm）——適合幼幼班到國小 2 年級：漫步經過森林和農場庭院，你會探索到 5 種感官的感受（圖 9-18）。你可以聞到樺樹的神祕氣味，品嘗到香甜的蜂蜜和楓糖漿，聆聽到屬於林地和農場的聲響，觸摸到橡樹的粗糙樹皮和山羊柔軟的外皮，還可以看到許多五彩繽紛的農場特色。

圖 9-18　遊客以感官體驗環境生態

7. 農場巡禮（What is a Farm）——適合幼幼班到國小 4 年級：隱密草原農場是一個多樣化、可持續的新英格蘭家庭式農場的範例。來個徒步或是搭乘乾草車遊覽，你會發現許多成就農場的特色，這些特色包含了農場的動物、建築和設備，甚至是農作物及其產品。

8. 小寶寶與媽咪（Babies & Mothers）——適合幼幼班到國小 2 年級：晚春舉辦。參觀農場是多麼快樂的事啊！看得到多種動物的幼兒，有些是由牠們的媽媽自己養育，有些是由農場主養育。當你們到此參觀，你將徒步觀賞農場庭園，並搭乘乾草車遊覽森林和原野（圖9-19），這是農場非常重要的兩個部分。

圖 9-19 遊客搭乘乾草車在原野觀賞動物家族

9. 農場動植物的一生（Lifecycles on the Farm）——適合幼稚園到國小 4 年級：探究在農場裡的工作和生活如何隨季節改變。觀察植物，如庭園的花、蔬菜和松樹，如何生長、再生與存活下來。觀察農場動物的生命週期，從青蛙、蜜蜂、小雞到牛等等。

10. 農場今昔（The Farm Then and Now）——適合國小 3 年級到國中 2 年級：隱密草原農場設置於 1700 年代中期。徒步或搭乘乾草車進入林地遊覽，你會發現歷史上著名的「月亮家園」遺址，發展出關於此農場遺址的論述，像是地形地貌，雕琢的石頭和土壤構造，森林及土地的利用。然後，相較與對照今日的農場場地，包括產品及其加工利用。

11. 信箱追蹤（Letterboxing Trail）——適合國小 3 年級到成人：隱密草原農場的信箱追蹤可以讓你遊遍整個農場、牧場和森林。當你沿著有標誌的小徑行走時，你可以了解到農場的歷史、近期活動和農場的自然特色。此小徑長約 1.5 英里，易行走，並且可在 1～1.5 小時內完成。沿路藏有 7 個箱子，裡面有簽到本子和完成線索小冊子所蓋印的圖章。

三、環境教育主題體驗設計的啓發

隱密草原農場教育體驗活動管理是一個成功的環境教育案例，對臺灣休閒農場教育體驗設計的啓發有下列幾項：

1. 環境教育體驗活動要充分運用農場資源。本農場歷史悠久，故農場資源非常豐富，農業、自然、生態、文化、景觀等類別的資源，都在體驗活動中扮演重要的角色。

2. 農場環境教育體驗活動要依參與者年齡分別設計（圖 9-20）。分爲幼稚園、小學（分年級）、國中、高中、成人幾個層級，設計適合各層級知識水平、生活背景的體驗活動。

圖 9-20　環境教育體驗設計考慮參與者群體的特性

3. 環境教育農場之旅要展現體驗的精神。體驗貴在個體感官的參與，本農場活動設計都儘量提供遊客眼、耳、鼻、口舌、皮膚參與的機會，遊客吸收多方面的感官刺激，所以學習成果豐碩。

4. 體驗設計要依季節變換。本場有關楓樹及幼畜的體驗都有考慮季節性，農場要根據不同季節的特色資源而設計體驗活動。

5. 環境教育不應僅是資訊傳播，還應具有環境知識的啓發，與解決問題的思維效果（圖 9-21）。本案例透過活動參與，可以培養青少年對環境的思考，進而採取保育的行動。

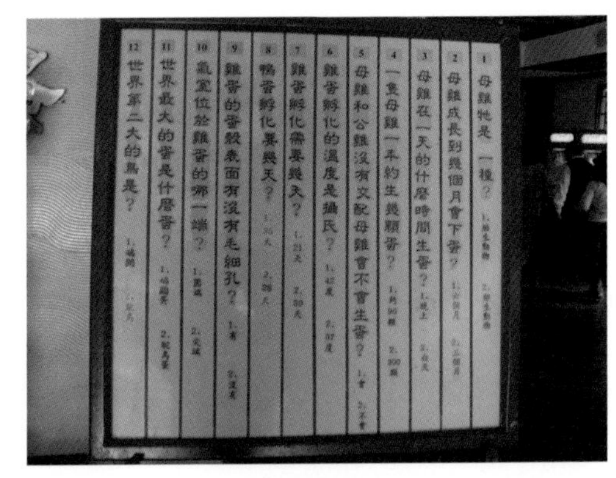

圖 9-21　環境教育體驗活動設定問題引導遊客思考

6. 體驗活動要建立周詳的遊憩管理制度。本場環境教育體驗之旅，對於遊程安排、體驗內容、預約辦法、陪伴人、收費標準、活動時間、穿著、材料供應等皆有明確規定，以確保環境教育體驗活動順利進行，以及農場有足夠的收入維持營運。

第四節　文化主題的體驗設計

農業發展條例定義「休閒農業」，其中一項體驗方式係結合「農村文化及農家生活」。所以文化體驗爲主題的休閒農場極具特色。臺灣休閒農業多爲複合式經營，大部分休閒農場都會結合文化體驗活動。本節在闡述農村文化體驗意義後，將舉述山板樵休閒農場、春田窯休閒農場，及南筌港休閒農業區之例。

一、農村文化體驗的意義

「文化」（culture）是一個社會的成員學習適應環境經驗累積的整體。文化是存在於社會中每個成員腦海深層的一套程式或設計；文化的本質是一套我們無法直接觀察的軟體。文化是人類生活方式的綜合體。文化一詞在人類學的用法，是指由學習累積的經驗；是某個特定社會群體的行為特質及其受社會傳遞的模式。

聯合國教科文組織（UNESCO）定義文化，是一系列關於精神與物質的智能，以及社會團體的情緒特徵；除了藝術和文學，還包括生活型態與共同的生活方式、價值系統、傳統與信仰。

文化一定是離不開人類族群、歷史時間，及地理空間 3 個基本元素所交錯互動、融合同化而產生的共同生活習慣與方式，以及所有精神與物質所顯現的「複合總體現象」。從「人類族群」可以安排了解不同住民社群的生活習慣與方式；從「歷史時間」可以安排農村不同發展階段特徵的知性旅遊。從「地理空間」可以安排平原、山地、濱海、離島等地域的探索旅行。所以以文化資源進行城鄉交流與體驗，將涵蓋城鄉居民生活的全部，能打動心靈的深處。

孫武彥定義文化旅遊是指從事以文化資產內容為主題，所安排的遊程規劃、解說及體驗的旅行。

綜上農村文化包含產業與人文 2 個面向。農村文化體驗是指以農業產業與農村生活為主題，所進行的體驗設計與遊程規劃的活動總稱。

二、休閒農業文化體驗的類型

(一) 農業產業文化體驗

農業產業文化資源包括：農林漁牧的作物或牲畜制度、品種、栽培或飼養管理技術，設施設備器具（圖 9-22）、生產資材、加工技術、運輸儲藏方式、灌溉設施（圖 9-23）等，這些可作傳統與現代的對照，構成農業產業文化體驗的內容。二十四節氣支配農耕制度，所以是農業產業文化體驗的精華。

農業產業文化因農林漁牧的產品種類而異，可分別設計體驗活動（如前章所述）。

圖 9-22　臺南無米樂社區保留藺草加工的器物與技術

圖 9-23　臺灣傳統農業灌溉設施——瑞芳水橋與池上浮圳

(二) 農村生活文化體驗

生活文化可分爲食、衣、住、行、育、樂等六大層面：

1. 食的方面：包括農家傳統特色餐飲、炊食方法、廚灶、餐具、食品加工（烘培、釀造、醱酵、乾燥）、食譜等。

2. 衣的方面：包括棉麻絲、衣料編織及染印、服飾鞋襪、傘、蓑衣等。

3. 住的方面：包括各種型式的住屋、宅院、庭園、家具設備等。

4. 行的方面：交通工具，如人力車、轎、牛車、馬車、驢、駱駝、船、雪橇等。

圖 9-24　湖南侗族農村的傳統樂器——蘆笙

5. 育的方面：包括文學文藝、詩詞歌賦、文房四寶、書法、書冊、曆書、書塾、師道等。

6. 樂的方面：繪畫藝術、樂器（圖 9-24）、戲曲歌謠、雕刻、編織、陶藝、農民畫、民俗節慶、秧歌舞、二人傳、棋牌、童玩等。

二十四節氣影響農民的生活節奏，同屬農村生活文化的要素。

宗教信仰深度影響農村居民生活（圖 9-25），覆蓋食衣住行育樂各面向，所以是農村生活文化的基礎。

圖 9-25　宗教信仰深度影響農村居民生活——西藏佛教

農村生活文化有極高的地方性及社群性，可設計多元化的體驗活動。

三、文化體驗型休閒農場實例

(一) 山板樵休閒農場

山板樵休閒農場位於苗栗縣三義鄉，面積 6.5 公頃。農場以在地環境木業為出發點，結合場主林先生家傳彩繪技藝，及傳統文化臉譜藝術，提供極具特色的體驗活動歷程。農場注重生態保育，保留一片樹林，林間養土雞，發展林下經濟。因為環境優雅，適合經營民宿。

在農場的「臉譜文化館」，能欣賞到掛滿牆面，每個樣貌都不同的臉譜創作。遊客參加「臉譜彩繪 DIY」活動，在農場主人的帶領下，自己動手畫出最喜歡的主角與色彩，創作出屬於個人的手作臉譜（圖 9-26）── 正因為既彰顯臉譜多元文化，又帶動木作藝術推廣，深具地方特色，所以相當受到遊客的肯定，特別是外國籍遊客。

圖 9-26　山板樵休閒農場遊客體驗手作臉譜

農場的主題體驗是臉譜文化彩繪 DIY。利用農場的木雕工作室，將木雕與彩繪結合在一起。開發臉譜鑰匙收納盒、原木藝術畫框、臉譜中國結、貓頭鷹咕咕家族彩繪、木製客家藍衫、十二生肖臉譜家族等多項體驗活動。

(二) 春田窯休閒農場

春田窯休閒農場位於苗栗縣三義鄉。場主經營的動機，係為了傳承柴燒藝術美，將陶藝文化發揚光大。窯場內備有陶藝 DIY 教室、客家風味餐、露營區、陶藝展示館、生態步道等設施。自養的放山雞「柴窯雞」是招牌料理。

場主廖先生憑著精湛的手藝，以倒焰式的柴燒窯，回歸自然。利用陶土、柴灰、火 3 種元素融合之後，所產生的灰釉稱為「自然落灰釉」。高溫燒成自然釉色，禪妙詭異變化萬千。

春田窯休閒農場體驗活動如下：

1. 陶藝 DIY：利用倒焰式的柴燒窯，設計一系列的陶藝手作（茶杯、碗）體驗、手拉坏體驗、彩繪 DIY（造型玩偶）、創意陶板等活動，帶領遊客深入體驗陶藝世界。

2. 柴窯餐飲體驗：春田窯風味餐，是特別用古灶柴火，高溫悶烤製成柴窯雞，成爲場內的招牌料理。

(三) 南笨港休閒農業區

南笨港休閒農業區位於嘉義縣新港鄉，於 2016 年經政府公告劃定爲休閒農業區。本區面積 309 公頃，涵蓋南港、共和、板頭等村。本區以交趾陶爲核心特色，結合歷史文化、農業生產（水稻、洋香瓜、小番茄等）、環境生態，形成一個淳樸而人情味濃厚的農村旅遊場域。

南笨港休閒農業區的文化體驗活動如下：

1. 板陶窯文化交趾剪黏工藝館導覽解說：園區有展覽館、體驗工坊、咖啡屋，結合嘉南平原的田野風光，打造成交趾陶剪黏的工藝殿堂。

2. 陶板彩繪 DIY 體驗：教室內提供各種交趾陶素坯原型，遊客可親身動手操作各種 DIY，體驗課程任遊客選配，如馬賽克拼貼與彩色釉料上色製作教學等。

圖 9-27　南笨港休閒農業區交趾陶裝置藝術

3. 工藝園區巡禮：工藝園區有許多 Q 版造型陶偶的裝置藝術（圖 9-27），也有馬賽克製作的羊、鹿等。主題剪黏餐廳有生態循環池環繞，適合親子旅行。

4. 古笨港文化區——百年復興鐵橋：這是一條糖廠的五分車鐵道，橫跨北港溪與北港相通。遊客可憶想百年前村子的交通往來。

5. 板頭厝車站憶舊：村民將板頭厝車站依照原貌重建。很多商家與文藝工作者進駐板頭車站月臺，吸引遊客參觀。

6. 騎協力車遊社區交趾陶彩繪街：沿途欣賞交趾陶黏貼的憶舊童年故事的彩繪（圖 9-28）。

圖 9-28　南笨港休閒農業區交趾陶牽牛花

第10章

結　論

規劃與體驗設計都是休閒農業重要的整備工作，未來應如何精進以促進休閒農業發展？首先要明白休閒農業發展的方向。休閒農業未來發展可歸納爲下列 10 個方向（段兆麟，2019）：

1. 特色化——發揮農業與農村資源主題特性，塑造農場特色。

2. 體驗化——設計體驗活動，引導遊客參與。

3. 生態化——維護自然環境，提供知性探索的機會。

4. 康養化——發揮防疫及養生功能，促進健康。

5. 合法化——遵守法令規章辦理登記，合法營運。

6. 全域化——規劃休閒農業區，發展鄉村旅遊。

7. 精緻化——提高服務品質，精緻化經營。

8. 效率化——導入現代化管理系統，提高經營績效。

9. 度假化——開發長宿休閒市場，提供深沉的農村體驗。

10. 國際化——擴大視野，邁向國際旅遊市場。

休閒農業發展的方向，對休閒農場與休閒農業區規劃與體驗設計精進有很大的引導作用。茲研提引導精進的原則如下。

第一節　休閒農業規劃精進的原則

一、規劃以農場通過政府審查取得合法登記休閒農場爲首要任務

規劃單位應精通休閒農業發展的政策與登記的法規，熟諳審查的程序。政策與法規不斷修訂，規劃人員應與時俱進，深入了解，俾使規劃報告符合規定而順利通過。

二、規劃單位應深入理解農場周邊環境

圖 10-1 桃園市大古山休閒農業區規劃評估機場捷運的優勢

休閒農場與社區環境具有系統性的關係。特別是休閒農場若在休閒農業區內，規劃更應運用或創造農場與區之間的互補互利的機制（圖 10-1）。若規劃單位非本地區的單位，應派專人駐場或駐區蒐集資料，深入了解農場與地方的脈絡關係，規劃才有全域性的思維。

三、規劃應發揮休閒農場或休閒農業區的特色

特色係由農場與農村既有的核心資源而形塑。農業資源、自然生態資源、景觀資源、人文資源，經過精心設計的體驗活動，而成特色亮點。運用這種地方性，打造獨一無二的「型」，市場競爭才能勝出。

四、規劃應注重休閒活動場域的安全性

圖 10-2 休閒農業規劃應避開特定水土保持區

休閒農業的可貴在於運用開放空間的資源，如特殊的地形地貌、氣象變化、動植物生態等，但其中可能潛存危害遊客的因子。所以特定水土保持地區（圖 10-2）、水質水量保護區、水庫集水區、野生動物保護區等限制開發地區，均應避免列入規劃的場域。

五、休閒農業規劃應強調農業的功能

規劃要秉持「先有農業後有休閒農業」、「先有農場後有休閒農場」的原則（圖 10-3）。休閒農業係利用農業土地發展，所以要凸顯農業資源的特性，遵守設置休閒農業設施的比率與面積限制的規定，依規定保留足量經營農業的土地。農業資源是設計體驗活動，加工增值，涵養生態，美化環境景觀，解說農業文化，及促進農業六級化發展的關鍵基礎。

圖 10-3　休閒農業規劃要強調農業的功能

六、休閒農業場域規劃應發揮開放空間的優勢

休閒農業空間包括農場、草坪、森林、牧場、水塘等，這些大尺度的空間，可作爲一般市民休閒遊憩，及實施園藝療癒、森林療癒、環境教育的場域，成爲養生養老的康養基地，這是發展都市農業（urban agriculture）的概念（圖 10-4）。特別是當新冠肺炎（COVID-19）及其他流行病成爲常態後，休閒農場規劃足夠的

圖 10-4　休閒農業規劃應發揮開放空間的優勢

活動空間，維持遊客之間的「社交距離」（social distance），將可滿足社會的需求。

七、規劃應注重生態保護

傳統性的農場多能保留生態環境，但常見一經規劃成休閒農場，現代化的設施建成後，環境破壞了，生態資源消失了，蟬鳴鳥叫，蜂蝶飛，花果香，都不存在了。取而代之的是景觀牆及生硬的水泥建物。所以「生物性」是休閒農業的重要特色，未來規劃將更顯重要。

八、休閒農業營運項目規劃要符合經濟效益目標

體驗經濟理念下，休閒農業經營是在遊客體驗滿意的前提下，達到經營者獲利的目標（圖 10-5）。經營者要獲利，農場才能永續經營，所以要規劃與遊客體驗相關聯的營運項目。遊客消費是體驗感覺後的延伸。門票之外，特色餐飲與住宿，紀念品採購，及其他與場域體驗相關的項目宜列入規劃。

圖 10-5 休閒農業營運規劃要能促進經濟效益

九、規劃應爲農場研擬營運管理制度及行銷策略

營運管理涵蓋生產、行銷、人力、財務、研發、資訊等管理層面。休閒農業規劃要審度農場內外在環境的特性，規劃各項管理的策略與綱領。特別是針對休閒農場資源與服務的特性，研擬客製化、電子化的行銷策略。規劃書是休閒農場未來營運的「兵書」，所以規劃報告要妥善研擬營運管理的方略，以便經營者順利上手。

十、農場軟硬體規劃要適應特殊客層的需求

休閒農場依其顧客目標定位，規劃的思維與內容要有所不同。譬如接待國際遊客，在規劃農場特色，體驗活動，解說標示內容，餐飲住宿等要考慮國別的特殊需求。接待穆斯林遊客，在餐飲特性，宗教信仰、住宿設施，要另行規劃。至於接待銀髮族、幼齡遊客、身障遊客，遊憩設施及生活設施宜有特別規劃（如無障礙設施）。

十一、空間規劃應特重景觀美學的原則

美麗農場景觀具吸引人流第一功。不論自然景觀、產業景觀、空間設施景觀、細部景觀等，凸顯美感，都有吸睛奪目的效果。特別是農業場域，數大就是美，四季輪換變化。規劃者要把握大自然的特性，及審美的原理，擬定優質的空間規劃書，並輔導經營者落實及維護管理的方法，以造就美的體驗（圖 10-6）。

圖 10-6　空間規劃特重景觀美學

十二、休閒農業規劃要能促進外部效果

休閒農場或休閒農業區規劃在研擬達成場內或區內經營者的營運效益外，還有考慮外部社區環境相關對象的利益，此所謂「社會責任」的思維（圖 10-7）。休閒農場規劃的外部效益可爲：增加社區綠地、完善農業六級化的鏈條、增加村民就

圖 10-7　中國大陸休閒農場營運規劃也為農村農家樂帶來增收（四川成都龍泉驛）

業機會、增加社區農產品銷路等。休閒農業區規劃的外部效益，在上述外部效益之外，還包括增加農民收入、提供農民就業機會，吸引返鄉人口、環境保育、改善社區實質環境、生態保育、傳統文化保存、社區產業傳承學習等效果。在中國大陸可增加扶貧脫貧的效果。規劃書要表達增加外部效益的內容。

第二節 休閒農業體驗設計精進的原則

一、利用在地資源設計具有地方性特色的體驗活動

休閒農場設計體驗須以本地資源爲基礎，包括自然生態資源、景觀資源、產業資源、文化資源，及人的資源等。因爲運用當地資源，可以展現地方特色，具有地區差別性；而且背後有動人的典故，給遊客眞切的感覺。

二、體驗設計一定少不了農業體驗的主題

休閒農場與休閒農業區擁有豐富的農業資源與農村資源。農業資源具有季節性、地域性、生長性、活動性、景觀性、實用性、知識性、生態性、文化性；農村資源具有產業性、傳統性、情感性、審美性、文化性。休閒農業宜運用這些特性設計體驗活動，凸顯休閒農業與一般觀光產業的差別，建構吸引遊客的利基。

三、以農業六級化思維豐富農業體驗的內涵

以農業生產爲基礎，延展體驗的鏈條到農產加工製造，以至於農工產品及服務的消費體驗，亦即農業一、二、三級產業融合。農業六級化將農業體驗設計跨域整合，不但豐富農業體驗的內容，還可增加農業體驗消費的價值（圖 10-8）。

四、體驗活動設計應連結解說服務

解說是體驗活動打動遊客知、情、意，心理經歷的第一步。體驗活動要激起遊客感動，應先讓遊客認知其意義，所以不論是人員解說方式或設施解說方式都是必要的。所以各國休閒農場都非常重視導覽解說。

圖 10-8　農業六級化是休閒農場的核心體驗設計

五、針對特定群體的特性與需求設計體驗活動

遊客參加體驗的心理感受，有極大的個別性，隨性別、年齡、教育程度、職業等特性而易其感受。設計體驗活動要有目標對象，才能達到共鳴的效果（圖 10-9）。因此本書第9章第3節環境教育體驗活動設計，特別訂定適用的年級。

圖 10-9 休閒農場針對特定客群設計體驗活動

六、體驗活動設計要有主題特色

主題活動能深入而突出特色；否則每個休閒農場的體驗設計差不多，就犯了同質性的缺憾。審度休閒農業未來的發展，有機農業、食農教育、環境教育、園藝（森林）療育等都是值得推行的主題。但實際操作過程要考慮環境與遊客的特性，以凸顯不同的重點。

七、設計體驗活動應關注安全性

休閒農場或休閒農業區體驗場地多屬開放空間，地形多元、生態資源豐富，但可能潛存危險的因子。危險的因素分爲生物的、自然的、地形的、設施的、人爲的因素。體驗設計首重安全性，要避免遊客遭逢危險或傷害。安全管理事先防範最重要，爲遊客投保意外險是必要的。

八、保健養生是符合未來需求的體驗活動

康養爲休閒農場投資營運的項目，也可設計體驗活動。利用自然純淨的資源特性，設計漫步、登山、攀爬、跳躍、體能運動、森呼吸芬多精、泡湯、養生餐飲等

有益身心的體驗活動。針對不同體質的遊客，設計符合「精準健康」目標的套裝體驗活動。

九、體驗活動設計應高度注意流行病疫情的防範管理

21 世紀開始，全球性流行病接連發生，先是 SARS，而後伊波拉病毒、禽流感、非洲豬瘟、MERS，以及目前嚴重蔓延的新冠肺炎（COVID-19）。休閒農場體驗大部分是團體性活動，應避免群聚感染。所以未來體驗設計應注意場地的開放性、參加人數、人員編組、活動方式，要備足防疫器材，指導防疫方法。積極的作爲是，將防疫認知及行動融合爲體驗設計的項目，如解說辨識防疫植物、防疫精油 DIY（圖 10-10）、提供增強免疫力的餐飲等。休閒農場防疫管理將是新常態。

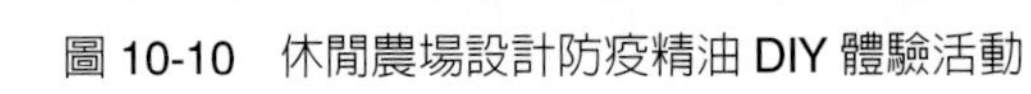
圖 10-10　休閒農場設計防疫精油 DIY 體驗活動

十、體驗活動設計應有成本效益的考量

休閒農場舉辦體驗活動也是一項營運項目。將遊客參加體驗，延伸到餐飲、住宿、購物，讓體驗作爲促進消費的手段。體驗活動有其個別的損益，所以應估算其費用與收入。譬如爲達損益平衡點，如何訂定每人收費、參加人數的基準，估算人員與器材的固定成本與變動成本等，都是營運管理的課題。將體驗活動視爲單項的營運項目，在財務管理的基礎上衡量評估，改進營運行爲，休閒農場才能夠永續經營。

附錄

相關法規及資料

附錄一 休閒農業輔導管理辦法

中華民國109年7月10日，行政院農委會農輔字第1090023080A號令修正發布

第一章 總則

第1條

本辦法依農業發展條例（以下簡稱本條例）第六十三條第三項規定訂定之。

第2條

本辦法所定事項，涉及目的事業主管機關職掌者，由主管機關會同目的事業主管機關辦理。

第二章 休閒農業區之劃定及輔導

第3條

具有下列條件，經直轄市、縣（市）主管機關評估具輔導休閒農業產業聚落化發展之地區，得規劃爲休閒農業區，向中央主管機關申請劃定：

一、地區農業特色。

二、豐富景觀資源。

三、豐富生態及保存價値之文化資產。

前項申請劃定之休閒農業區，其面積除第三項及第四項規定外，應符合下列規定之一：

一、土地全部屬非都市土地者，面積應在五十公頃以上，六百公頃以下。

二、土地全部屬都市土地者，面積應在十公頃以上，二百公頃以下。

三、部分屬都市土地，部分屬非都市土地者，面積應在二十五公頃以上，三百公頃以下。

基於自然形勢或地方產業發展需要，前項各款土地面積上限得酌予放寬。本辦法中華民國九十一年一月十一日修正施行前，經中央主管機關劃定之休閒農業區，其面積上限不受第二項限制。

第4條

休閒農業區由直轄市、縣（市）主管機關擬具規劃書，向中央主管機關申請劃定；跨越直轄市或縣（市）區域者，由休閒農業區所屬直轄市、縣（市）面積較大者擬具規劃書。符合前條第一項至第三項規定之地區，當地居民、休閒農場業者、農民團體或鄉（鎮、市、區）公所得擬具規劃建議書，報送直轄市、縣（市）主管機關規劃。經中央主管機關劃定公告之休閒農業區，其有變更名稱或範圍之必要或廢止者，應由直轄市、縣（市）主管機關依前二項規定報送中央主管機關核定。

第5條

休閒農業區規劃書或規劃建議書，其內容如下：

一、名稱及規劃目的。

二、範圍說明：

(一) 位置圖：五千分之一最新像片基本圖並繪出休閒農業區範圍。

(二) 範圍圖：五千分之一以下之地籍藍晒縮圖。

(三) 地籍清冊。

(四) 都市土地檢附土地使用分區統計表；非都市土地檢附土地使用分區及用地編定統計表。

三、限制開發利用事項。

四、休閒農業核心資源。

五、區內休閒農業相關產業發展現況。

六、整體發展規劃，應含發展願景及短、中、長程計畫。

七、輔導機關（單位）。

八、營運模式及推動管理組織。

九、財務自主規劃及組織運作回饋機制。

十、既有設施之改善、環境與設施規劃及管理維護情形。

十一、預期效益。

十二、其他有關休閒農業區事項。

前項第八款推動管理組織，應負責區內公共事務之推動。休閒農業區規劃書與規劃建議書格式，及休閒農業區劃定審查作業規定，由中央主管機關公告之。

第6條

中央主管機關劃定休閒農業區時，應將其名稱及範圍公告，並刊登政府公報；其變更、廢止時，亦同。

第7條

經中央主管機關劃定之休閒農業區內依民宿管理辦法規定核准經營民宿者，得提供農特產品零售及餐飲服務。

第8條

休閒農業區之農業用地得依規劃設置下列供公共使用之休閒農業設施：

一、安全防護設施。

二、平面停車場。

三、涼亭（棚）設施。

四、眺望設施。

五、標示解說設施。

六、衛生設施。

七、休閒步道。

八、水土保持設施。

九、環境保護設施。

十、景觀設施。

十一、農業體驗設施。

十二、生態體驗設施。

十三、農特產品零售設施。

十四、其他經直轄市、縣（市）主管機關核准與休閒農業相關之休閒農業設施。

設置前項休閒農業設施，應依申請農業用地作農業設施容許使用審查辦法及本辦法規定辦理容許使用。設置第一項休閒農業設施，有下列情形之一者，應廢止其容許使用，並通知區域計畫或都市計畫主管機關依相關規定處理：

一、因休閒農業區範圍變更、廢止，致未能位於休閒農業區範圍內。

二、未持續取得土地使用同意文件。

三、未供公共使用。

第 9 條

得申請設置前條第一項休閒農業設施之農業用地，以下列範圍為限：

一、依區域計畫法編定為非都市土地之下列用地：

(一) 工業區、河川區以外之其他使用分區內所編定之農牧用地、養殖用地。

(二) 工業區、河川區、森林區以外之其他使用分區內所編定之林業用地

二、依都市計畫法劃定為農業區、保護區內之土地。

三、依國家公園法劃定為國家公園區內按各種分區別及使用性質，經國家公園管理機關會同有關機關認定作為農業用地使用之土地，並依國家公園計畫管制之。

前項第一款第二目之林業用地限於申請設置前條第一項第一款至第九款休閒農業設施。已申請興建農舍之農業用地，不得設置前條第一項休閒農業設施。

第 10 條

休閒農業區內休閒農業設施之設置，以供公共使用為限，且應符合休閒農業經營目的，無礙自然文化景觀為原則，並符合下列規定：

一、平面停車場及休閒步道，應以植被或透水鋪面施設。但配合無障礙設施設置者，不在此限。

二、涼亭（棚）設施、眺望設施及衛生設施，於林業用地之申請設置面積，最大興建面積每處以四十五平方公尺為限。

三、農業體驗設施及生態體驗設施，樓地板最大興建面積每處以三百三十平方公尺為限。

四、農特產品零售設施建築物高度不得高於四．五公尺，樓地板最大興建面積為三百三十平方公尺，休閒農業區每一百公頃以設置一處為限。

五、休閒農業設施之高度不得超過十．五公尺。但本辦法或建築法令另有規定依其規定辦理，或下列設施經提出安全無虞之證明，報送中央主管機關核准者，不在此限：

(一) 眺望設施。

(二) 符合主管機關規定，配合公共安全或環境保育目的設置之設施。

設置第八條第一項休閒農業設施，應符合申請農業用地作農業設施容許使用審查辦法第七條規定。

第11條

休閒農業區設置休閒農業設施所需用地之規劃，由休閒農業區推動管理組織及輔導機關（單位）負責協調，並應取得土地所有權人之土地使用同意文件，提具計畫辦理休閒農業設施之合法使用程序。

前項土地使用同意文件，除公有土地向管理機關取得外，應經法院或民間公證人公證。第一項休閒農業設施設置後，由休閒農業區推動管理組織負責維護管理。直轄市、縣（市）主管機關對轄內休閒農業區供公共使用之休閒農業設施，應每年定期檢查並督促休閒農業區推動管理組織妥善維護管理，檢查結果應報中央主管機關備查。

第一項休閒農業設施經容許使用後，未能依原核定之計畫內容使用者，應向直轄市、縣（市）政府申請容許使用之變更；未經報准擅自變更使用者，直轄市、縣（市）政府應廢止其容許使用，並通知區域計畫或都市計畫主管機關依相關規定處理。

第12條

主管機關對休閒農業區之公共建設得予協助及輔導。

第13條

直轄市、縣（市）主管機關應依轄內休閒農業區發展情形，至少每五年進行通盤檢討一次，並依規劃書內容出具檢討報告書，報中央主管機關備查。

第14條

中央主管機關爲輔導休閒農業區發展，得辦理休閒農業區評鑑，作爲主管機關輔導依據。

前項休閒農業區評鑑以一百分爲滿分，主管機關得依評鑑結果協助推廣行銷，並得予表揚。休閒農業區評鑑結果未滿六十分者，直轄市或縣（市）主管機關應擬具輔導計畫協助該休閒農業區改善；經再次評鑑結果仍未滿六十分者，中央主管機關公告應廢止該休閒農業區之劃定。

第三章　休閒農場之申請設置及輔導管理

第 15 條

申請設置休閒農場之場域，應具有農林漁牧生產事實，且場域整體規劃之農業經營，應符合本條例第三條第五款規定。取得籌設同意文件之休閒農場，應於籌設期限內依核准之經營計畫書內容及相關規定興建完成，且取得各項設施合法文件後，依第三十條規定，申請核發休閒農場許可登記證。申請設置休閒農場應依農業主管機關受理申請許可案件及核發證明文件收費標準繳交相關費用。

第 16 條

休閒農場經營者應爲自然人、農民團體、農業試驗研究機構、農業企業機構、國軍退除役官兵輔導委員會所屬農場或直轄市、縣（市）政府。前項之農業企業機構應具有最近半年以上之農業經營實績。休閒農場內有農舍者，其休閒農場經營者，應爲農舍及其坐落用地之所有權人。

第 17 條

設置休閒農場之農業用地占全場總面積不得低於百分之九十，且應符合下列規定：

一、農業用地面積不得小於一公頃。但全場均坐落於休閒農業區內或離島地區者，不得小於○・五公頃。

二、休閒農場應以整筆土地面積提出申請。

三、全場至少應有一條直接通往鄉級以上道路之聯外道路。

四、土地應毗鄰完整不得分散。但有下列情形之一者，不在此限：

(一) 場內有寬度六公尺以下水路、道路或寬度六公尺以下道路毗鄰二公尺以下水路通過，設有安全設施，無礙休閒活動。

(二) 於取得休閒農場籌設同意文件後，因政府公共建設致場區隔離，設有安全設施，無礙休閒活動。

(三) 位於休閒農業區範圍內，其申請土地得分散二處，每處之土地面積逾○・一公頃。不同地號土地連接長度超過八公尺者，視爲毗鄰之土地。

第一項第四款第一目及第二目之水路、道路或公共建設坐落土地，該筆地號不計入第一項申請設置面積之計算。已核准籌設或取得許可登記證之休閒農場，其土地不得供其他休閒農場併入面積申請。集村農舍用地及其配合耕地不得申請休閒農場。

第 18 條

休閒農場不得使用與其他休閒農場相同之名稱。

第 19 條

申請籌設休閒農場，應塡具籌設申請書並檢附經營計畫書，向中央主管機關申請。

前項申請面積未滿十公頃者，核發休閒農場籌設同意文件事項，中央主管機關得委辦直轄市、縣（市）政府辦理；申請面積在十公頃以上，或直轄市、縣（市）政府申請籌設者，由直轄市、縣（市）主管機關初審，並檢附審查意見轉送中央主管機關審查符合規定後，核發休閒農場籌設同意文件。

申請籌設休閒農場，應檢附經營計畫書各一式六份。但主管機關得依審查需求，增加經營計畫書份數。

第 20 條

前條第一項經營計畫書應包含下列內容及文件，並製作目錄依序裝訂成冊：

一、籌設申請書影本。

二、經營者基本資料：自然人應檢附身分證明文件；法人應檢附代表人身分證明文件及法人設立登記文件。

三、土地基本資料：

(一) 土地使用清冊。

(二) 最近三個月內核發之土地登記謄本及地籍圖謄本。但得以電腦完成查詢者，免附。

(三) 土地使用同意文件，或公有土地申請開發同意證明文件。但土地為申請人單獨所有者，免附。

(四) 都市土地及國家公園土地應檢附土地使用分區證明。

四、現況分析：

(一) 地理位置及相關計畫示意圖。

(二) 休閒農業發展資源。

(三) 基地現況使用及範圍圖。

(四) 農業、森林、水產、畜牧等事業使用項目及面積，並應檢附相關經營實績。

(五) 場內現有設施現況，併附合法使用證明文件或相關經營證照。但無現有設施者，免附。

五、發展規劃：

(一) 全區土地使用規劃構想及配置圖。

(二) 農業、森林、水產、畜牧等事業使用項目、計畫及面積。

(三) 設施計畫表，及設施設置使用目的及必要性說明。

(四) 發展目標、休閒農場經營內容及營運管理方式。休閒農場經營內容需敘明休閒農業體驗服務規劃、預期收益及申請設置前後收益分析。

(五) 與在地農業及周邊相關產業之合作規劃。

六、周邊效益：

(一) 協助在地農業產業發展。

(二) 創造在地就業機會。

(三) 其他有關效益之事項。

七、其他主管機關指定事項。

前項土地使用同意文件，除公有土地向管理機關取得外，應經法院或民間公證人公證。

第 21 條

休閒農場之農業用地得視經營需要及規模設置下列休閒農業設施：

一、住宿設施。

二、餐飲設施。

三、農產品加工（釀造）廠。

四、農產品與農村文物展示（售）及教育解說中心。

五、門票收費設施。

六、警衛設施。

七、涼亭（棚）設施。

八、眺望設施。

九、衛生設施。

十、農業體驗設施。

十一、生態體驗設施。

十二、安全防護設施。

十三、平面停車場。

十四、標示解說設施。

十五、露營設施。

十六、休閒步道。

十七、水土保持設施。

十八、環境保護設施。

十九、農路。

二十、景觀設施。

二十一、農特產品調理設施。

二十二、農特產品零售設施。

二十三、其他經直轄市、縣（市）主管機關核准與休閒農業相關之休閒農業設施。

第 22 條

休閒農場得申請設置前條休閒農業設施之農業用地，以下列範圍爲限：

一、依區域計畫法編定爲非都市土地之下列用地：

(一) 工業區、河川區以外之其他使用分區內所編定之農牧用地、養殖用地。

(二) 工業區、河川區、森林區以外之其他使用分區內所編定之林業用地。

二、依都市計畫法劃定爲農業區、保護區內之土地。

三、依國家公園法劃定爲國家公園區內按各種分區別及使用性質，經國家公園管理機關會同有關機關認定作爲農業用地使用之土地，並依國家公園計畫管制之。

前項第一款第二目之林業用地，限於申請設置前條第一款至第四款、第七款至第九款或第十二款至第十八款休閒農業設施。已申請興建農舍之農業用地，不得設置前條休閒農業設施。

第 23 條

休閒農場設置第二十一條第一款至第四款之設施者，農業用地面積應符合下列規定：

一、全場均坐落於休閒農業區範圍者：

(一) 位於非山坡地土地面積在一公頃以上。

(二) 位於山坡地之都市土地在一公頃以上或非都市土地面積達十公頃以上。

二、前款以外範圍者：

(一) 位於非山坡地土地面積在二公頃以上。

(二) 位於山坡地之都市土地在二公頃以上或非都市土地面積達十公頃以上。

前項土地範圍包括山坡地與非山坡地時，其設置面積依山坡地基準計算；土地範圍包括都市土地與非都市土地時，其設置面積依非都市土地基準計算。土地範圍部分包括國家公園土地者，依國家公園計畫管制之。

第 24 條

休閒農場內各項設施之設置，均應以符合休閒農業經營目的，無礙自然文化景觀為原則，並符合下列規定：

一、住宿設施、餐飲設施、農產品加工（釀造）廠、農產品與農村文物展示（售）及教育解說中心以集中設置為原則。

二、住宿設施為提供不特定人之住宿相關服務使用，應依規定取得相關用途之建築執照，並於取得休閒農場許可登記證後，依發展觀光條例及相關規定取得觀光旅館業營業執照或旅館業登記證。

三、門票收費設施及警衛設施，最大興建面積每處以五十平方公尺為限。休閒農場總面積超過三公頃者，最大興建面積每處以一百平方公尺為限。

四、涼亭（棚）設施、眺望設施及衛生設施，於林業用地最大興建面積每處以四十五平方公尺為限。

五、農業體驗設施及生態體驗設施，樓地板最大興建面積每場以六百六十平方公尺為限。休閒農場總面積超過三公頃者，樓地板最大興建面積每場以九百九十平方公尺為限。休閒農場總面積超過五公頃者，樓地板最大興建面積每場以一千五百平方公尺為限。

六、平面停車場及休閒步道，應以植被或透水鋪面施設。但配合無障礙設施設置者，不在此限。

七、露營設施最大設置面積以休閒農場內農業用地面積百分之十爲限，且不得超過二千平方公尺。其範圍含適當之露營活動空間區域，且應配置休閒農業經營所需其他農業設施，不得單獨提出申請，且應依下列規定辦理：

(一) 設置範圍應以植被或透水鋪面施設，不得以水泥及柏油施設。

(二) 其設施設置應無固定基礎，惟必要時得設置點狀基樁。

八、農特產品調理設施及農特產品零售設施，每場限設一處，且應爲一層樓建築物，其建築物高度皆不得高於四·五公尺，樓地板最大興建面積以一百平方公尺爲限。

九、農特產品調理設施、農特產品零售設施及農業體驗設施複合設置者，應依下列規定辦理，不適用前款規定：

(一) 農特產品調理設施與農特產品零售設施複合設置者，該複合設施應爲一層樓建築物，其建築物高度不得高於四·五公尺，樓地板最大興建面積以一百六十平方公尺爲限。

(二) 農特產品調理設施或農特產品零售設施，與農業體驗設施複合設置者，該複合設施樓地板最大興建面積以六百六十平方公尺爲限。休閒農場總面積超過三公頃者，樓地板最大興建面積以九百九十平方公尺爲限，休閒農場總面積超過五公頃者，樓地板最大興建面積以一千五百平方公尺爲限。

(三) 農特產品調理設施及農特產品零售設施，在複合設施內規劃之區域面積，各單項配置樓地板面積不得超過一百平方公尺。

十、休閒農業設施之高度不得超過十·五公尺。但本辦法或建築法令另有規定依其規定辦理，或下列設施經提出安全無虞之證明，報送中央主管機關核准者，不在此限：

(一) 眺望設施。

(二) 符合主管機關規定，配合公共安全或環境保育目的設置之設施。

休閒農場內非農業用地面積、農舍及農業用地內各項設施之面積合計不得超過休閒農場總面積百分之四十。其餘農業用地須供農業、森林、水產、畜牧等事業使用。但有下列情形之一者，其設施面積不列入計算：

一、依申請農業用地作農業設施容許使用審查辦法第七條第一項第三款規定設置之設施項目。

二、依申請農業用地作農業設施容許使用審查辦法第十三條附表所列之農糧產品加工室，其樓地板面積未逾二百平方公尺。

三、依建築物無障礙設施設計規範設置之休閒步道，其面積未逾休閒農場總面積百分之五。

於本辦法中華民國一百零七年五月十八日修正施行前，已取得容許使用之休閒農業設施，得依原核定計畫內容繼續使用，其面積異動時，應依第一項規定辦理。但異動後面積減少者，不受該項所定面積上限之限制。

第 25 條

農業用地設置第二十一條第一款至第四款休閒農業設施，應依下列規定辦理：

一、位於非都市土地者：應以休閒農場土地範圍擬具興辦事業計畫，註明變更範圍，向直轄市、縣（市）主管機關辦理變更編定。興辦事業計畫內辦理變更編定面積達二公頃以上者，應辦理土地使用分區變更。

二、位於都市土地者：應比照前款規定，以休閒農場土地範圍擬具興辦事業計畫，以設施坐落土地之完整地號作為申請變更範圍，向直轄市、縣（市）主管機關辦理核准使用。

前項應辦理變更使用或核准使用之用地，除供設置休閒農業設施面積外，並應包含依農業主管機關同意農業用地變更使用審查作業要點規定應留設之隔離綠帶或設施，及依其他相關法令規定應配置之設施面積。且應依農業用地變更回饋金撥繳及分配利用辦法辦理。

前項總面積不得超過休閒農場內農業用地面積百分之十五，並以二公頃為限；休閒農場總面積超過二百公頃者，應以五公頃為限。

第一項農業用地變更編定範圍內有公有土地者，應洽管理機關同意後，一併辦理編定或變更編定。農業用地設置第二十一條第五款至第二十三款休閒農業設施，應辦理容許使用。

第26條

依前條規定申請休閒農業設施容許使用或提具興辦事業計畫，得於同意籌設後提出申請，或於申請休閒農場籌設時併同提出申請。休閒農業設施容許使用之審查事項，及興辦事業計畫之內容、格式及審查作業要點，由中央主管機關定之。直轄市、縣（市）主管機關核發容許使用同意書或核准興辦事業計畫時，休閒農場範圍內有公有土地者，應副知公有土地管理機關。

第27條

休閒農場之籌設，自核發籌設同意文件之日起，至取得休閒農場許可登記證止之籌設期限，最長爲四年，且不得逾土地使用同意文件之效期。但土地皆爲公有者，其籌設期間爲四年。

前項土地使用同意文件之效期少於四年，且於籌設期間重新取得相關證明文件者，得申請換發籌設同意文件，其原籌設期限及換發籌設期限，合計不得逾前項所定四年。

休閒農場涉及研提興辦事業計畫，其籌設期間屆滿仍未取得休閒農場許可登記證而有正當理由者，得於期限屆滿前三個月內，報經當地直轄市、縣（市）主管機關轉請中央主管機關核准展延；每次展延期限爲二年，並以二次爲限。但有下列情形之一者，不在此限：

一、因政府公共建設需求，且經目的事業主管機關審核認定屬不可抗力因素，致無法於期限內完成籌設者，得申請第三次展延。

二、已列入中央主管機關專案輔導，且興辦事業計畫經直轄市、縣（市）主管機關核准者，得申請第三次展延；第三次展延期限屆滿前三個月內，全場內有依現行建築法規無法取得合法文件之既存設施，均已拆除或取得拆除執照，且其餘設施皆已取得建築執照者，得申請最後展延。直轄市、縣（市）主管機關受理前項第二款最後展延之申請，應邀集建築、消防主管機關（單位）與專家學者等組成專案小組就各項設施估算合理工期及取得使用執照所需時間，並定其查核時點，敘明具體理由後，轉請中央主管機關核准展延，並定其最後展延期限，其期限最長不得超過四年。經同意最後展延者，直轄市、縣（市）主管機關應依中央主管機關核定之查核時點，查核各項設施進度；經查核有設施未依核定進度完成者，應報中央主管機關廢止核准其最後展延期限，並廢止其籌設同意文件。另取得分期許可登記證者，應一併廢止之。

休閒農場籌設期間遇有重大災害，致嚴重影響籌設進度者，中央主管機關得公告展延休閒農場籌設期限。

第 28 條

經營計畫書所列之休閒農業設施，得於籌設期限內依需要規劃分期興建，並敘明各期施工內容及時程。

第 29 條

同意籌設之休閒農場有下列情形之一者，應廢止其籌設同意文件：

一、經營者申請廢止籌設。

二、未持續取得土地或設施合法使用權。

三、未依經營計畫書內容辦理籌設，或未依籌設期限完成籌設並取得休閒農場許可登記證。

四、取得許可登記證前擅自以休閒農場名義經營休閒農業，有本條例第七十條情事。

五、未依經營計畫書內容辦理籌設，由直轄市、縣（市）主管機關通知限期改正未改正，經第二次通知限期改正，屆期仍未改正。

六、其他不符本辦法所定休閒農場申請設置要件。

經廢止其籌設同意文件之休閒農場，主管機關並應廢止其容許使用及興辦事業計畫書，並副知相關單位。另取得分期許可登記證者，應一併廢止之。

第 30 條

休閒農場申請核發許可登記證時，應填具申請書，檢附下列文件，報送直轄市、縣（市）主管機關初審及勘驗，由直轄市、縣（市）主管機關併審查意見及勘驗結果，轉送中央主管機關審查符合規定後，核發休閒農場許可登記證：

一、核發許可登記證申請書影本。

二、土地基本資料：

(一) 土地使用清冊。

(二) 最近三個月內核發之土地登記謄本及地籍圖謄本。但得以電腦完成查詢者，免附。

(三) 土地使用同意文件。但土地爲申請人單獨所有者，免附。

(四) 都市土地或國家公園土地應檢附土地使用分區證明。

三、各項設施合法使用證明文件。

四、其他經主管機關指定之文件。

休閒農場範圍內有公有土地者，於核發休閒農場許可登記證後，應持續取得公有土地之合法使用權，未依規定取得者，由公有土地管理機關報送中央主管機關廢止其許可登記證。

休閒農場申請人依第二十八條規定核准分期興建者，得於各期設施完成後，依第一項規定，報送直轄市、縣（市）主管機關初審及勘驗，由直轄市、縣（市）主管機關併審查意見及勘驗結果，轉送中央主管機關審查符合規定後，核發或換發休閒農場分期或全場許可登記證。前項分期許可登記證效期至籌設期限屆滿爲止。休閒農場申請範圍內有非自有土地者，經營者應於土地使用同意文件效期屆滿前三個月內，重新取得最新之土地使用同意文件，經直轄市、縣（市）主管機關轉送中央主管機關備查。

第一項中央主管機關核發面積未滿十公頃休閒農場之許可登記證事項，得委辦直轄市、縣（市）政府辦理。

第 31 條

休閒農場許可登記證應記載下列事項：

一、名稱。

二、經營者。

三、場址。

四、經營項目。

五、全場總面積及場域範圍地段地號。

六、核准休閒農業設施項目及面積。

七、核准文號。

八、許可登記證編號。

九、其他經中央主管機關指定事項。

依第二十八條規定核准分期興建者，其分期許可登記證應註明各期核准開放面積及各期已興建設施之名稱及面積，並限定僅供許可項目使用。

第32條

休閒農場取得許可登記證後，應依公司法、商業登記法、加值型及非加值型營業稅法、所得稅法、房屋稅條例、土地稅法、發展觀光條例及食品安全衛生管理法等相關法令，辦理登記、營業及納稅。

休閒農場應就其場域範圍，依其所在地之直轄市、縣（市）主管機關規定，辦理投保公共意外責任保險。

第33條

取得許可登記證之休閒農場，應於停業前報經直轄市、縣（市）主管機關轉送中央主管機關核准，繳交許可登記證。

休閒農場停業期間，最長不得超過一年，其有正當理由者，得於期限屆滿前十五日內提出申請展延一次，並以一年爲限。

休閒農場恢復營業應於復業日三十日前向直轄市、縣（市）主管機關提出申請，由直轄市、縣（市）主管機關初審及勘驗，將審查意見及勘驗結果，併同申請文件轉送中央主管機關同意後，核發休閒農場許可登記證。未依前三項規定報准停業或於停業期限屆滿未申請復業者，直轄市、縣（市）主管機關應報中央主管機關廢止其休閒農場許可登記證。

休閒農場歇業，經營者應於事實發生日起一個月內，報經直轄市、縣（市）主管機關轉送中央主管機關辦理歇業，繳交許可登記證，並由中央主管機關廢止其休閒農場許可登記證。

休閒農場有歇業情形，未依前項規定辦理者，由直轄市、縣（市）主管機關轉報中央主管機關廢止其休閒農場許可登記證。休閒農場有停業、復業或歇業情形，中央主管機關應依其經營者，副知公司主管機關或商業主管機關。

第34條

經主管機關同意籌設或取得許可登記證之休閒農場，有下列資料異動情形之一者，應於事前檢附變更前後對照表及相關佐證文件，提出變更經營計畫書申請：

一、名稱。

二、經營者。

三、場址。

四、經營項目。

五、全場總面積、場域範圍地段地號或土地資料。

六、設施項目及面積。

休閒農場辦理前項變更，由直轄市、縣（市）主管機關初審，併審查意見轉送中央主管機關，由中央主管機關審查符合規定後核准之。涉及休閒農業設施容許使用或提具興辦事業計畫者，得併同提出申請。

經直轄市、縣（市）政府核發籌設同意文件或許可登記證之休閒農場，其第一項及前項之申請，由直轄市、縣（市）政府審查符合規定後核准之。

第 35 條

休閒農場依本辦法辦理相關申請，有應補正之事項，依其情形得補正者，主管機關應以書面通知申請人限期補正；屆期未補正者或補正未完全，不予受理。休閒農場申請案件有下列情形之一者，主管機關應敘明理由，以書面駁回之：

一、申請籌設休閒農場，經營計畫書內容顯不合理，或設施與休閒農業經營之必要性顯不相當。

二、場域有妨礙農田灌溉、排水功能，或妨礙道路通行。

三、不符本條例或本辦法相關規定。

四、有涉及違反區域計畫法、都市計畫法或其他有關土地使用管制規定。

五、經其他有關機關、單位審查不符相關法令規定。

第 36 條

直轄市、縣（市）主管機關對同意籌設或核發許可登記證之休閒農場，應會同各目的事業主管機關定期或不定期查核。

前項查核結果有違反相關規定者，應責令限期改善。屆期不改善者，依其相關法令處置。有危害公共安全之虞者，得依相關法令停止其一部或全部之使用。

第 37 條

取得許可登記證之休閒農場未經主管機關許可，自行變更用途或變更經營計畫者，直轄市、縣（市）主管機關應依本條例第七十一條規定辦理，並通知限期改正。情節重大者，直轄市、縣（市）主管機關應報送中央主管機關廢止其許可登記證。

前項所定情節重大者，包含下列事項：

一、由直轄市、縣（市）主管機關依前項通知限期改正未改正，經第二次通知限期改正未改正，屆期仍未改正。

二、休閒農場經營範圍與經營計畫書不符。

三、未持續取得土地或設施合法使用權。

四、其他不符本辦法所定休閒農場申請設置要件。

第一項及第二十九條第一項之農業用地，有涉及違反區域計畫法或都市計畫法土地使用管制規定者，應併依其各該規定辦理。

第 38 條

主管機關廢止休閒農場許可登記證時，應一併廢止其籌設同意文件、容許使用、興辦事業計畫書及核准使用文件，並通知建築主管機關、區域計畫或都市計畫主管機關及其他機關依相關規定處理。廢止籌設同意者亦同。

第 39 條

主管機關對經同意籌設及取得許可登記證之休閒農場，得予下列輔導：

一、休閒農業規劃、申請設置等法令諮詢。

二、建置休閒農場相關資訊資料庫。

三、休閒農業產業發展資訊交流。

四、經營有機農業或產銷履歷農產品產銷所需資源協助。

五、其他輔導事項。

第 39 條之 1

經取得主管機關核發籌設同意文件或許可登記證之休閒農場，範圍內國有非公用土地採委託經營方式辦理者，權利金之計收方式如下：

一、屬第二十五條第一項，需擬具興辦事業計畫，辦理變更使用或核准使用之用地，依國有財產法所定計收基準計收。

二、應依第二十五條第五項辦理容許使用範圍者，依國有財產法所定計收基準百分之五十計收。

三、非屬前二款，仍維持農業使用範圍者，依國有財產法所定計收基準百分之二十計收。

依前項各款計收之權利金金額，不得低於國有非公用土地管理機關依法令應繳付之稅費。

符合第一項資格之休閒農場經營者，於本辦法中華民國一百零九年七月十日修正施行前，已受託經營國有非公用土地，且契約期限尚未屆滿者，自本辦法修正施行之次月一日起，其權利金依第一項規定計收。

第 40 條

直轄市、縣（市）主管機關得依當地休閒農業發展現況，訂定補充規定或自治法規，實施休閒農場設置總量管制機制。

第四章　附則

第 41 條

休閒農業區或休閒農場，有位於森林區、水庫集水區、水質水量保護區、地質敏感地區、濕地、自然保留區、特定水土保持區、野生動物保護區、野生動物重要棲息環境、沿海自然保護區、國家公園等區域者，其限制開發利用事項，應依各該相關法令規定辦理。開發利用涉及都市計畫法、區域計畫法、水土保持法、山坡地保育利用條例、建築法、環境影響評估法、發展觀光條例、國家公園法及其他相關法令應辦理之事項，應依各該法令之規定辦理。

第 42 條

本辦法中華民國九十五年四月六日修正施行前已列入專案輔導，尚未完成合法登記且未經廢止其籌設同意之休閒農場，得依下列方式辦理：

一、申請變更經營計畫書，以分期興建方式者，依第三十條規定辦理。

二、籌設期限未屆滿者，應依第二十七條第三項規定辦理。

前項之休閒農場，直轄市、縣（市）主管機關得邀請中央主管機關及相關目的事業主管機關組成專案輔導小組協助之。

第 43 條

休閒農場除有下列情形之一者外，應於本辦法中華民國一百零七年五月十八日修正施行後一年內，繳交原許可登記證，並依第三十條規定向中央主管機關申請換發新式許可登記證：

一、許可登記證已逾效期，且未依本辦法中華民國一百零二年七月二十二日修正施行之規定期限提出換發許可登記證者，廢止其許可登記證。

二、應依本辦法中華民國一百零二年七月二十二日修正施行之規定期限提出換發許可登記證，未提出或提出經審查不合格者，廢止其許可登記證。

第 44 條

本辦法中華民國一百零七年五月十八日修正施行前，已取得許可登記證之休閒農場，依核定經營計畫書內容經營休閒農場；已取得籌設同意文件且籌設尚未屆期之休閒農場，應依籌設同意文件及核定經營計畫書，辦理休閒農場之籌設及申請核發許可登記證，籌設期間及展延依第二十七條規定辦理，主管機關應依核發之籌設同意文件及核定經營計畫書管理及監督。

前項休閒農場全場總面積異動時，應依第十七條第一項第一款規定辦理。但異動後面積增加者，不受該款所定面積不得小於一公頃之限制。

第 45 條

本辦法自發布日施行。

休閒農業區劃定審查作業要點

中華民國96年4月26日，行政院農業委員會農輔字第0960050371號令修正發布

一、行政院農業委員會（以下簡稱農委會）為審查劃定休閒農業區，依休閒農業輔導管理辦法（以下簡稱本辦法）第五條第四項規定，訂定本要點。

二、依本辦法第六條之規定，休閒農業區位於森林區、重要水庫集水區、自然保留區、特定水土保持區、野生動物保護區、野生動物重要棲息環境、沿海自然保護區、國家公園等區域者，其限制開發利用事項，應依各該相關法令規定辦理。

三、申請休閒農業區之劃定，由直轄市或縣（市）政府依本辦法第四條規定及地方區域發展之需要，擬具休閒農業區規劃書（格式如附件一），備二十份及電子檔，並檢附下列圖籍資料五份含電子檔，報請農委會審查：

(一)休閒農業區位置圖：五千分之一最新像片基本圖並繪出休閒農業區範圍。

(二)休閒農業區範圍及面積：五千分之一以下之地籍藍晒縮圖，並依劃定休閒農業區週邊範圍製作「休閒農業區地籍範圍圖」且著色標示範圍。

(三)地籍清冊：與休閒農業區地籍範圍圖相符之休閒農業區地籍清冊。

(四)土地使用分區編定統計表。

前項規劃書，得由直轄市或縣（市）政府委由鄉（鎮、市、區）公所、農民團體代為辦理，經各該府審查通過後，由各該府報請農委會審查。

當地居民、休閒農場業者、農民團體或鄉（鎮、市、區）公所，得擬具規劃建議書（格式同規劃書），備十份及電子檔，報請直轄市或縣（市）政府為規劃之參據。

依促進民間參與公共建設規定規劃休閒農業區者，比照前項規定辦理。

四、農委會依實際需要聘請有關機關及專家學者組成專案審查小組，就直轄市或縣（市）政府所送之休閒農業區規劃書加以審查，必要時得實地勘查。

五、休閒農業區審查配分基準如下：

(一)休閒農業核心資源：含地區農業特色、景觀資源、生態資源、文化資源及區內休閒農業特色等，配分二十分。

(二)整體發展規劃：含規劃願景、創意開發、行銷推廣及交通、導覽系統等，配分三十五分。

(三)營運模式及推動組織：含規劃籌劃經過、區內推動組織運作與未來性及對區內休閒農場之輔導計畫等，配分二十分。

(四)既有設施利用改善及辦理類似休閒農業相關規劃或建設情形：含公共設施之維護及閒置空間之改善與利用等，配分十五分。

(五)預期效益：應敘明發展潛力及可量化、不可量化之社會、經濟、環境效益或影響等，配分十分。

六、依第四點規定召開審查會議，會議經審查委員二分之一以上出席及出席之審查委員中，三分之二委員評分達七十分以上者，得劃定為休閒農業區。

七、直轄市或縣（市）政府提送之休閒農業區規劃報告書應依本辦法第六條及本要點規定，辦理先期作業審查程序。

八、休閒農業區內依本辦法第八條第二項規定設置之供公共使用休閒農業設施項目所需用地，由鄉（鎮、市、區）公所協調取得土地所有權人之土地使用權同意書及辦理容許使用申請相關事宜。

九、直轄市或縣（市）政府應輔導鄉（鎮、市、區）公所、當地農會或相關團體辦理與休閒農業發展相結合之名勝古蹟、農村產業文化及鄉土旅遊行銷推廣活動與教育訓練，以促進休閒農業區之休閒農業、農村產業文化及農業產業之發展。

十、直轄市、縣（市）政府或鄉（鎮、市、區）公所應輔導經劃定之休閒農業區成立休閒農業區推動管理組織，以推動休閒農業區各項休閒農業、農村產業文化活動，並負責供公共使用休閒農業設施之管理維護。

十一、土地位於休閒農業區範圍內之證明文件，由申請人塡具申請書，向所在鄉（鎮、市、區）公所申請核發，其申請書與證明書格式如附件二。

附件三 休閒農業區規劃建議書格式

壹、規劃書封面（及書背）格式

一、休閒農業區名稱：○○縣（市）○○鄉（鎮、市、區）○○休閒農業區

二、規劃日期○○年○○月

貳、規劃書內容格式

一、劃定依據及規劃目的

二、範圍說明：

(一) 休閒農業區位置圖：（五千分之一最新像片基本圖並繪出休閒農業區範圍）。

(二) 休閒農業區範圍圖及面積：（五千分之一以下之地籍藍晒縮圖，並依劃定休閒農業區週邊範圍製作「休閒農業區地籍範圍圖」且著色標示範圍）。

(三) 地籍清冊

1. 非都市土地（含段別、小段別、地號、面積、土地所有權人、土地使用分區、編定用地、備註）。

2. 都市土地（含段別、小段別、地號、面積、土地所有權人、都市計畫分區、備註）

3. 公有土地應於備註欄內說明承租人、現使用人姓名。

(四) 土地使用分區編定統計表。

三、限制開發利用事項：

(一) 是否違反非都市土地使用分區編定類別或都市計畫使用分區及其管制內容。

(二) 是否違反國家公園分區及其管制內容。

(三) 是否違反其他相關法令管制內容。（如是否屬森林區、重要水庫集水區、自然保留區、特定水土保持區、野生動物保護區、野生動物重要棲息環境、沿海自然保護區以及位於山坡地者，是否有土地超限利用等）。

(四) 相關因應規劃對策。

四、休閒農業核心資源：

(一) 現況說明：

1. 自然環境（包括地質、土壤、氣候、水資源…等基本資料）

2. 人口與聚落（含人口統計表）

3. 現有土地使用情形（含統計表）

4. 農業與環境資源

(二) 地區農業特色、景觀資源、生態資源、文化資源、區內現有休閒農業概況等。

五、整體發展規劃：

(一) 規劃願景（包括社區及產業結合計畫、綠美化計畫、既有設施及閒置空間利用計畫、交通及導覽計畫等，並含綜合或分區規劃圖）。

(二) 創意開發（包括創意產品開發、遊憩規劃的創意、保有休閒農業區特色兼具創意的公共設施）

(三) 行銷推廣的各項規劃

(四) 交通及導覽系統（含區內及聯外交通路線圖，區內外指標系統與交通服務、區內動線規劃、區外遊憩動線整合以及一日遊、二日遊等遊程規劃。）

六、營運模式及推動組織

(一) 休閒農業區規劃籌劃經過。

(二) 區內推動組織運作情形及持續運作與經費籌措構想。

(三) 區內休閒農場經營輔導計畫。

七、既有設施改善及本區域是否辦理類似休閒農業相關的規劃或建設情形

(一) 現有公共設施及維護情形（含歷年來政府協助項目建設內容、經費及補助、執行單位、管理維護單位、維護情形列表並說明）。

(二) 閒置空間利用改善情形。

(三) 區域休閒農業規劃、建設情形。

八、預期效益

發展潛力分析與預期效益（包括規劃前後之差異分析、提供農民就業機會、對環境保育之影響、可量化、不可量化之經濟效益等）。

九、附錄：休閒農業區籌備推動組織成員名冊及歷次籌備會議紀錄。

申請休閒農業區內農業用地作休閒農業設施容許使用審查作業要點

中華民國100年11月15日，行政院農業委員會農輔字第1000051330號令修正發布

一、行政院農業委員會（以下簡稱本會）為執行休閒農業輔導管理辦法（以下簡稱本辦法）第八條及第十九條第六項規定，特訂定本要點。

二、經本會劃定之休閒農業區內，符合申請農業用地作農業設施容許使用審查辦法第二條所定之農業用地，得依本要點規定，申請休閒農業設施之容許使用。

三、申請休閒農業區內農業用地作休閒農業設施，以供公共使用為限，且容許使用之項目，應屬本辦法第八條第二項之設施，其設施面積並應符合申請農業用地作農業設施容許使用審查辦法第八條規定。

四、申請休閒農業區內農業用地作休閒農業設施容許使用，應填具申請書（如附件一）並檢附下列資料一式五份，向土地所在地鄉（鎮、市、區）公所或直轄市、縣（市）政府提出：

(一) 申請人之國民身分證影本；屬法人者，應檢具法人登記證明文件影本。

(二) 休閒農業設施容許使用計畫書。

(三) 最近一個月內土地登記謄本及地籍圖謄本。但能申請網路電子謄本者，免予檢附；屬都市土地者，應另檢附都市計畫土地使用分區證明。

(四) 設施配置圖，其比例尺不得小於五百分之一。

(五) 位置略圖。

(六) 設施坐落土地之所有權人出具土地供休閒農業區作休閒農業設施同意書（如附件二）。

(七) 其他主管機關規定之文件。

五、前點第二款休閒農業設施容許使用計畫書應載明下列事項：

(一) 設施名稱。

(二) 設施供公共使用之設置目的、依據、用途及所在休閒農業區。

(三) 興建設施之基地地號及興建面積。

(四) 設施營運管理計畫。

(五) 設施建造方式。

(六) 引用水之來源及廢、污水處理計畫。

(七) 對周邊農業環境、自然生態環境之影響及維護構想。

(八) 事業廢棄物處理及再利用計畫。

六、休閒農業設施容許使用案件之審查程序如下：

(一) 鄉（鎮、市、區）公所受理申請後，審查申請書件是否齊全，申請內容是否符合規定，不合規定者，通知申請人補正後再予審查。

申請書件齊全且符合規定之申請案件，經審查並塡具初審意見表（如附件三）送直轄市、縣（市）政府審查。

(二) 直轄市、縣（市）政府受理申請或接獲鄉（鎮、市、區）公所報請審查案件後，依審查表內容（如附件四）審查通過者，核發休閒農業區內農業用地供公共使用作休閒農業設施容許使用同意書（如附件五）；審查不同意者，由審查單位敘明理由併原送資料退還申請人。

七、鄉（鎮、市、區）公所或直轄市、縣（市）政府於受理休閒農業設施申請時，應通知申請人依農業主管機關受理申請許可案件及核發證明文件收費標準之規定繳納規費。

八、休閒農業區內已核准容許使用之休閒農業設施，未能依核准項目使用，應向直轄市、縣（市）政府申請容許使用之變更；未經報准擅自變更使用者，直轄市、縣（市）政府得依申請農業用地作農業設施容許使用審查辦法第二十六條第二項規定，廢止其容許使用，並依區域計畫法等有關規定處理。

九、於山坡地範圍內申請休閒農業設施容許使用，應依申請農業用地作農業設施容許使用審查辦法第二十四條規定辦理。

十、依本要點取得同意容許使用之休閒農業設施，依建築相關法令規定需申請建築執照者，應依申請農業用地作農業設施容許使用審查辦法第二十五條規定辦理。

申請休閒農場內農業用地作休閒農業農業設施容許使用審查作業要點

中華民國103年4月7日，行政院農業委員會農輔字第1030022239A號令修正發布

一、行政院農業委員會（以下簡稱本會）爲執行休閒農業輔導管理辦法（以下簡稱本辦法）第十九條第九項規定，特訂定本要點。

二、休閒農場內符合本辦法第十九條第二項所定之農業用地範圍，得依本要點規定，申請休閒農業設施之容許使用。

三、申請容許使用項目，應屬本辦法第十九條第一項第五款至第二十二款之設施，且應符合主管機關核定之經營計畫書內容。

四、申請人申請休閒農場內農業用地作休閒農業設施容許使用，得併同休閒農場之籌設提出申請。

五、休閒農場於林業用地設置涼亭（棚）、眺望及衛生設施之面積，應符合本辦法第十九條第三項規定。

休閒農場設置農特產品調理設施之設置基準，應符合本辦法第十九條第四項規定。

休閒農場內非農業用地面積、農舍及農業用地內各項設施之面積應符合本辦法第十九條第十項規定，合計不得超過休閒農場總面積百分之四十。但符合申請農業用地作農業設施容許使用審查辦法第七條第一項第三款所定設施項目者，不列入計算。

休閒農場內各項設施均應依本辦法第二十條規定辦理。

六、申請休閒農場內農業用地作休閒農業設施容許使用，應塡具申請書（如附件一）並檢附下列資料一式五份，向土地所在地直轄市、縣（市）主管機關提出：

(一) 申請人爲自然人者應檢附身分證明文件影本；申請人爲法人者，應檢附負責人身分證明文件及法人設立登記文件影本。

(二) 休閒農業設施容許使用經營計畫。但休閒農場籌設之經營計畫書內容已包含第七點所定事項者，免予檢附。

(三) 最近一個月內土地登記謄本及地籍圖謄本。但能申請網路電子謄本者，免予檢附；屬都市土地者，應另檢附都市計畫土地使用分區證明。

(四) 設施配置圖，其比例尺不得小於五百分之一。但休閒農場籌設之經營計畫書已有者，免予檢附。

(五) 土地非申請人單獨所有時，應檢附土地供休閒農場作休閒農業設施使用同意書（如附件二）或公有土地租賃（委託經營）契約書。

(六) 休閒農場籌設同意文件。但與休閒農場籌設併同提出申請者，免予檢附。

(七) 其他主管機關規定之文件。

休閒農場經核准分期興建者，應依休閒農場籌設之經營計畫書所載之分期計畫，分期依前項規定提出申請。

休閒農業設施容許使用與休閒農場之籌設併同提出申請者，應檢附第一項資料爲一式十份。

直轄市、縣（市）主管機關於受理休閒農業設施申請時，應通知申請人依農業主管機關受理申請許可案件及核發證明文件收費標準之規定繳納規費。

七、前點第一項第二款休閒農業設施容許使用經營計畫應載明下列事項：

(一) 設施名稱。

(二) 設置目的及用途。

(三) 興建設施之基地地號、興建基地面積及建築物高度。

(四) 休閒農場內經營概況包括生產計畫、經營方向、預估效益及行銷通路等

(五) 現有設施名稱、數量、基地地號、基地面積及建築物高度。

(六) 設施建造方式。

(七) 引用水之來源及廢、污水處理計畫。

(八) 對周邊農業環境、自然生態環境之影響及維護構想。

(九) 節能減碳、資源回收及綠色消費之規劃、事業廢棄物處理及再利用計畫。

八、直轄市、縣（市）主管機關受理申請審查案件後，依審查表內容（如附件三）審查通過者，核發休閒農場內農業用地作休閒農業設施容許使用同意書（如附件四）；審查不同意者，由審查單位敘明理由駁回。

休閒農業設施容許使用與休閒農場之籌設併同提出申請者，直轄市、縣（市）主管機關，應俟本會或直轄市、縣（市）主管機關核發籌設同意文件後，始得核發休閒農場內農業用地作休閒農業設施容許使用同意書。

九、休閒農場內已核准容許使用之休閒農業設施，未能依核准項目使用，應向直轄市、縣（市）主管機關申請容許使用之變更；未經報准擅自變更使用者，直轄市、縣（市）主管機關應依本辦法第二十四條規定處理，並得廢止其容許使用。

前項涉及經營計畫書內容變更者，應依本辦法第十四條或第二十二條規定，申請經營計畫書內容變更。

十、於山坡地範圍內申請休閒農業設施容許使用，應依申請農業用地作農業設施容許使用審查辦法第三十一條規定辦理。

十一、依本要點取得同意容許使用之休閒農業設施，依建築相關法令規定需申請建築執照者，應依申請農業用地作農業設施容許使用審查辦法第三十二條規定辦理。

十二、申請休閒農場內農業用地作休閒農業設施以外之農業設施容許使用案件，應會同休閒農業主管單位審核其是否符合經核定之休閒農場經營計畫書。

非都市土地作休閒農場內休閒農業設施興辦事業計畫及變更編定審作業要點

中華民國 103 年 9 月 18 日，行政院農業委員會農輔字第 1030022910 號令修正發布

一、爲審查休閒農場位於非都市土地興辦事業計畫，並規範辦理變更編定之程序，特依據休閒農業輔導管理辦法（以下簡稱本辦法）第十五條第三項規定，訂定本要點。

二、經主管機關同意籌設之休閒農場，其經營計畫書列有住宿、餐飲、農產品加工（釀造）廠，及農產品與農村文物展示（售）及教育解說中心等休閒農業設施者，所坐落土地爲非都市土地之農業用地，並符合本辦法第十九條第五項規定者，應依本要點規定研擬興辦事業計畫辦理非都市土地使用地變更編定。

三、住宿、餐飲、農產品加工（釀造）廠，及農產品與農村文物展示（售）及教育解說中心等休閒農業設施以集中設置爲原則，其建築基地面積計算基準如下：

(一) 單筆需用地之變更，其面積不得小於一百五十平方公尺 。

(二) 建蔽率百分之六十，容積率百分之一百八十。但直轄市或縣（市）主管機關核定土地使用計畫，其建蔽率及容積率有較嚴格規定者，依核定計畫管制之。

(三) 建築物高度依建築管理法規辦理或不得超過十•五公尺。

前項應辦理變更編定之用地除供設置前項休閒農業設施面積外，並應包含依農業主管機關同意農業用地變更使用審查作業要點規定應留設之隔離綠帶或設施，及其他相關法令規定應配置之設施面積。且其總面積，依本辦法第十九條第六項規定，不得超過休閒農場內農業用地面積百分之二十。

四、休閒農場籌設同意之申請人應依同意籌設之經營計畫書所載內容，塡具申請書（如附件一），並檢附休閒農場同意籌設文件及興辦事業計畫書（如附件二）各一式十份，向土地所在地之直轄市或縣（市）主管機關申請興辦事業計畫核准。

前項應檢附文件，如與休閒農場申請籌設併同提出申請者，免附休閒農場同意籌設文件。

申設休閒農場應辦理水土保持或環境影響評估者，其申請人應於提出第一項申請時，一併檢附水土保持書件或環境影響評估書件提出申辦。

五、直轄市或縣（市）主管機關受理申請後，應先審查文件是否齊全，與經營計畫書內容是否相符，及依審查表（如附件三）項目進行審查，並應注意下列事項：

(一) 申請變更編定之土地如位於興辦事業計畫應查詢項目表（附件二之附表二）之地區者，應依相關法令規定辦理。

(二) 申請變更編定之土地如位於經濟部公告之嚴重地層下陷地區者，應依水利法施行細則第四十六條第一項規定辦理或取得合法水源證明。

(三) 申請變更編定之土地如位於地質敏感區內者，應依地質法第八條規定辦理基地地質調查及地質安全評估。

(四) 申請變更編定之土地應臨接道路，或以私設通路連接道路。其私設通路之寬度應依實施區域計畫地區建築管理辦法及建築技術規則規定辦理。

(五) 申請變更編定之土地，已擅自先行變更使用者，應先依區域計畫法相關法令就違規土地予以裁處並提出相關證明文件，始得受理。

直轄市或縣（市）主管機關爲審查興辦事業計畫，得組成專案小組審查，必要時並得辦理現場勘查。

六、休閒農場內依本要點申請變更編定之土地，涉及農業用地變更使用，應依農業主管機關同意農業用地變更使用審查作業要點規定辦理。

七、直轄市或縣（市）主管機關辦理興辦事業計畫審查時，得併同依農業主管機關同意農業用地變更使用審查作業要點及非都市土地變更編定執行要點之規定審查。

興辦事業計畫經審查結果需補正者，應通知申請人於二個月內補正，如有正當理由者，得敘明理由，於補正期間屆滿前向直轄市或縣（市）主管機關申請展延，其展延次數以二次爲限，逾期未補正者，駁回其申請。

八、直轄市、縣（市）主管機關核准興辦事業計畫且取得農業主管機關同意農業用地變更使用同意文件後，應函復興辦事業人辦理土地變更編定作業，並副知中央主管機關、直轄市或縣（市）政府地政等相關機關（單位）。

前項興辦事業計畫核准函中應敘明已依非都市土地變更編定執行要點附錄一（二）審查，尚無各該項目法令規定之禁、限建及不得設置或興辦情事。

申設休閒農場應辦理水土保持或環境影響評估者，直轄市或縣（市）主管機關爲第一項興辦事業計畫核准前，其水土保持申請書件、環境影響評估書件，應經水土保持主管機關或環境保護主管機關審查通過。

九、申請非都市土地變更編定面積達二公頃以上者，應依非都市土地使用管制規則第三章及非都市土地開發審議作業規範辦理土地使用分區變更。

十、經核准之興辦事業計畫內容變更者，應向直轄市或縣（市）主管機關提出申請計畫變更。

興辦事業核准文件經廢止時，直轄市、縣（市）政府農業主管機關（單位）應即通知地政主管機關（單位）依相關規定辦理；如涉山坡地水土保持事宜，並通知水土保持主管機關。

附件一

休閒農場興辦事業計畫書

標題	項目	內容說明	附表、附圖及附錄
一、基本資料	(一) 土地基本資料 1. 土地清冊及土地登記簿謄本、地籍圖謄本	1. 最近三個月內核發，但能申請電子謄本替代者免附。 2. 地籍圖謄本著色標明申請範圍；比例尺不得小於一千二百分之一。	附表一：土地清冊表 附錄一：土地登記簿謄本 附錄二：地籍圖謄本
	2. 土地使用同意書	申請人為土地所有權人者免附。	附錄三：土地使用同意書
	3. 其他	其他主管機關規定之文件。	
	(二) 農場基本資料	包括農場名稱、申請人、經營主體類別。	
	(三) 主要經營方向	應敘明主要經營方向為花卉園藝、果園、牧野、養畜、森林或其他主要休閒農業經營之行為。	
二、現況分析	(一) 計畫位置與範圍 1. 地理位置	基地與鄰近相關計畫、重要地形、地物、重要地標、聚落、公共服務設施及主要幹道等之關係。	附圖一：地理位置圖
	2. 基地範圍、土地權屬、使用分區及編定	以列表方式表達。	附圖二：基地範圍圖 附表二：土地權屬表 附表三：土地使用分區及編定表
	(二) 實質環境 1. 地形地勢	基地及周邊環境之地形、地勢。	附圖三：基地現況示意圖
	2. 交通運輸系統	1. 基地目前主要聯外道路及通往鄉級以上聯外道路之聯絡道路系統其寬度及服務狀況。 2. 鄰近大衆運輸系統服務狀況。	
三、休閒農業發展資源	(一) 農場資源特色	說明農場或當地所具有之資源特色，例如： 1. 在地的農業特色：種類、數量及面積、位置及特色。 2. 景觀資源：田園自然景觀、當地或農場特有農村景觀之位置、特色等。 3. 特殊生態及保存價值之文化資產：其資源特色及應予保護或發展之範圍、種類。	(輔以照片說明)

續表

標題	項目	內容說明	附表、附圖及附錄
		4. 經營方式特色：當地或目前農場經營方式特色。	
	(二) 農業設施現況	1. 現有農業、畜牧、養殖、林業等設施及其利用情形（應含數量、面積等量化資料，並敘明是否符合土地使用相關規定）。	（輔以照片說明） 附錄四：現有設施之容許使用同意書
	(三) 相關計畫 1. 休閒農業區	1. 是否位於休閒農業區範圍內。 2. 鄰近之休閒農業區。 3. 該等休閒農業區之名稱、特色。	附圖四：相關計畫位置示意圖
	2. 鄰近遊憩資源	鄰近之遊憩資源或設施之區位、種類及交通聯繫關係。	
	3. 其他重大相關計畫	鄰近其他重大相關計畫之位置及性質。	
	(四) 其他	其他休閒農業發展資源現況。	
四、發展目標及策略	(一) 發展目標 (二) 發展策略	達成目標之策略。	
五、土地使用規劃構想	(一) 農業經營體驗分區位置及設施項目、數量	農業經營體驗分區位置、擬申請容許使用設施之項目及數量。	附表四：各項容許使用設施所在分區及數量計畫表 附圖五：分區構想示意圖
	(二) 遊客休憩分區位置及示意圖說明	1. 遊客休憩分區位置及擬變更編定之面積。 2. 遊客休憩分區內擬申請容許使用設施之項目及數量。	
六、遊客休憩分區配置計畫及用地變更計畫	(一) 限制開發因素分析	說明擬變更編定範圍是否位於「附表五興辦事業計畫應查詢項目及應加會之有關機關（單位）表」中之各項查詢項目範圍內。	附表五：興辦事業計畫應查詢項目及應加會之有關機關（單位）表
	(二) 農地變更使用說明 鄰近灌、排水系統與農業設施位置及其說明。 隔離綠帶或設施設置之規劃說明。 該農業用地變更使用	說明「農業主管機關同意農業用地變更使用審查作業要點」第四點規定，農地變更使用之應說明事項。 其中擬申請變更之農業用地之使用現況說明、變更使用前後之使用分區、編定類別、面積與變更後土地使用計畫之興建設施配置說明已在（基地範圍、土地權屬、使用分區	附圖六：申請變更編定範圍鄰近灌排水系統位置示意圖。

續表

標題	項目	內容說明	附表、附圖及附錄
	對鄰近農業生產環境之影響說明。 聯外道路規劃與寬度及對農路通行影響說明。 降低或減輕對農業生產環境影響之因應設施。	及編定，分區及用地變更計畫，遊客休憩分區配置計畫）本興辦事業計畫書中規定，故不再增列。	
	(三) 遊客休憩分區配置計畫	1. 說明本分區擬變更編定範圍內之用地面積，及計畫興建之各項設施項目、樓地板面積、建蔽率及容積率。 2. 現況土地使用編定依法已容許使用項目之說明（無此情形者免附） 3. 本分區內擬申請容許使用設施部分請併於「七、容許使用設施計畫」中表明。	附表六：申請變更編定範圍設施使用強度計畫表 附圖七：遊客休憩分區土地使用計畫配置圖
	(四) 分區及用地變更計畫（註一）	針對擬變更編定範圍，說明變更前後土地使用分區及用地編定面積、所佔百分比。	附表七：用地變更計畫面積表 附圖八：用地變更編定計畫圖
七、容許使用設施計畫（註二）	依據擬申請容許各設施項目說明設施計畫內容	1. 設施名稱。 2. 土地地號。 3. 設置目的。 4. 興建設施之基地所在分區（農業經營體驗分區或遊客休憩分區）、興建面積、數量、高度、建蔽及容積率。 5. 設施建造方式。	附表八：容許使用設施計畫表 附圖九：容許使用設施配置計畫圖
八、營運管理計畫	(一) 活動與設施管理	說明區內有關地區之指示、標誌、道路、步道、停車場、涼亭、桌椅、公廁、垃圾箱、植栽美化、污水、廢水等設施之維護管理方式。	
	(二) 安全管理	說明區內的安全措施與緊急防災應變規劃，包括平時安全管理、緊急疏散計畫及災害處理通報系統。	

續表

<table>
<tr><th>標題</th><th>項目</th><th>內容說明</th><th>附表、附圖及附錄</th></tr>
<tr><td rowspan="2">九、環境影響及維護計畫</td><td>(一) 自然及生態環境維護構想</td><td>開發後自然及生態環境之改變及維護構想。</td><td></td></tr>
<tr><td>(二) 環境維護構想</td><td>污水及垃圾之處理情形。</td><td></td></tr>
<tr><td rowspan="17">附表、附圖、附錄之目錄及格式說明</td><td rowspan="8">附表</td><td>附表一</td><td>土地清冊表（註三）</td></tr>
<tr><td>附表二</td><td>土地權屬表（註三）</td></tr>
<tr><td>附表三</td><td>土地使用分區及編定表（註三）</td></tr>
<tr><td>附表四</td><td>各項容許使用設施所在分區及數量計畫表（註三）</td></tr>
<tr><td>附表五</td><td>興辦事業計畫應查詢項目及應加會之有關機關（單位）表</td></tr>
<tr><td>附表六</td><td>申請變更編定範圍設施使用強度計畫表（用地面積、計畫興建之各項設施項目、樓地板面積、建蔽率及容積率）</td></tr>
<tr><td>附表七</td><td>用地變更計畫面積表（說明擬變更編定範圍內，變更前後土地使用分區及用地編定面積及所佔百分比）</td></tr>
<tr><td>附表八</td><td>容許使用設施計畫表（依據擬申請容許各設施所在地號說明設施計畫內容，包括名稱、所在分區、興建面積、數量、高度、建蔽及容積率等項目）</td></tr>
<tr><td rowspan="9">附圖</td><td>附圖一</td><td>地理位置圖（註三）</td></tr>
<tr><td>附圖二</td><td>基地範圍圖（註三）</td></tr>
<tr><td>附圖三</td><td>基地現況示意圖（註三）</td></tr>
<tr><td>附圖四</td><td>相關計畫位置示意圖（註三）</td></tr>
<tr><td>附圖五</td><td>分區構想示意圖（註三）</td></tr>
<tr><td>附圖六</td><td>申請變更編定範圍鄰近灌排水系統位置示意圖（在不小於比例尺一千二百分之一之地籍圖或地形圖上縮圖繪製）</td></tr>
<tr><td>附圖七</td><td>遊客休憩分區土地使用計畫配置圖（在不小於比例尺一千二百分之一之地籍圖或地形圖上，標示計畫興建之各項建築物及設施之位置及範圍等配置情形）</td></tr>
<tr><td>附圖八</td><td>用地變更編定計畫圖（在不小於比例尺一千二百分之一之地籍圖上繪製；註一）</td></tr>
<tr><td>附圖九</td><td>容許使用設施配置計畫圖（不小於比例尺五百分之一之設施配置圖）（若容許使用未併同申請者免附）</td></tr>
</table>

續表

標題	項目		內容說明	附表、附圖及附錄
	附錄	附錄一	土地登記簿謄本（最近三個月內核發，但能申請電子謄本替代者免附；正本乙份，其餘影本）	
		附錄二	地籍圖謄本（著色標明申請範圍；比例尺不得小於一千二百分之一；正本乙份，其餘影本）	
		附錄三	土地使用同意書（申請人為土地所有權人者免附）	
		附錄四	現有設施之容許使用同意書	

註：一、建議申請人先請地政單位前往鑑界或委請技師辦理地形測量，以確保擬變更編定之土地範圍，非位於坡度陡峭等不可開發及建築區位。

二、休閒農場休閒農業設施容許使用併同申請時，應另檢附「非都市土地休閒農場容許作休閒農業設施使用審查作業要點」規定之申請書。如容許使用未併同申請者，免撰寫本計畫書之「第七、容許使用設施計畫」乙項。

三、附表一至附表四及附圖一至附圖五之格式，請參照休閒農場經營計畫審查作業要點附件經營計畫書之格式製作。

附表五　興辦事業計畫應查詢項目及應加會之有關機關（單位）表

查　詢　項　目	查詢結果及限制內容	查核單位或相關單位及文號	主管機關（單位）
1. 是否位屬依飲用水管理條例第五條劃定公告之飲用水水源水質保護區	□是 □否 限制內容：		縣（市）政府環保主管機關
2. 是否位屬依自來水法第十一條劃定公告之水質水量保護區	□是 □否 限制內容：		經濟部台灣省自來水公司
3. 是否位屬依水利法第五十四條之一及台灣省水庫蓄水使用管理辦法公告之水庫蓄水範圍	□是 □否 限制內容：		經濟部水利署
4. 是否位屬依水利法第六十五條公告之洪氾區	□是 □否 限制內容：		經濟部水利署
5. 是否位屬依水利法劃設公告之河川區域或排水設施範圍	□是 □否 限制內容：		經濟部水利署所屬各河川局
6. 是否位於經濟部公告之「嚴重地層下陷區」	□是 □否 限制內容：		經濟部水利署
7. 依礦業法第六條設定、同法第九條劃定之下列地區： (1) 礦區（場） (2) 國家保留區及國營礦區（場）	□是 □否 限制內容：		經濟部礦務局

續表

查 詢 項 目	查詢結果及限制內容	查核單位或相關單位及文號	主管機關（單位）
8. 是否位屬依「台灣省水庫集水區治理辦法」第三條公告之水庫集水區	□是 □否 限制內容：		行政院農業委員會與經濟部水利署
9. 是否位屬依文化資產保存法第四十九條指定之生態保育區或自然保留區	□是 □否 限制內容：		縣（市）政府農業單位
10. 是否位屬依野生動物保育法第十二條公告之野生物保護區	□是 □否 限制內容：		縣（市）政府農業單位
11. 是否位屬特定農業區經辦竣農地重劃之農業用地	□是 □否 限制內容：		縣（市）政府地政或農業單位
12. 是否位屬特定水土保持區	□是 □否 限制內容：		行政院農業委員會水土保持局
13. 是否屬山坡地範圍	□是 □否 限制內容：		縣（市）政府水土保持單位
14. 是否位屬依文化資產保存法第三十六條劃定之古蹟保存區	□是 □否 限制內容：		縣（市）攻府民政、文化或都市計畫單位
15. 是否位屬依國家安全法施行細則第二十五、二十六、二十九、三十、三十三、三十四條、第五章（第三十六條至第四十三條）及第四十八條等劃定公告之下列地區： (1) 海岸管制區之禁建、限建區 (2) 山地管制區之禁建、限建區 (3) 重要軍事設施管制區之禁建、限建區	□是 □否 限制內容：		國防部或縣（市）政府建管單位
16. 是否位屬依氣象法第十三條及「觀測坪探空儀追蹤器氣象雷達天線及繞極軌道氣象衛星追蹤天線周圍土地限制建築辦法」劃定之限制建築地區	□是 □否 限制內容：		交通部中央氣象局或縣（市）政府建管單位
17. 是否位屬依民用航空法第三十二條、第三十三條、第三十三條之一及「飛航安全標準暨航空站飛行場助航設備四週禁止及限制建築辦法」與「航空站飛行場及助航設備四週禁止或限制燈光照射角度管理辦法」劃定之禁止或限制建築地區或高度管制範圍內。	□是 □否 限制內容：		交通部民用航空局或縣（市）政府建管單位

續表

查　詢　項　目	查詢結果及限制內容	查核單位或相關單位及文號	主管機關（單位）
18. 是否位屬依「核子反應器設施管制法」第四條劃定之禁建區及低密度人口區	□是 □否 限制內容：		行政院原子能委員會或縣（市）政府建管單位
19. 是否位屬依公路法第五十九條及「公路兩側公私有建物廣告物禁建限建辦法」劃定禁建、限建地區	□是 □否 限制內容：		縣（市）政府建管單位
20. 是否位屬依大衆捷運法第四十五條第二項及「大衆捷運系統兩側公私有建築物與廣告物禁止及限制建築辦法」劃定之禁建、限建地區	□是 □否 限制內容：		縣（市）政府建管單位
21. 是否位屬依「發展觀光條例」第十條劃定之風景特定區	□是 □否 限制內容：		縣（市）政府都市計畫、建設或觀光單位
22. 是否屬原住民保留地	□是 □否 限制內容：		縣（市）政府原住民行政單位
23. 是否位屬依行政院核定之「台灣沿海地區自然環境保護計畫」劃設之自然保護區	□是 □否 限制內容：		内政部營建署

填表人：　　　　　　　（簽章）　　　　填表日期：　　年　　月　　日

填表說明：本表格請申請人誠實填報，自行勾選擬變更編定範圍是否位於表列各項地區範圍内，如已備有相關函詢公文等証明文件，請檢附証明文件於本表之後。

附表六　＿＿＿＿＿休閒農場申請變更編定範圍設施使用強度計畫表（填表範例）

區別	用地面積（平方公尺）	設施項目	樓地板面積（平方公尺）	建蔽率（%）	容積率（%）	備註
第一區	6000	住宿設施	1000	60%	180%	
		餐飲設施	600	60%	180%	
		自產農產品加工（釀造）廠	7200	60%	180%	
		農產品與農村文物展示（售）及教育解說中心	2000	60%	180%	
		小計	10800	60%	180%	

續表

區別	用地面積（平方公尺）	設施項目	樓地板面積（平方公尺）	建蔽率（%）	容積率（%）	備註
第二區						

註：「區別」一欄可視實際情形自行調整

附表七 ____________休閒農場用地變更計畫面積表

	土地使用分區	用地編定	面積（平方公尺）	百分比(%)		土地使用分區	用地編定	面積（平方公尺）	百分比(%)
變更前					變更後				
	總　計					總　計			

附表八 ____________休閒農場容許使用設施計畫表

編號	1	2	3	4	5
設施項目名稱					
高度					
樓層					
地號	鄉鎮市區 段　小段 號	鄉鎮市區 段　小段 號	鄉鎮市區 段　小段 號	鄉鎮市區 段　小段 號	鄉鎮市區 段　小段 號
土地使用分區					
用地編定類別					
土地面積	m^2	m^2	m^2	m^2	m^2

續表

所有權人					
使用面積	m^2	m^2	m^2	m^2	m^2
構造種類					
設施用途					
休閒農場規劃分區					

附件二

非都市土地休閒農場興辦事業計畫審查表

<table>
<tr><td>申請人</td><td colspan="2"></td><td>住址</td><td colspan="2"></td><td>電話</td><td></td></tr>
<tr><td>土地所有權人</td><td colspan="2"></td><td>原使用分區類別</td><td colspan="2"></td><td>原使用地編定類別</td><td></td></tr>
<tr><td rowspan="2">申請變更土地標示</td><td>鄉鎮市區</td><td>地段</td><td>小 段</td><td>地號</td><td>地目</td><td>等則</td><td>面積（平方公尺）</td></tr>
<tr><td></td><td></td><td></td><td></td><td></td><td></td><td></td></tr>
<tr><td>審查單位</td><td colspan="5">審　查　及　查　核　事　項</td><td>審查結果</td><td>備註</td></tr>
<tr><td rowspan="7">地政單位</td><td colspan="5">1. 申請書填寫是否完整、正確。</td><td></td><td></td></tr>
<tr><td colspan="5">2. 是否檢附休閒農場籌設同意文件及核定之書圖文件。</td><td></td><td></td></tr>
<tr><td colspan="5">3. 是否檢附土地使用權利證明文件或變更編定使用同意書（申請人為土地所有權人者免附）。</td><td></td><td></td></tr>
<tr><td colspan="5">4. 土地登記（簿）謄本（最近三個月，但能申請電子謄本替代者免附）。</td><td></td><td></td></tr>
<tr><td colspan="5">5. 地籍圖謄本（申請變更部分應著色註明）。</td><td></td><td></td></tr>
<tr><td colspan="5">6. 是否檢附土地使用計畫配置圖及位置圖。</td><td></td><td></td></tr>
<tr><td colspan="5">7. 其他。</td><td></td><td></td></tr>
</table>

續表

建設（工務）	1. 申請土地變更編定之休閒農業設施，其建築物之高度是否超過十．五公尺。		
	2. 申請用地是否臨接道路，其道路之寬度是否符合實施區域計畫地區建築管理辦法及建築技術規則之規定。		
	3. 是否可供建築使用。		
	4. 其他。		
農業單位	1. 申請土地變更編定之休閒農業設施是否為住宿設施、餐飲設施、自產農產品加工（釀造）廠、農產品與農村文物展示（售）及教育解說中心等四項設施。		
	2. 申請變更編定之土地，總面積是否超過休閒農場面積百分之十，並以兩公頃為限（如休閒農場總面積超過兩百公頃者，得以五公頃為限）。		
	3. 是否位於「興辦事業計畫應查詢項目及應加會之有關機關（單位）表」所列查詢項目之範圍內（如未查明者，應加會其他相關查詢機關或單位）。		
	4. 是否需依「農業用地變更回饋金撥繳及分配利用辦法」規定繳納回饋金。		
	5. 申請變更編定範圍是否影響原有區域性農路通行。		
	6. 申請變更編定範圍是否能依規定劃設隔離空間。		
	7. 申請變更編定範圍是否有其他影響農業生產環境之事項。		
水利單位	申請變更編定範圍是否使用原有農業專屬灌排水系統作為廢污水排放使用。		
其他			
綜合意見			

續表

	單位	局（科）長	課（股）長	承辦人
審查單位會章	地政單位			
	農業單位			
	建設（工務）			
	水利單位			
	其他			

註：一、縣（市）政府得依作業需要，得就本表所列審查單位、審查及查核事項自行調整。

二、使用土地如屬森林區應加會林務機關；風景區或風景特定區經營管理範圍內應加會觀光旅遊機關（單位）；原住民保留地範圍內應加會原住民保留地管理機關；位於農田水利會灌溉區域，應加會當地農田水利會；山坡地範圍內應加會水保單位；河川、海堤區域或治理計畫用地範圍內或水源、水質、水量保護區或水庫集水區範圍內應加會水利機關（單位）；應辦理環境影響評估者，應加會環保單位。

三、「審查結果」欄中，請以文字簽註明「符合」、「不符」或另予文字說明。

附件七 地方主管機關休閒農業籌設審查表

休閒農場審查表

審核單位：○○直轄市／縣市／政府　　　　審查事項：籌設申請／變更／...

<table>
<tr><td rowspan="2">基本資料</td><td>名稱</td><td colspan="2">○○休閒農場</td><td>休閒農場坐落土地是否涉及休閒農業區範圍</td><td colspan="2">□否
□是＿＿＿＿＿＿＿＿休閒農業區</td></tr>
<tr><td>土地坐落</td><td colspan="3">鄉（鎮市區）　　地段
地號等　　筆</td><td>總面積</td><td>平方公尺</td></tr>
<tr><td rowspan="5">申請人（經營主體）</td><td colspan="6">□自然人
□法人／法人名稱：＿＿＿＿＿＿＿＿＿＿＿＿＿＿＿＿
□農民團體【□農會、□漁會、□農業合作社（含合作農場）、□農田水利會】
□農業試驗研究機構
□其他有農業經營實績之農業企業機構</td></tr>
<tr><td rowspan="2">姓名</td><td rowspan="2">（或法人負責人姓名）</td><td colspan="2">身分證明文件字號</td><td colspan="2">（法人請填負責人資料）</td></tr>
<tr><td colspan="2">法人統一編號</td><td colspan="2"></td></tr>
<tr><td>聯絡電話</td><td>（住家）</td><td colspan="2">（公司）</td><td colspan="2">（行動電話）</td></tr>
<tr><td>通訊地址</td><td colspan="3"></td><td>E-mail</td><td></td></tr>
<tr><td colspan="2">審核單位</td><td colspan="2">審查內容及查核事項</td><td>審查結果</td><td colspan="2">備註（審查人簽章）</td></tr>
<tr><td colspan="2" rowspan="2">農業單位</td><td colspan="2">1. 申請主體是否符合。（申請主體為法人者，以農民團體、農業試驗研究機構，及其他有農業經營實績之農業企業機構為限）</td><td></td><td colspan="2"></td></tr>
<tr><td colspan="2">2. 是否符合休閒農業輔導管理辦法第 10 條規定。
(1) 休閒農場農業用地面積未低於總面積 90%，且農業用地面積未小於 0.5 公頃。另休閒農業輔導管理辦法第 10 條第 1 項第 3 款第 1 目及第 2 目之水路、道路或公共建設不計入申設面積之計算。</td><td></td><td colspan="2"></td></tr>
</table>

續表

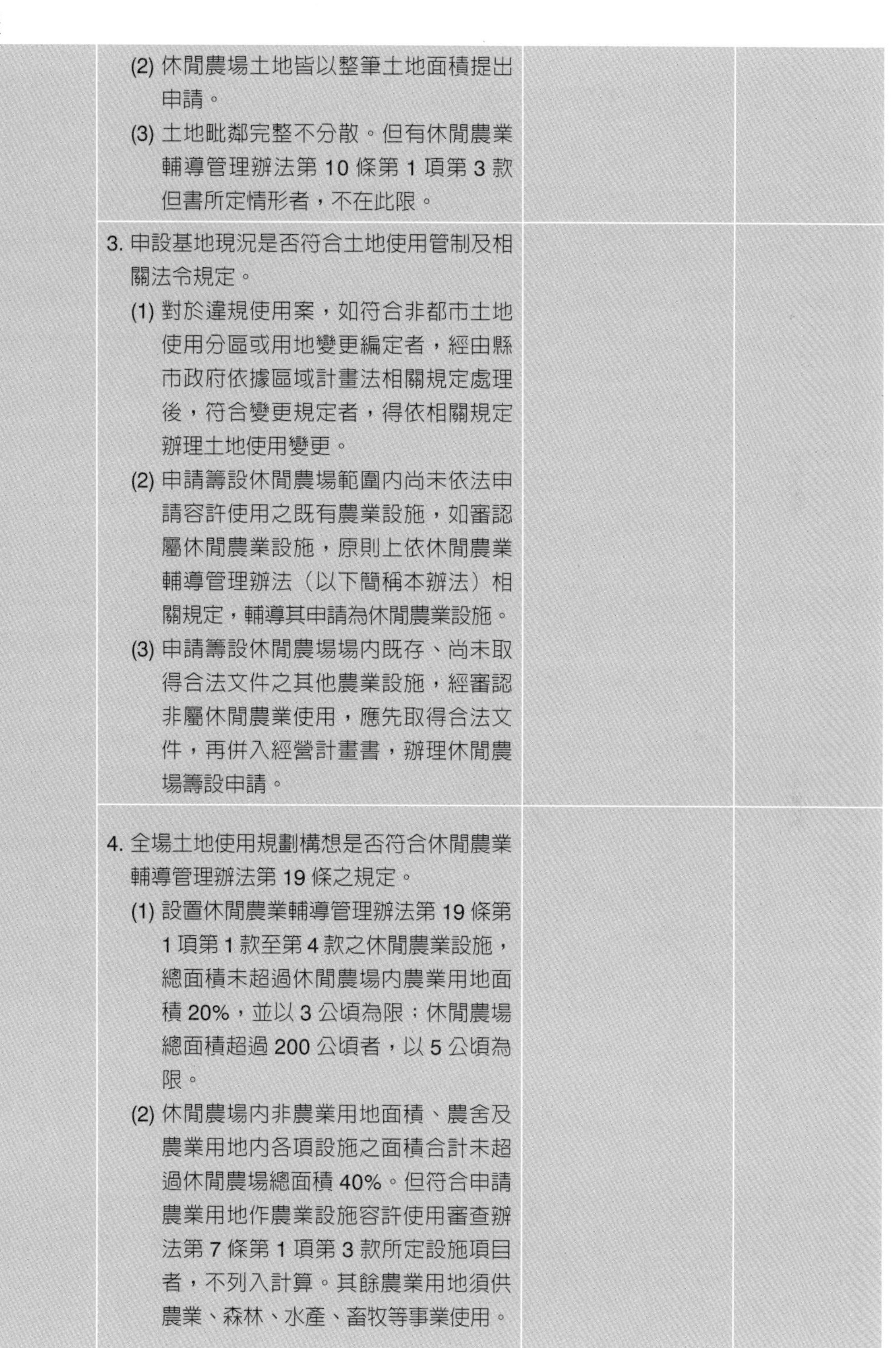

	(2) 休閒農場土地皆以整筆土地面積提出申請。 (3) 土地毗鄰完整不分散。但有休閒農業輔導管理辦法第 10 條第 1 項第 3 款但書所定情形者，不在此限。		
	3. 申設基地現況是否符合土地使用管制及相關法令規定。 (1) 對於違規使用案，如符合非都市土地使用分區或用地變更編定者，經由縣市政府依據區域計畫法相關規定處理後，符合變更規定者，得依相關規定辦理土地使用變更。 (2) 申請籌設休閒農場範圍內尚未依法申請容許使用之既有農業設施，如審認屬休閒農業設施，原則上依休閒農業輔導管理辦法（以下簡稱本辦法）相關規定，輔導其申請為休閒農業設施。 (3) 申請籌設休閒農場場內既存、尚未取得合法文件之其他農業設施，經審認非屬休閒農業使用，應先取得合法文件，再併入經營計畫書，辦理休閒農場籌設申請。		
	4. 全場土地使用規劃構想是否符合休閒農業輔導管理辦法第 19 條之規定。 (1) 設置休閒農業輔導管理辦法第 19 條第 1 項第 1 款至第 4 款之休閒農業設施，總面積未超過休閒農場內農業用地面積 20%，並以 3 公頃為限；休閒農場總面積超過 200 公頃者，以 5 公頃為限。 (2) 休閒農場內非農業用地面積、農舍及農業用地內各項設施之面積合計未超過休閒農場總面積 40%。但符合申請農業用地作農業設施容許使用審查辦法第 7 條第 1 項第 3 款所定設施項目者，不列入計算。其餘農業用地須供農業、森林、水產、畜牧等事業使用。		

續表

	(3) 設置休閒農業設施之農業用地範圍，是否符合休閒農業輔導管理辦法第 19 條第 2 項所列範圍。 (4) 於林業用地設置涼亭（棚）設施、眺望設施及衛生設施，其面積各不得超過 45 平方公尺。 (5) 設置農特產品調理設施者，是否符合每一休閒農場限設一處，應為一層樓之建築物，其基地面積不得超過 100 平方公尺，另建築物高度不得大於 4.5 公尺之規定。		
	5. 休閒農場經營內容與規劃是否符合農業發展條例第 3 條第 5 款休閒農業之定義。		
	6. 是否檢附土地使用同意文件或公有土地申請開發同意證明文件？（土地為申請人單獨所有者，免附）		
	7. 是否位於依森林法公告編入之保安林地。		
	8. 檢具文件是否齊全及是否符合？		
水保單位	是否位於特定水土保持區？山坡地範圍內是否有超限利用，是否符合水土保持法相關規定。		
地政單位	1. 申請範圍內已有之設施及經營計畫書中擬興建之設施是否符合非都市土地使用管制規則相關規定。（位於都市土地者，免填）		
	2. 是否符合其他地政相關法令規定。		
都計單位	1. 申請範圍內已有之設施及經營計畫書中擬興建之設施是否符合都市計畫法相關規定。		
	2. 土地使用分區證明。		
	3. 是否符合其他都市計畫相關法令規定。		
	4. 農場是否位於預定辦理都市計畫變更或重大公共建設計畫內。		

續表

建設（建管及養工）單位	1. 休閒農場是否有一條直接通往鄉級以上道路之聯絡道路。		
	2. 設置設施涉及建築行為者，聯絡道路寬度應符合建築法及其相關法規之規定。（未涉及建築行為者免填）		
	3. 是否符合其他建設（工務）相關法令規定。		
環保單位	是否符合環保相關法令規定。		
原住民單位	1. 設施用地是否位於原住民保留地？如是，是否符合原住民保留地開發管理辦法相關規定？		
	2. 其他。		
觀光單位	1. 設施用地是否位於風景特定區？是否符合發展觀光條例相關法令？		
	2. 其他。		
水利單位	是否位屬經濟部公告之嚴重地層下陷地區？如是，應依水利法施行細則第 46 條第 1 項規定辦理或已取得合法水源證明。		
交通單位	1. 平面停車場是否符合相關法令？		
	2. 其他。		
其他	（請依需求及個案情形衡酌增列）		

審查單位會章	審核單位	承辦人	科長	局（處）長
	農業單位			
	水保單位			
	地政單位			
	都計單位			
	建設（建管及養工）單位			
	環保單位			
	原住民單位			
	交通單位			
	觀光單位			
	水利單位			
	其他			

續表

<table>
<tr><td rowspan="2">綜合審查意見</td><td colspan="3">本案經相關單位審查，綜合審查結果：
☐同意
☐不同意，理由說明＿＿＿＿＿＿＿＿＿＿＿＿＿＿＿＿＿＿＿＿
☐其他：</td></tr>
<tr><td>承辦人</td><td>科長</td><td>局（處）長</td></tr>
</table>

註 1：直轄市或縣（市）主管機關辦理書面審查，必要時，得邀集相關單位實地會勘，並做成會勘紀錄表。

註 2：請農業單位綜整各會審單位相關意見（有現勘者並應依會勘結論），作成綜合審查意見，並勾選綜合審查結果是否同意，方完成審查程序。

註 3：直轄市或縣（市）主管機關受理申請後，應會同有關單位於二個月內審核完畢。

註 4：直轄市或縣（市）主管機關得依作業需要，得就本表所列審核機關、審核內容項目自行調整之，並報中央主管機關同意。

註 5：休閒農場申請籌設、休閒農業設施容許使用及興辦事業計畫，得併同提出申請。直轄市或縣（市）主管機關核發容許使用及興辦事業計畫許可同意文件時，應先確認已核發籌設同意文件。

註 6：申請面積未滿 10 公頃者，直轄市或縣（市）主管機關農業單位會同相關單位審查符合規定後，核發休閒農場籌設同意文件，副本應併同經營計畫書核定本二份抄送中央主管機關。

非都市土地作休閒農場內休閒農業設施興辦事業計畫審查表

非都市土地作休閒農場內休閒農業設施興辦事業計畫審查表

<table>
<tr><td>申請人</td><td colspan="2"></td><td>住址</td><td colspan="2"></td><td>電　話</td><td></td></tr>
<tr><td>土地所有權人</td><td></td><td colspan="2">原使用分區類別</td><td colspan="2"></td><td>原使用地編定類別</td><td></td></tr>
<tr><td rowspan="2">申請變更土地標示</td><td>鄉鎮市區</td><td>地段</td><td>小段</td><td>地號</td><td>地目</td><td>等則</td><td>面積（平方公尺）</td></tr>
<tr><td></td><td></td><td></td><td></td><td></td><td></td><td></td></tr>
<tr><td>審查單位</td><td colspan="5">審查及查核事項</td><td>審查結果</td><td>備註（審查人簽章）</td></tr>
<tr><td rowspan="7">農業單位</td><td colspan="5">1. 應檢附之文件是否齊全？</td><td></td><td></td></tr>
<tr><td colspan="5">2. 是否檢附土地使用同意書。（土地為自有者免附）？</td><td></td><td></td></tr>
<tr><td colspan="5">3. 申請土地變更之休閒農業設施是否為住宿設施、餐飲設施、農產品加工（釀造）廠、農產品與農村文物展示（售）及教育解說中心等四項設施？</td><td></td><td></td></tr>
<tr><td colspan="5">4. 申請變更之土地，總面積是否超過休閒農場面積百分之二十，並以三公頃為限（如休閒農場總面積超過兩百公頃者，得以五公頃為限）？</td><td></td><td></td></tr>
<tr><td colspan="5">5. 是否位於「非都市土地休閒農場興辦事業計畫應查詢項目及應加會之有關機關（單位）表」所列查詢項目之範圍內（如未查明者，應加會其他相關查詢機關或單位）？</td><td></td><td></td></tr>
<tr><td colspan="5">6. 是否需依「農業主管機關同意農業用地變更使用審查作業要點」規定辦理農業用地變更使用？如是，是否已完成審查並同意辦理？</td><td></td><td></td></tr>
<tr><td colspan="5">7. 是否需依「農業用地變更回饋金撥繳及分配利用辦法」規定繳納回饋金？</td><td></td><td></td></tr>
</table>

續表

	8. 申請用地面積是否達二公頃以上，應辦理土地使用分區變更？		
	9. 設施用地是否位於山坡地？如是，水土保持計畫書或簡易水土保申報書是否已核定？		
	10. 其他。		
地政單位	1. 申請用地是否符合非都市土地使用管制規及非都市土地變更編定執行要點之規定？		
	2. 申請變更編定之土地，是否擅自先行變更使用？		
	3. 其他。		
建設（工務）、城鄉（都計）單位	1. 申請用地是否臨接道路或以私設通路連接道路，其寬度是否符合實施區域計畫地區建築管理辦法及建築技術規則之規定？		
	2. 申請變更編定之土地，已擅自先行變更使用者，是否先依區域計畫法相關法令就違規土地予以裁處並提出相關證明文件？		
	3. 休閒農場位於地質敏感區內者，是否已依地質法第八條規定辦理基地地質調查及地質安全評估？		
	4. 是否符合建管相關法令？		
	5. 其他。		
民政單位或原民單位	1. 設施用地是否位於原住民保留地？如是，是否符合原住民保留地開發管理辦法。		
	2. 其他。		
水利單位	1. 申請變更範圍是否使用原有農業專屬灌排水系統作為污水排放使用？		
	2. 是否位屬經濟部公告之嚴重地層下陷地區？如是，應依水利法施行細則第四十六條第一項規定辦理或已取得合法水源證明。		

續表

	3. 是否符合水利法相關法令？		
	4. 其他。		
觀光單位	1. 設施用地是否位於風景區？		
	2. 其他。		
環保單位	1. 是否符合相關環保法令？		
	2. 是否屬開發行為應實施環境影響評估細目 及範圍認定標準規定應實施環境影響評估？	□屬開發行為應實施環境影響評估細目及範圍認定標準規定應實施環境影響評估，已完成環評審查（應檢附環評書件）。 □屬開發行為應實施環境影響評估細目及範圍認定標準規定應實施環境影響評估，請申請人依規定提報環境影響評估之申請。 □非屬開發行為應實施環境影響評估細目應實施環境影響	
		評估之範圍。	
其他			

審查單位會章	審核單位	承辦人	業務主管（臺中市政府）	局（科）長
	農業單位			
	地政單位			
	建設（工務）、城鄉（都計）單位			

續表

	民政單位或原民單位					
	水利單位					
	觀光單位					
	環保單位					
	其他					
綜合審查意見	本案經審查結果 □同意 □不同意，理由說明 □其他：					
	承辦人		業務主管		局（科）長	

註：直轄市、縣（市）政府得依作業需要，得就本表所列審查單位、審查及查核事項自行調整，並將調整結果函行政院農業委員會備查。

參考文獻

中文部分

天使農業科技股份有限公司（2015）。天使花園休閒農場經營計畫書。屏東。

方威尊（1997）。休閒農業經營關鍵成功因素之研究——核心資源觀點。未出版的碩士論文。臺北：國立臺灣大學農業推廣系研究所。

王雲才、郭煥成、徐輝林（2006）。鄉村旅遊規劃原理與方法。北京：科學出版社。

王樹進（2011）。農業園區規劃設計。北京：科學出版社。

王樹進、胡長龍、田素妍（2011）。觀光農業園特色與規劃關注重點。第十一屆中國農業園區論壇論文集（270-274 頁）。山西：中國農業大學農業科學規劃研究所。

世界經理文摘（1999）。迎接經驗產業的時代。世界經理文摘，（153），16-18。

付軍、蔣林樹（2007）。鄉村景觀規劃設計。北京：中國農業出版社。

行政院農業委員會（2011 年 11 月）。申請休閒農業區內農業用地作休閒農業設施容許使用審查作業要點。2021 年 5 月 31 日取自 https://law.coa.gov.tw/glrsnewsout/LawContent.aspx?id=FL033137

行政院農業委員會（2014，9 月）。非都市土地作休閒農場內休閒農業設施興辦事業計畫及變更編定審查作業要點。2021 年 5 月 31 日取自 https://law.coa.gov.tw/glrsnewsout/LawContent.aspx?id=FL014315

行政院農業委員會（2014 年 4 月）。申請休閒農場內農業用地作休閒農業設施容許使用審查作業要點 2021 年 5 月 31 日取自 https://law.coa.gov.tw/glrsnewsout/LawContent.aspx?id=FL033138

行政院農業委員會（2016，11 月 30 日）。農業發展條例。2021 年 5 月 31 日取自 https://law.coa.gov.tw/glrsnewsout/LawContent.aspx?id=FL014277

行政院農業委員會（2018）。107 年度休閒農業區評鑑。行政院農業委員會委託。107 農再 -2.2.3-1.1- 輔 -002。台灣休閒農業學會執行。

行政院農業委員會（2018，5 月 18 日）。休閒農場籌設流程圖。2021 年 5 月 31 日取自 https://law.coa.gov.tw/GLRSnewsout/LawContent.aspx?id=FL014288

行政院農業委員會（2020，7 月）。休閒農業輔導管理辦法。2021 年 5 月 31 日取自 https://law.coa.gov.tw/GLRSnewsout/LawContent.aspx?id=FL014288

行政院農業委員會（2020，9 月）。108 年農業統計年報。2021 年 5 月 31 日取自 https://agrstat.coa.gov.tw/sdweb/public/book/Book.aspx

行政院農業委員會（2021）。食農教育法（草案）總說明。2021 年 5 月 31 日取自 https://fae.coa.gov.tw/theme_data.php?theme=kids_edu_articles&id=5

行政院農業委員會農業易遊網（2021）。全臺休閒農業區名錄。2021 年 5 月 31 日取自 http://ezgo.coa.gov.tw/EZGO_Play/Home/Play05/1

行政院農業委員會農業易遊網（2021）。全臺取得許可登記休閒農場名錄。2021 年 5 月 31 日取自 http://ezgo.coa.gov.tw/EZGO_Play/Home/Play05/1

行政院農業委員會農糧署（2020，9 月）。2019 年農情調查資訊網。2021 年 5 月 31 日取自 https://agr.afa.gov.tw/afa/afa_frame.jsp

行政院環境保護署（2017，11 月 29 日）。環境教育法。2021 年 5 月 31 日 取自 https://oaout.epa.gov.tw/law/LawContent.aspx?id=FL054794#lawmenu

吳思華（1996）。策略九說：策略思考的本質。臺北：麥田。

呂明偉、孫雪、張媛（2010）。休閒農業規劃設計與開發。北京：中國建築工業出版社。

宋安宓（2010）。以文心蘭爲主題的休閒農業體驗設計。農業資源及體驗設計專題作業報告彙編。屏東：國立屏東科技大學農企業管理系。

李佳玲（2010）。以茶葉爲主題的休閒農業體驗設計。農業資源及體驗設計專題作業報告彙編。屏東：國立屏東科技大學農企業管理系。

李佳穎、歐倩如、邱筠芷（2012）。以草莓爲主題的休閒農業體驗設計。休閒農業體驗設計作業報告彙編。屏東：國立屏東科技大學農企業管理系。

李崇尚、段兆麟（2018）。臺南市山上區豐禧休閒農場規劃報告。臺南：豐禧農業科技股份有限公司。

李衛東、談再紅（2015）。休閒農業創意。北京：中國農業大學出版社。

林志汶（2014）。以葡萄爲主題的休閒農場體驗活動體驗設計。休閒農場經營管理專題課堂報告。屏東：國立屏東科技大學農企業管理系。

林俊男（2018）。食農教育作伙來——食農教育的農業體驗活動與遊程設計。農業推廣手冊52。屏東：國立屏東科技大學農業推廣委員會。

林素華（2011）。環境教育與自然生態之心啓發。休閒農業實施環境教育研討會論文集，屏東：台灣休閒農業學會。

姜華（2003）。區域經濟競爭力研究理論辨析。2006年5月23日取自 http://www.nova.cn/Browse/ShowDoc.aspx?Code=3-13&Id=2006010608573256814

柳旭波、徐象華（2018）。觀光果樹開發與利用。北京：中國農業出版社。

段兆麟（2001a）。體驗式經濟在農業的實踐，都市農業的理論與實踐。第三屆都市農業研討會論文集（25-30頁）。北京：中國農學會。

段兆麟（2001b）。體驗經濟與臺灣觀光休閒農業。於郭煥成、高新法、張義文主編，農村產業結構調整與農村城鎮化研究論文集（399-406頁）。河北石家庄：西安地圖出版社。

段兆麟（2003a）。農業戶外教學的發展趨勢。中華民國中小學生農業體驗戶外教學研討會論文集（83-88頁）。臺南：台灣農業旅遊發展協會、臺南縣農會。

段兆麟、李崇尙、林雅文（2003b）。屏東縣高樹鄉鴻旗休閒農場規劃報告。屏東：國立屏東科技大學。

段兆麟（2004a）。海峽兩岸觀光休閒農業發展之比較。首屆都市農業觀光農業與城鄉發展國際學術會議論文集（59-68頁）。北京：北京農學院。

段兆麟、李崇尙、林雅文（2004b）。南投縣鹿谷鄉武岫休閒農場規劃報告。屏東：國立屏東科技大學。

段兆麟、李崇尙、林雅文（2004c）。廣州市好又多公司精緻農場規劃構想報告。廣東廣州：廣東省好又多公司。

段兆麟（2005a）。體驗是休閒農業成功的關鍵。農業世界，（257），72-73。

段兆麟（2005b）。以竹爲主題的休閒農場規劃與經營管理。農業世界，（258），54-60。

段兆麟（2005c）。休閒牧場資源與體驗活動設計。農業世界，（259），28-35。

段兆麟（2005d）。透視臺灣休閒農業。農業世界，（260），68-76。

段兆麟（2005e）。休閒農場創意行銷。農業世界，（261），42-51。

段兆麟（2005f）。休閒農業的理論。農業世界，（262），94-101。

段兆麟（2005g）。休閒農業區規劃與劃定。農業世界，（264），100-108。

段兆麟（2005h）。休閒農場如何規劃、籌設及登記。農業世界，（265），94-102。

段兆麟、李崇尚、林雅文（2005i）。國林生態農場規劃書。四川成都：四川省成都市好又多公司。

段兆麟（2006a）。臺灣休閒農業未來發展的方向。農業世界，（270），78-83。

段兆麟（2006b）。休閒農場如何運用農業與農村資源營造特色。農業世界，（271），92-97。

段兆麟（2006c）。都市地區休閒農業之特色、問題與對策。農業世界，（272），82-89。

段兆麟（2006d）。中國大陸觀光休閒農業。農業世界，（273），90-99。

段兆麟（2006e）。原住民地區如何發展觀光休閒農業。農業世界，（275），98-104。

段兆麟（2006f）。森林遊樂與生態旅遊。農業世界，（276），90-97。

段兆麟（2006g）。中國大陸觀光休閒農業的特色與問題。農業推廣文彙，（151），227-238。

段兆麟（2007a）。休閒農場紀念品的應用。農業世界，（284），84-89。

段兆麟（2007b）。臺灣休閒農業回顧與未來發展策略。農政與農情，（177），64-70。

段兆麟（2007c）。中國大陸農家樂的現況、特色與未來發展。農業世界，（285），104-108，（286），94-99。

段兆麟、李崇尚（2007d）。山東省濟南市玉龍山生態休閒園區規劃構想。山東濟南：國立屏東科技大學。

段兆麟（2008a）。休閒農場安全管理知多少？。農業世界，（287），98-103。

段兆麟（2008b）。以稻米為主題的休閒農業體驗設計。農業世界，（289），100-107。

段兆麟（2008c）。體驗經濟時代農家如何利用農業資源經營副業。農業世界，

（291），92-99。
段兆麟（2008d）。休閒農業景觀管理的缺失與改善。農業世界，（294），88-94。
段兆麟（2008e）。轉型後的休閒農場如何實施生產管理。農業世界，（298），68-73。
段兆麟（2008f）。臺灣休閒農業迎接大陸遊客主題遊程規劃。農業世界，（302），56-62。
段兆麟（2008g）。休閒農場解決遊憩容納量問題的管理對策。農業世界，（303），58-65。
段兆麟（2008h）。中國大陸休閒觀光農業的特色、問題與對策。休閒農業研究，1（1），1-24。
段兆麟、徐華盛、李崇尙、林雅文（2008i）。天盛休閒農場規畫構想報告。廣東廣州：國立屏東科技大學。
段兆麟、徐華盛、李崇尙、林雅文（2008j）。廣州市南沙區天盛農場經營可行性分析。廣東廣州：國立屏東科技大學。
段兆麟（2009a）。日本民宿經營的特色及對臺灣的啟發。農業世界，（305），84-90。
段兆麟（2009b）。以蔬菜爲主題的休閒農場體驗活動設計。農業世界，（309），62-67，（310），68-72。
段兆麟（2009c）。熱帶果樹轉型經營休閒農業的機會與障礙。農業世界，（311），86-93。
段兆麟（2009d）。有機農場經營的休閒體驗策略。農業世界，（312），90-93。
段兆麟（2009e）。紐西蘭休閒觀光農業與鄉村旅遊。農業世界，（314），78-84，（315），100-105，（316），64-72。
段兆麟（2010a）。休閒農業區的類型與營運策略。農業世界，（327），40-49。
段兆麟、李崇尙、黃靜怡（2010b）。三亞市天涯鎮休閒農場規劃報告。海南三亞：美全實業有限公司。
段兆麟（2010c）。紹興綠味休閒農場規劃構想綱要。浙江紹興：綠味生態農業科技有限公司。

段兆麟（2011a）。休閒農場經營模式的思維。農業世界，（335），86-91。
段兆麟（2011b）。休閒農場如何做好解說服務管理。農業世界，（339），66-75。
段兆麟（2011c）。台灣休閒農業區的類型與營運策略。第十一屆中國農業園區論壇論文集（93-99 頁）。山西：中國農業大學農業科學規劃研究所。
段兆麟（2012a）。休閒農場設施管理。農業世界，（344），100-112。
段兆麟、李崇尚、黃靜怡（2012b）。天涯鎮布魯休閒農場規劃報告。海南三亞：美全實業有限公司。
段兆麟（2012c）。葡萄休閒觀光農業的高效經營模式。全國觀光葡萄產業學術年會暨 2012 句容第三屆葡萄節。江蘇句容。
段兆麟（2013）。臺灣休閒農業發展的新方向。建築師雜誌，（468），88-93。
段兆麟（2014a）。臺灣健康主題休閒農業的思路與實踐，第十二屆海峽兩岸休閒與創意農業學術研討會，江蘇：江蘇省科學技術協會。
段兆麟（2014b）。臺灣都市農業發展的思路、現狀與趨勢，第四屆中國縣域現代農業發展研討會，北京：中國農業大學。
段兆麟、李崇尚、洪仁杰、蕭志宇（2014c）。廣東省佛山市鳳凰谷有機生態農經示範區可行性研究報告。廣東佛山：鳳磐實業股份有限公司。
段兆麟、賴宏亮、謝豪晃、邱謝聰、李崇尚、蕭志宇（2014d）。印尼勿里洞島休閒農漁牧渡假村規劃構想報告。印尼邦加勿里洞省：聯成金屬集團控股有限公司。
段兆麟（2015a）。休閒農業創新經營模式的思維。休閒農業產業評論，5，30-37。
段兆麟（2015b）。台灣休閒農業發展的思路與政府扶持政策，2015 年海峽兩岸休閒農業發展（海南）研討會論文集（128-132 頁），海南：台盟海南省委會。
段兆麟、李崇尚、張文宜、林俊男、蕭志宇（2015c）。昆山市鄉村旅遊發展總體方案規劃報告。江蘇昆山：昆山市旅遊局。
段兆麟（2016a）。休閒有機農場經營與管理，國立屏東科技大學農學院永續農業課程講義。
段兆麟（2016b）。「體育 +」結合休閒農業發展的思路與實踐，第十二屆海峽兩岸休閒與創意農業學術研討會，海南：海口經濟學院、海南省社會科學界聯合會。

段兆麟、李崇尚、張文宜、林俊男、蕭志宇（2016c）。桃園市蘆竹區大古山休閒農業區規劃報告。桃園：桃園市政府。

段兆麟（2017a）。推進創意農業迎向田園綜合體。兩岸農村永續發展的經驗與前瞻研討會，廣東廣州：廣州大學。

段兆麟（2017b）。休閒農業一二三產融合的理念與實踐。海峽兩岸休閒農業發展（海南）研討會論文集（181-187 頁），海南海口：台盟海南省委會。

段兆麟（2018a）。休閒農場經營管理——農企業觀點（二版一刷）。華都文化事業有限公司。

段兆麟（2018b）。蘋果休閒觀光農業的高效經營模式。2018 年中國蘋果產業大會，河北保定：河北農業大學。

段兆麟（2018c）。發展生態農業推進鄉村振興的理念與實踐。2018 年北京平谷區菊花節慶論壇，北京平谷：北京平谷西柏店第十屆菊花美食節組委會。

段兆麟（2018d）。發展創意農業推進鄉村振興——台灣的經驗，2018 年海峽兩岸休閒農業發展（海南）研討會論文集（225-232 頁），海南：台盟海南省委會。

段兆麟、李崇尚、林俊男、蕭志宇（2018e）。桃園市蘆竹區坑子溪休閒農業區規劃報告。桃園：桃園市政府。

段兆麟、李崇尚、林俊男、蕭志宇、段宗穎（2018f）。高雄市六龜區阿卡休閒農場規劃報告。屏東：國立屏東科技大學。

段兆麟（2019a）。休閒農業——體驗的觀點（四版一刷）。華都文化事業有限公司。

段兆麟（2019b）。都市農業地景營造與教育體驗之思路與實踐。2019 都市農業發展論壇——城市科技桃花源。臺北：財團法人農業科技研究院。

段兆麟（2019c）。農業美學原理在鄉村景觀管理的應用。2019 年海峽兩岸休閒農業發展（海南）研討會論文集（313-319 頁），海南：台盟海南省委會。

段兆麟、李崇尚、林俊男、蕭志宇（2019d）。花蓮縣富里鄉羅山休閒農業區規劃報告。花蓮：富里鄉農會。

段兆麟（2020a）。馬來西亞休閒農業與鄉村旅遊的特色與發展（上）、（下）。

農業世界。（441）、（442）。89-93、94-99。

段兆麟（2020b）。休閒農場營運受新冠肺炎疫情影響與因應對策之探討。（上）、（下）。農政與農情。（337）、（338）。50-56、37-44。臺北：行政院農業委員會。

段兆麟（2020c）。新冠肺炎後疫時期休閒農場的經營策略。農業世界。（445），12-20。

唐富藏（1989）。投資計劃評估。臺北：華泰書局。

唐富藏（1994）。企業政策與策略。臺南：大行。

孫武彥（1995）。文化觀光：文化與觀光之研究。臺北：九章。

孫莉莉、王振力、王靜、李志娟、王海生（2011）。觀光農業園區景觀設計表達。第十一屆中國農業園區論壇論文集（246-251頁）。山西：中國農業大學農業科學規劃研究所。

張天柱（2011a）。現代觀光旅遊農業園區規劃與案例分析。北京：中國輕工業出版社。

張天柱（2011b）。現代農業園區規劃與案例分析。北京：中國輕工業出版社。

張天柱（2017）。農業嘉年華規劃、建設與案例分析。北京：中國輕工業出版社。

張文宜（2005）。休閒農場體驗與行銷策略規劃之研究。未出版的碩士論文。屏東：國立屏東科技大學熱帶農業暨國際合作研究所。

張碧芬（2016）。以竹為主題的休閒農場體驗活動體驗設計。休閒農場經營管理專題課堂報告。屏東：國立屏東科技大學農企業管理系。

郭乃文（2014）。休閒農業推動綠色餐飲之想像。休閒農業產業評論（106-115頁）。宜蘭：台灣休閒農業發展協會。

陳昭郎、段兆麟（2011）。承德市隆化縣七家鎮溫泉休閒農庄規劃構想。河北承德：承德市禦泉旅遊發展有限公司。

陳昭郎、陳永杰（2019）。休閒農業概論。臺北：全華。

陳怡宏（2010）。以咖啡為主題的休閒農業體驗設計。農業資源及體驗設計專題作業報告彙編。屏東：國立屏東科技大學農企業管理系。

陳惠文（2014）。食農教育：從產地到餐桌的溫柔革命。休閒農業產業評論，4，

80-85。

曾芷婕（2010）。以馬蹄蛤為主題的休閒農業體驗設計。農業資源及體驗設計專題作業報告彙編。屏東：國立屏東科技大學農企業管理系。

黃毅斌、劉暉、翁伯琦（2012）。生態農業觀光園規劃：理念與案例。北京：中國農業科學技術出版社。

黃曉岑、任小麗（2013）。葡萄酒旅遊對於葡萄酒產區經濟的推動作用—以法國「葡萄酒之路」為例。第十一屆海峽兩岸鄉村旅遊與休閒產業發展學術研討會論文集（330-339 頁）。貴州凱里：中國科學院地理科學與資源研究所。

楊正寬（2010）。文化觀光原理與應用。臺北：揚智文化。

葉美秀（1998）。農業資源在休閒活動規劃上之研究。未出版的博士論文。臺北：國立臺灣大學農業推廣所。

葉美秀（2009）。休閒活動設計與規劃—農業資源的應用。北京：中國建築工業出版社。

董時叡（2015）。日本食農教育與台灣農業推廣體制之連結。農業推廣文彙，60，1-6。

鄭健雄（2014）。尋找感動的鄉村體驗。臺中：台灣鄉村旅遊協會。

賴爾柔（2015）。日本中央體制的「食農教育」。農業推廣文彙，60，7-14。

聯合國糧食及農業組織（2020，5 月）。糧食與農業數據庫。2021 年 5 月 31 日取自 http://www.fao.org/faostat/zh/#home

藤崎浩幸（2003）。到農村觀光嗎？（蔡龍銘譯）。中日國際休閒農業研討會論文集（16-25 頁）。臺北：中國農業經營管理學會。

藤崎浩幸（2010）。日本農村活性化與農村觀光（蔡龍銘譯）。農業經營管理會訊，（53），18-21 頁。

譚偉、王國英、楊俊輝、柴雪琴（2011）。優勢特色農業與農業科技園區的規劃設計—以食用菌科技園區為例。第十一屆中國農業園區論壇論文集（262-266 頁）。山西：中國農業大學農業科學規劃研究所。

Pine, B. J., & Gilmore, J. H.（1998）。體驗式經濟時代來臨（吳蘊儀譯）。臺北：天下雜誌。

Schmitt, B. H.（2000）。體驗行銷（王育英、梁曉鶯譯）。臺北：經典傳訊。（原著出版於 1999）

外文部分

日本農村環境整備中心編（1996）・農村環境整備之科學・東京：朝倉書店。

松尾孝嶺（1986）・環境農學概論（七刷）・東京：農山漁村文化協會。

磯村英一（1969）・現代の都市と政策・東京：ぺりかん社。

AA Guides Limited. (2009). 2009 New Zealand Bed & Breakfast. New Zealand: AA Guides Limited.

Adams, B. B. (1957). The new agritourism: hosting community & tourists on your farm. CA: New World Publishing.

Amit, R., & Schoemaker, P. (1993). Strategic Assets and Organizational Rent. Strategic Management Journal, 14(1), 33-46.

Grant, R. M. (1991). The resource-based theory of competitive advantage: implications for strategy formulation. California Management Review, 33(3/spring), 114-135.

Mathwick, C., Malhotra, N., & Rigdon, E. (2001). Experiential Value: Conceptualization, Measurement and Application in the Catalog and Internet Shopping Environment. Journal of Retailing, 77(1), 39-56.

Pine, B. J., & Gilmore, J. H. (2011). The Experience Economy. Boston, MA: Harvard Business School Press.

Roberts, L., & Hall, D. (2001). Rural tourism and recreation: Principles to practice. New York: CABI Publishing.

Rural Tourism International-Training Network (n.d.), Rural Tourism in Europe. Retrieved February 6, 2011, from http://www.ruraltourisminternational.org/

Weber, A. (1929). Theory of the Location of Industries. Translated by Carl J. Friedrich. Chicago, IL: The University of Chicago Press.

Weiss, P. (1964). “A Philosopical Definition of Leisure.” In J. C. Charlesworth (Ed.), Leisure in America: Blessing or Curse? Philadelphia: American Academic Politic

Social Sciences.

Yamazaki, M. (1998). Rural tourism. Food & Fertilizer Technology Center Newsletter, (121), 1-4.

Yamazaki, M. (1996). Green tourism in Japan. Food & Fertilizer Technology Center Newsletter, (114), 1-3.

國家圖書館出版品預行編目資料

休閒農業規劃與體驗設計／段兆麟編著. --二版. --臺北市：五南圖書出版股份有限公司, 2023.10
面； 公分
ISBN 978-626-366-615-3(平裝)
1.CST: 休閒農業 2.CST: 休閒農場
3.CST: 個案研究
431.23 112015406

5N43

休閒農業規劃與體驗設計

作 者 — 段兆麟
發 行 人 — 楊榮川
總 經 理 — 楊士清
總 編 輯 — 楊秀麗
副總編輯 — 李貴年
責任編輯 — 何富珊
封面設計 — 王麗娟
出 版 者 — 五南圖書出版股份有限公司
地 址：106台北市大安區和平東路二段339號4樓
電 話：(02)2705-5066 傳 真：(02)2706-6100
網 址：https://www.wunan.com.tw
電子郵件：wunan@wunan.com.tw
劃撥帳號：01068953
戶 名：五南圖書出版股份有限公司

法律顧問 林勝安律師

出版日期 2021年 9 月初版一刷
2023年10月二版一刷

定 價 新臺幣750元

經典永恆・名著常在

五十週年的獻禮——經典名著文庫

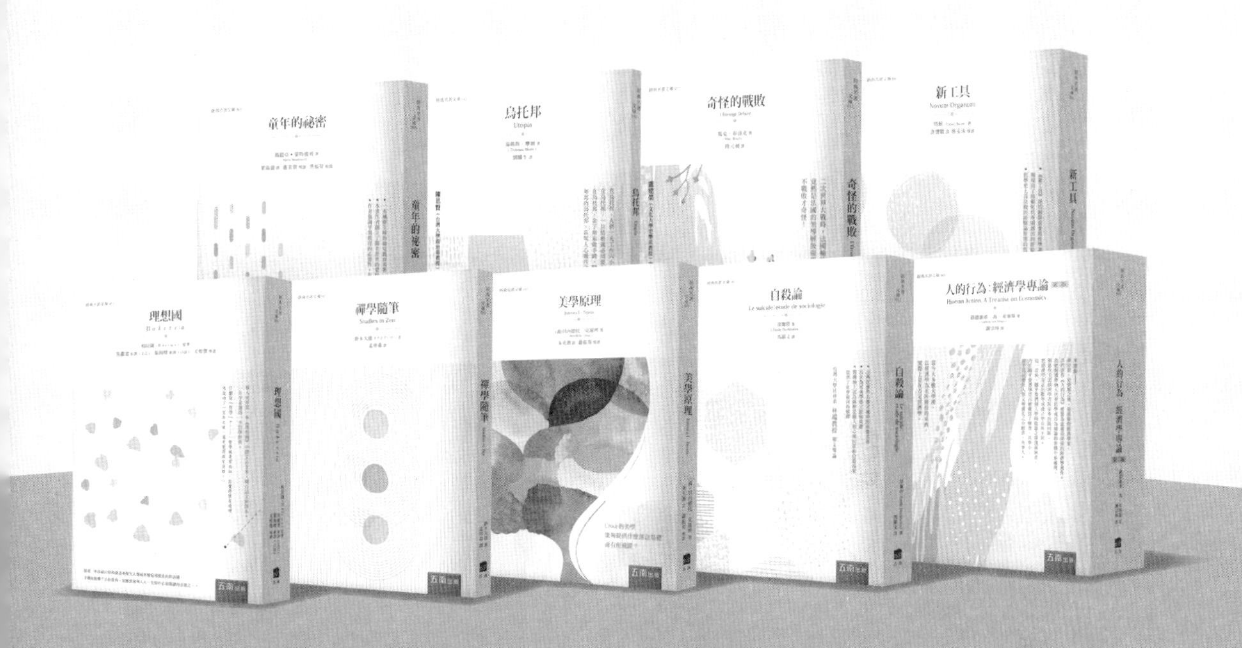

五南，五十年了，半個世紀，人生旅程的一大半，走過來了。
思索著，邁向百年的未來歷程，能為知識界、文化學術界作些什麼？
在速食文化的生態下，有什麼值得讓人雋永品味的？

歷代經典・當今名著，經過時間的洗禮，千錘百鍊，流傳至今，光芒耀人；
不僅使我們能領悟前人的智慧，同時也增深加廣我們思考的深度與視野。
我們決心投入巨資，有計畫的系統梳選，成立「經典名著文庫」，
希望收入古今中外思想性的、充滿睿智與獨見的經典、名著。
這是一項理想性的、永續性的巨大出版工程。
不在意讀者的眾寡，只考慮它的學術價值，力求完整展現先哲思想的軌跡；
為知識界開啟一片智慧之窗，營造一座百花綻放的世界文明公園，
任君遨遊、取菁吸蜜、嘉惠學子！